高等院校材料类创新型应用人才培养规划教材

特种塑性成形理论及技术

主　编　李　峰

副主编　初冠南　林俊峰　李　超

参　编　袁宝国　张　鹏

主　审　刘晓晶

北京大学出版社

PEKING UNIVERSITY PRESS

内 容 简 介

"特种塑性成形"是材料成型及控制工程专业的基础课,本书以特种塑性成形—体积成形—板材成形—高能率成形为内容体系,将"非常规"塑性成形方法进行了分类介绍。本书共分 10 章,包括绪论、超塑性成形、微塑性成形、锻造成形、挤压成形、摆动辗压、板材成形、拼焊成形、旋压成形和高能率成形。本书在编写过程中,注重基础知识及概念的强化,并力求联系实际,通过应用案例对每种塑性工艺进行深入浅出的阐述,增强学生对相关知识点的理解;内容丰富且循序渐进,适合于学生学习及掌握。

本书可作为全国高等院校材料成型及控制工程、材料加工工程、金属材料和冶金工程等相关专业本科生、研究生的通用教材,也可作为相关专业工程技术人员的参考用书。

图书在版编目(CIP)数据

特种塑性成形理论及技术/李峰主编. —北京:北京大学出版社,2011.1
(高等院校材料类创新型应用人才培养规划教材)
ISBN 978 - 7 - 301 - 18345 - 8

Ⅰ. ①特… Ⅱ. ①李… Ⅲ. ①金属压力加工—塑性变形—高等学校—教材 Ⅳ. ①TG301

中国版本图书馆 CIP 数据核字(2010)第 260423 号

书　　　名:	特种塑性成形理论及技术
著作责任者:	李　峰　主编
策 划 编 辑:	童君鑫
责 任 编 辑:	宋亚玲
标 准 书 号:	ISBN 978 - 7 - 301 - 18345 - 8/TG · 0013
出 　版　者:	北京大学出版社
地　　　址:	北京市海淀区成府路 205 号　　100871
网　　　址:	http://www.pup.cn　http://www.pup6.com
电　　　话:	邮购部 010— 62752015　发行部 010-62750672　编辑部 010-62750667
电 子 邮 箱:	pup_6@163.com
印 　刷　者:	北京虎彩文化传播有限公司
发 　行　者:	北京大学出版社
经 　销　者:	新华书店
	787 毫米×1092 毫米　16 开本　13.75 印张　314 千字
	2011 年 1 月第 1 版　　2023 年 6 月第 6 次印刷
定　　　价:	45.00 元

高等院校材料类创新型应用人才培养规划教材
编审指导与建设委员会

成员名单 （按拼音排序）

前　言

塑性加工是一门方兴未艾的工程科学。塑性加工方法既是材料制备的主要手段，又是金属加工及制造的重要支柱技术之一。随着信息时代的到来，与其相关的新兴产业得到迅猛发展，但塑性加工并未就此沦为"夕阳技术"，反而是与时俱进、充满生机地不断向前发展。

"特种"塑性工艺是相对于"常规"塑性工艺而言的，主要是指在特定应用领域内很有发展前途的塑性工艺方法。它不仅能补充常规塑性工艺，还是常规塑性工艺有益的延续及发展。特种塑性成形理论与技术作为材料成型及控制工程学科相关院校高年级本科生及研究生开设的一门专业课，可提高学生对塑性加工学科的整体认识，避免了"只见树木，不见森林"的片面了解。但目前与之相配套的教材较少，需要有一本全面介绍这方面新技术的书籍。本领域的学术大师王仲仁教授曾于1994年组织相关学者编写了《特种塑性成形》一书，受到同行及业内人士的一致好评，国内部分院校至今仍然沿用这套教材。近年来，随着科技的飞速发展，特别是计算机模拟技术的引入，使人们在认识和掌握金属塑性成形新工艺及拓宽其应用方面取得了显著成效，如液压成形、拼焊成形、多点成形及激光成形等"新"、"特"塑性成形工艺不断涌现并得到广泛应用。

本书的写作特点如下：

（1）分类新颖。按照特种塑性成形、体积成形、板材成形、高能率成形这样的知识体系来划分，可将繁杂多样的"非常规"塑性成形技术进行分门别类，在以往的文献中鲜有此种分类。

（2）学术性强。尽管本书涉及技术领域的范围较广，但杂而不乱，且在深入浅出地介绍工艺理论及特点的基础上，又介绍了该技术的相应研究成果。

本书可作为材料成型及控制工程高年级本科生、研究生专业教材，也可作为工程技术人员参考用书。

本书由李峰负责全书结构的设计、写作提纲、组织编写、图表处理及最后统稿定稿，由哈尔滨工业大学（威海）初冠南博士（第1章、第6章、第8章）、哈尔滨理工大学李超博士、初冠南博士（第2章、第3章）、哈尔滨理工大学李峰博士（第4章、第5章、第7章7.8节）、哈尔滨工业大学林俊峰博士（第7章7.1～7.5节、第9章）；哈尔滨工业大学（威海）张鹏博士（第7章7.6～7.7节）、合肥工业大学袁宝国博士（第10章）编写。哈尔滨理工大学刘晓晶教授审阅了本书。重庆科技学院李建辉博士和福州大学邓将华博士对书稿提出了有益的建议，在此表示衷心的感谢。

本书涉及的知识内容范围较广且专业性较强，上述人员均为近几年内于哈尔滨工业大学塑性加工专业毕业的博士生，对本学科的了解和认识还十分有限，因此，本书在编写过程中，还参引了较多本领域著名专家学者的研究成果及相关资料，在此对他们表示最衷心的感谢！本书在出版过程中，得到北京大学出版社的大力支持，在此一并致以深切的谢意。

由于编者对塑性成形理论和技术的一些问题仍然在研究及认识过程当中，书中难免有不妥之处，敬请广大读者批评指正。

编　者
2010 年 11 月

前　言

目　　录

第 1 章
绪　论

 本章教学要点

知识要点	掌握程度	相关知识
国际塑性加工领域简介	掌握塑性加工的概念 了解代表性人物及组织	塑性加工概念及"特"的含义 各国代表性人物及国际组织
塑性成形的主要发展趋势	了解塑性成形的主要发展趋势	省力成形、柔性成形、轻量化成形、复合成形等趋势

随着科技的不断进步、创新能力及人们需求的日益增加，材料加工技术越来越向着高效低耗、短流程、近净成形等方向发展，塑性成形新技术及装备随之不断涌现并得到应用，如液压成形、多点成形、局部加载和拼焊成形等。尽管这些塑性工艺仅在特定领域内应用，但发展前途广阔。它们既是常规工艺的延续发展，又是常规工艺的有益补充。人们习惯把这些方法称为特种塑性成形。

所谓"特"，其实只是个相对概念，是相对常规或传统塑性成形而言的。从时间来看，特种塑性成形多是历史较短、发展迅速、应用领域有逐渐扩大趋势的成形方法。一种新工艺之所以能产生并得到迅速发展，首先是由于它符合技术发展的总趋势，也是活学活用学科基本知识及相关规律的必然产物。例如：液压成形技术的出现是顺应工艺过程柔性化、零件整体化、制品尺寸易于变更等发展的总趋势，如内高压成形仅需部分模具且显著地较少了成形工序及成本；无模胀球时甚至不需要模具、压力机等"硬件"，又是将塑性力学活用的典范。

特种塑性成形的产生及发展同样离不开世界这个"大舞台"，因此，应从与国际接轨的角度来了解和认识塑性加工领域日新月异的变化及发展趋势。

1.1 国际塑性加工简介

1.1.1 塑性加工的概念

塑性加工（Technology of Plasticity；Mechanical Working Technology；Metal Forming），顾名思义就是利用材料的可塑性进行加工的一种方法。塑性两字起源于中国，但日本一直沿用"塑性加工"一词，与俄文的"压力加工"相当，涵盖轧制、拉压、拉拔、锻造与冲压工艺。前三种工艺的产品主要是管、棒、型、线、板及带材；后两种工艺主要是对前述材料进行再加工（二次加工），仍然是利用材料的可塑性，这时产品主要是零件毛坯或直接制成零件。

在日本及西欧的高等学校与研究所，对一次加工及二次加工的界限并不明显。而在俄罗斯，两者分工比较明显：冶金类院校主要从事一次加工，机械类院校则主要从事二次加工。长期以来，我国也受到其影响。最近，高等学校与研究单位正在逐步取消一次加工与二次加工的界限。

1.1.2 代表性人物及组织

目前，世界各国从事塑性加工领域相关研究的学者很多，其中，较著名的代表性人物见表 1-1。

表 1-1 各国塑性加工领域著名的代表性人物

国家	代表性人物					
美国	T. Altan	G. Lahoti	K. J. Weinmann	R. Wagnor	R. Shivpuri	B. Avitzur	S. kobayashi
德国	K. Lange	M. Geiger	E. Doege	R. Koop	E. Vollertsen	K. Siegert

（续）

国家	代表性人物
英国	T. A. Dean A. Bramley P. Standring F. W. Travis W. Johnson
法国	J－L Chenot J－C Gelin Y. Q. Guo
日本	T. Nakagawa T. Aizawa M. Kiuch K. Kondo K. Osakada J. Yanagimoto H. Kudo
其他	M. S. J. Hashmi（爱尔兰） N. Bay（丹麦） D. Y. Yang（韩国）

近年来，世界各国塑性加工领域的相关学者各种交流非常广泛与活跃，其中，较有代表性的国际会议与组织如下：

(1) ICTP (International Conference on Technology of Plasticity)；

(2) NAMRC (North American Metalworking Research Conference)；

(3) NUMISHEET，NUMIFORM (Numerical Simulation)；

(4) ICNFT (International Conference on New Forming Technology)；

(5) ICFG (International Cold Forging Group)；

(6) IDDRG (International Deep Drawing Research Group)；

(7) CIRP (International Institution for Production Engineering)。

每三年召开一次的国际塑性加工会议（ICTP）是目前国际塑性加工领域规模最大、范围最广、水平最高、权威性最强的国际学术会议，被誉为塑性加工界的"奥林匹克"。ICTP从1984年至2017年共举办了12届，2020年第13届会议将在美国俄亥俄州召开。需特别指出的是，1993年第4届ICTP在中国北京举办，哈尔滨工业大学王仲仁教授为大会主席，会议举办非常圆满，得到了与会代表一致称赞。

1.2 塑性成形的主要发展趋势

塑性加工既是材料制备的主要手段，又是装备制造的重要环节，它正随着新材料的出现及对装备性能的不断完善而提出的新要求面临很多挑战与机遇，发展的总趋势如下。

1.2.1 省力成形

与铸造、焊接等工艺内部组织及产品性能等方面存在显著缺陷相比，塑性成形方法具有不可比拟的优势。但使材料达到塑性需要一定的外力，传统塑性工艺往往需较大吨位的压力机才能实现，相应的设备重量及初投资就很大。但是，人们并不是沿着大工件→大变形力→大设备→大投资这样的逻辑发展下去的。

塑性成形中所需载荷的表达式为

$$F = K\sigma_s A \tag{1-1}$$

式中：K 为应力状态系数，又称拘束系数，对于异号应力状态，$K<1$，对于三向压应力状态，$K>1$，有时可能达到 $K=6$，甚至更高；σ_s 为流动应力，它表征材料在特定条件下抵抗塑性变形的能力，取决于所变形材料的成分、组织、变形温度、变形程度、变形速率等；A 为接触面积在主作用力方向上的投影。

由式(1-1)可以看出，决定变形力 F 的主要因素及省力的主要途径有三种：

1. 减少应力状态系数 K

从塑性加工力学中得知，产生塑性变形必须满足以下条件：

$$\sigma_1 - \sigma_3 = K\sigma_s \qquad (1-2)$$

式中：σ_1 为代数值最大的主应力；σ_3 为代数值最小的主应力。

由式(1-2)可见，对于异号应力状态，任何一个应力的绝对值皆小于 σ_s，此时 $K < 1$。同理可见，对于同号应力状态，必有一个应力状态的绝对值大于 σ_s。对三向压应力成形工序，如果绝对值最小的应力数值较大，相当于拘束较严重，则变形所需绝对值最大的主应力也相应增加，这将导致变形力大幅度地增加。然而，固体与流体有显著区别，固体的宏观流动是由变形体中各微区的变形积累引起的。它还可以承受拉应力，在拉应力作用下，也可能成形且这时更容易，变形力也小。

2. 降低流动应力 σ_s

采用较低应变速率或较高温度下进行成形，都可实现降低流动应力。这类成形方法包括超塑成形、半固态成形。

3. 减少接触面积 A

减少接触面积不仅使总压力减少，也使变形区单位面积上的作用力减少，因为减少了摩擦对变形的拘束。图1.1所示为利用减少接触作用面积而进行成形的塑性工艺，属于这类成形工艺有摆辗、旋压、楔横轧、数控增量、局部加载等。

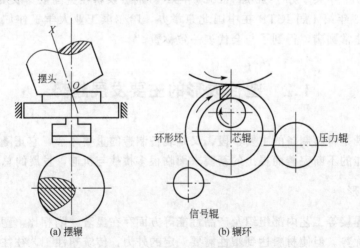

图 1.1　塑性成形中的实际接触面积(阴影部分)

1.2.2　柔性成形

柔性成形是指对产品变化适应能力很强的加工方法，如单模、点模、小模、少模、无模、软模及可调节模等。

柔性成形是制造业的总趋势，即一种迅速适应产品与构件多变性的加工制造方法。这不仅是市场竞争的需求，也是塑性成形发展的大趋势。减少装备(包括模具)的数量无疑会增加制造的柔性，软模成形(含液压成形、聚氨酯成形及气压成形)均可省去凸模或凹模，甚至不用模具的无模胀形已经得到应用，利用可调节的离散化模具（多点成形）成形将会越来越受到重视。

塑性成形制品通常是借助工具或模具来实现。所以，提高塑性加工柔性的方法有两种：工具或模具可被替代（如液体，气体或弹、粘性物质）或可控（如运动方式、运动速度）。

单模成形是指仅用凸模或凹模成形，当产品形状尺寸变化时不需要同时制造凸凹模。属于这类成形方法有爆炸成形、电液或电磁成形、聚氨酯成形及液压成形等。

点模成形也是一种柔性很高的工艺方法，将凸模或凹模用多个小冲头进行离散组合而成。图 1.2 为多点成形原理示意图，当曲面参数变化时，仅需调整一下冲头的位置即可。

单点成形近年来得到较快发展，实际上钣金工历来就是逐点用锤敲打成很多复杂零件的，如日本在早期就采用这种方式造船的外板。近年来，随着数控技术的发展，使单点渐进成形数控化成为一个有相当应用前景的加工方法。但应当指出，单点成形时变形并不局限于所作用的点，周围也会发生变化，所以，要研究不同变形区间的协调作用关系。

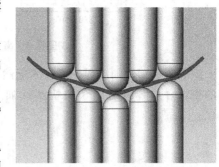

图 1.2 多点成形原理示意图

本书中所述"无模胀球"也是一种柔度很高的制球工艺，当球的直径及厚底变化时，只需改变一下胀前的壳体形状及胀形压力即可。

拼焊成形是在绿色制造和轻量化制造的大背景下提出的，并在汽车制造上得到了广泛的应用，目前，有向飞机制造业等领域扩展的趋势。

1.2.3 轻量化成形

轻量化成形有两个主要途径：一是从材料角度，采用铝合金、镁合金及高强钢；二是从结构角度，采用液压成形和拼焊成形。前者是"按需配料，物尽其用"；后者是"以空代实"，在减轻质量的同时保持构件有很高的刚度。如管件内高压成形、拼焊板成形等均为此类成形方法。图 1.3 所示为内高压成形与机械加工分别获取阶梯轴零件的对比。

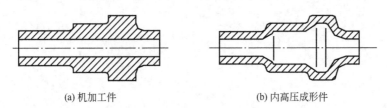

(a) 机加工件　　　　　　　　　　　　(b) 内高压成形件

图 1.3 阶梯轴

1.2.4 复合成形

近年来，塑性成形与其他技术交叉及结合的方法不断涌现，并逐渐得到重视。复合成形不仅能有效地减少工序及成本，还能满足多种要求的实际需要。例如，高强钢板热冲压成形与淬火技术结合（图 1.4）、激光加热与成形结合、磁脉冲与冲压及内高压成形结合、喷射成形与连续挤压成形结合、铸锻成形结合、成形与焊接结合等复合成形技术正得到重视。值得一提的是，以上所述各种复合成形方法，在近些年的国家自然基金获资助项目中均有体现，可以看出，通过学科交叉来实现技术创新是塑性成形领域将来发展的一个重要方向。

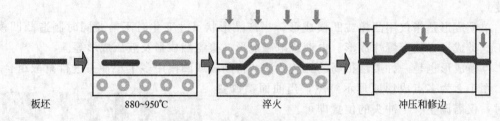

板坯　　　　　880~950℃　　　　　淬火　　　　　冲压和修边

图 1.4　高强钢板热冲压成形与淬火

纵观国际塑性加工界，新技术仍然层出不穷，高等科研院所与相关企业及产品用户之间的密切合作，将有助于加快塑性加工技术的创新步伐，有助于研究成果迅速得到产业化。

 习　题

1. 特种塑性成形中的"特"是什么意义？
2. 简述塑性加工一词在各国的区别。
3. 简述塑性成形的发展趋势。
4. 举例说明实现省力成形的途径。

第2章
超塑性成形

 本章教学要点

知识要点	掌握程度	相关知识
超塑性成形的概念及特点	掌握超塑性概念 了解超塑性变形特点	超塑性的定义 超塑性状态下的宏观变形特征
超塑性的分类及影响因素	掌握超塑性的分类 熟悉超塑性变形的影响因素	组织超塑性、相变超塑性等概念及特点 应变速率、成形温度、晶粒尺寸等对超塑变形的影响
超塑性变形机理	掌握超塑变形过程中的组织变化及空洞特征 了解超塑性变形的机理	超塑性变形过程中的微观组织变化及空洞特征 几种典型的超塑性变形机理模型
超塑性成形的应用及展望	掌握超塑性成形的基本原理及特点 熟悉常用超塑性材料超塑成形技术的应用 了解超塑性成形的发展趋势	超塑性成形的基本原理及模具结构 各种常用超塑性材料的典型应用 超塑性成形的展望

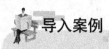

材料超塑性及其应用

超塑性现象最早的报道是在 1920 年，德国人罗森汉等发现 Zn-4Cu-7Al 合金在低速弯曲时，可以弯曲近 180°。1928 年英国物理学家森金斯下了一个定义：凡金属在适当温度下变得像软糖一样柔软，而且其应变速度为 10mm/s 时产生 300% 以上的延伸率的，均属超塑性现象。1945 年苏联包奇瓦尔等针对这一现象提出了"超塑性"这一术语，并在许多有色金属共晶体及共析体合金中，发现了延展性特别显著的特异现象。

20 世纪 60 年代以后，研究者发现许多有实用价值的锌、铝、铜合金中也具有超塑性。于是，苏联、美国和西欧一些国家对超塑性理论和加工发生了兴趣。特别在航空航天上，面对极难变形的钛合金和高温合金，普通的锻造和轧制等工艺很难成形，而利用超塑性加工却获得了成功。到了 20 世纪 70 年代，各种材料的超塑性成形已发展成流行的新工艺。

超塑加工具有很大的实用价值，只要很小的压力就能获得形状非常复杂的制品。试想一下，金属变成了饴糖状，从而具有可吹塑和可挤压的柔软性能。因此，过去只能用于玻璃和塑料的真空成形、吹塑成形等工艺被沿用过来，用以加工难变形的合金。而这时所需的压力很小，只相当于正常压力加工时的几分之一到几十分之一，从而节省了能源和设备。使用超塑性加工制造零件的另一优点是可一次成形，省掉了机械加工、铆焊等工序，达到节约原材料和降低成本的目的。在气胀超塑性合金薄板时，只需具备一种上模或下模即可，节省一半模具费用。超塑性加工的缺点是加工时间较长，由普通热模锻的几秒增至几分。

资料来源：http://baike.baidu.com/view/381627.htm.

2.1 超塑性成形的概念及特点

2.1.1 超塑性的概念

材料在变形过程中，若综合考虑变形时的内外部因素，使其处于特定的条件下，如一定的化学成分、特殊的显微组织（包括晶粒大小、形状及分布等）、固态相变（包括同素异构转变、有序-无序转变及固溶-脱溶变化等）能力、特定的变形温度和应变速率等，则材料会表现出异乎寻常高的塑性状态，即所谓的超塑性变形状态。关于超塑性的定义，目前还没有一个严格确切的描述。通常认为超塑性是指材料在拉伸条件下，表现出异常高的伸长率而不产生缩颈与断裂现象，当伸长率 $\delta \geqslant 100\%$ 时，即可视为超塑性。实际上，有些超塑性材料，其伸长率可达到百分之几百，甚至达到百分之几千，如在超塑拉伸条件下 Sn-Bi 共晶合金可获得 1950% 的伸长率，Zn-Al 共晶合金的伸长率可达 3200% 以上。所谓超塑性，还可理解为材料具有超常均匀变形的能力，因此，也有人用应变速率敏感性指数 m 值（m 值反映了材料抗局部收缩或产生均匀拉伸变形的能力）的大小来定义超塑性，即当材料的 m 值大于 0.3 时，可视其具有超塑性。

超塑性成形(SuperPlastic Forming，SPF)的主要优越性在于它能极大地发挥材料塑性潜力和大大降低变形抗力，从而有利于复杂零件的精确成形，这对于像钛合金、铝合金、镁合金、合金钢和高温合金等较难成形金属材料的成形，尤其具有重要意义。

近几十年来，对有关超塑性的本质特性、变形机理及应用技术等进行了广泛而深入的研究。在各种金属材料中(包括有色金属、钢铁、合金材料等)，具备超塑性的组织状态和控制条件被越来越多地开发出来，甚至在一些非金属材料，如陶瓷、有机材料等，亦发现具有超塑性。

2.1.2 超塑性变形的特点

材料在超塑性状态下的宏观变形特征，可用大变形、无缩颈、小应力、易成形等来描述。

1. 大变形

超塑性材料在单向拉伸时 δ 值极高(按目前国外报道，有的 δ 值可高达 5000%)，表明超塑性材料在变形稳定性、均匀性方面要比普通材料好得多。这样使材料成形性能大大改善，可以使许多形状复杂、难以成形的材料(如某些钛合金)变形成为可能。例如，对人造卫星上使用的钛合金球形燃料箱，壁厚为 0.71～1.5mm，如采用普通方法几乎无法成形，只有超塑性成形才有可能。

2. 无缩颈

一般金属材料在拉伸变形过程中，当出现早期缩颈后，由于应力集中效应使缩颈继续发展，导致提前断裂。拉断后的试样具有明显的宏观缩颈。超塑性材料的变形却类似于粘性物质的流动，没有(或很小)应变硬化效应，但对变形速度十分敏感，有所谓"应变速率硬化效应"，即当变形速度增加时，材料会强化。因此，超塑性材料变形时虽有初期缩颈形成，但由于缩颈部位变形速度增加而发生局部强化，从而使变形在其余未强化部分继续进行，这样使缩颈传播出去，结果获得超常的宏观均匀的变形。因此可知，超塑性的无缩颈是指宏观的变形结果，并非真的没有缩颈。产生超塑性变形的试样，断口部位的断面尺寸与均匀部位的相差很小，整个试样的变形梯度缓慢而均匀，对于典型超塑性合金 Zn-22%Al 来说，断口部位可达到头发丝那样细的程度，此时断面收缩率(ψ)接近于100%。因此，超塑性材料的变形具有宏观"无缩颈"的特点，而通常情况下，脆性材料拉伸变形时 $\psi \approx 0$，一般塑性材料 $\psi < 60\%$。

3. 小应力

超塑性材料在变形过程中的变形抗力很小，它往往具有粘性或半粘性流动的特点。在最佳超塑性变形条件下，其流动应力 σ 通常只是常规变形的几分之一乃至几十分之一。例如，Zn-22%Al 在超塑性变形时的流动应力不超过 2MPa；TC4 合金在 950℃ 下的流动应力为 10MPa 左右；GCr15 钢在 700℃ 时流动应力为 30MPa。由于超塑性成形时载荷低、速度慢、不受冲击，故模具寿命长，可以采用低强度、廉价的材料来制作模具。但对于高温成形，应采用相应的耐高温材料制作模具。

4. 易成形，工艺简单

超塑性成形时金属变形抗力小，流动性和充形性也较好，可一次成形形状极为复杂的工件。在恒温保压状态下，有蠕变机理作用，可以充满模具型腔各个部位，精细的尖角、沟槽和凸台也可充满，还可以将多道次的塑性成形改为整体结构一次成形，且不需要焊接和铆接。超塑性成形时，材料成形性能大为改善，使形状复杂的构件一次成形变为可能，图2.1所示为复杂形状超塑成形件。

图2.1　超塑成形的复杂形状零件

5.成形件质量好

超塑性成形不存在由于硬化引起的回弹导致零件成形后的变形问题，故零件尺寸稳定。超塑状态下的成形过程是较低速度和应力下的稳态塑性流变过程，故成形后残余应力很小，不会产生裂纹、弹性回复和加工硬化。成形后材料仍能保持等轴细晶组织、无各向异性。

相对常规塑性成形时易出现的各种缺陷，超塑成形的上述优点十分突出，因而超塑成形得到了越来越广泛的应用，尤其适用于曲线复杂、弯曲深度大、用冷加工成形困难的钣金零件成形。由于超塑性成形可使多个部件一次整体成形，结构强度明显提高，重量减轻，因此是当今航空航天工业中最吸引人的加工新技术之一，已经成为一种推动现代航空航天结构设计概念发展和突破传统钣金成形方法的先进制造技术。该技术的发展应用水平已成为衡量一个国家航空航天生产能力和发展潜力的标志。

以上提到的是超塑性变形的宏观特点，而在材料内部的微观组织结构上，超塑性变形也有不同于普通塑性变形的特点。从现象上观察，典型超塑性合金如 Zn-22%Al 的超塑性变形表现为宏观均匀变形，变形后的样品表面平滑，没有起皱、凹陷、微裂纹及滑移痕迹等现象。从金相组织方面观察，当原始材料为等轴晶粒组织时，在变形后几乎仍是等轴晶粒，看不到晶粒被拉长(但有一定程度的长大)。一般来说，晶粒内部没有发生应变，带状组织可能被消除或减轻。

2.2　超塑性分类及影响因素

2.2.1　超塑性的分类

根据目前世界上各国学者研究的结果，按照实现超塑性的条件(组织、温度、应力状态等)，可将超塑性分为以下几类。

1. 组织超塑性

组织超塑性又称恒温超塑性、细晶超塑性或结构超塑性，一般所指超塑性多属此类，它是目前国内外研究最多的一种。组织超塑性产生的第一个条件是材料具有均匀的细小等轴晶粒，晶粒尺寸通常小于 $10\mu m$，并且在超塑性温度下晶粒不易长大，即所谓热稳定性好；第二个条件是变形温度 $T>0.5T_m$（T_m 为材料熔点温度），并且在变形时温度保持恒定；第三个条件是应变速率 $\dot\varepsilon$ 比较低，一般 $\dot\varepsilon=(10^{-4}\sim10^{-1})/s$，要比普通金属拉伸试验时应变速率至少低一个数量级，目前已发现的共晶型和共析型合金大多具有超塑性，但也不限于此，在许多的二相合金中相当一部分呈现超塑性。一般说来，晶粒越细越有利于超塑性变形，但对有些材料来说，例如钛合金及某些金属间化合物，其晶粒尺寸达几十微米时仍具有良好的超塑性能。

组织超塑性变形与普通金属塑性变形在变形力学特征方面有着本质的差别。在超塑性变形时，由于没有加工硬化（或加工硬化可以忽略不计），在整个变形过程中，表现出低应力水平、无缩颈的大延伸现象。为了描述超塑性的力学特征，1964 年 Backofen 提出应力 σ 与应变速率 $\dot\varepsilon$ 的关系式为

$$\sigma=K\dot\varepsilon^{\,m} \tag{2-1}$$

式中：σ 为真应力；$\dot\varepsilon$ 为应变速率；K 为决定于试验条件的材料常数；m 为应变速率敏感性指数。

对于同时具有应变硬化和应变速率硬化的材料，其拉伸变形过程服从 C. Rosserd 方程，即

$$\sigma=K\varepsilon^n\dot\varepsilon^{\,m} \tag{2-2}$$

式中：ε 为应变；n 为硬化指数。

塑性材料在常温下 m 值很小，一般认为 $m\approx0$，则式（2-2）成为应变硬化材料的本构方程。当材料处在超塑性状态下，因温度在材料熔点热力学温度的 50% 以上，故 n 值很小，一般认为 $n\approx0$，则式（2-2）成为式（2-1）。

如考虑到温度的关系，则可写为下列方程：

$$\sigma=K\varepsilon^n\,\dot\varepsilon^{\,m}\exp\left(\frac{Q}{RT}\right) \tag{2-3}$$

式中：Q 为超塑性变形的激活能；R 为气体常数；T 为变形温度，以热力学温度表示。

组织超塑性变形对应变速率很敏感，材料只是在一定的变形速度范围内才能表现出超塑性，根据材料超塑性变形的基本关系式（2-1），则

$$m=\frac{\partial\log\sigma}{\partial\log\dot\varepsilon} \tag{2-4}$$

m 可根据试验和式（2-4）画出关系曲线，如图 2.2 所示，σ-$\dot\varepsilon$ 的关系曲线在对数坐标上呈 "S" 形，S 曲线的斜率即为 m 值。

图 2.2 中可将 S 曲线分为三个区（即图中的Ⅰ、Ⅱ、Ⅲ区）。Ⅰ区相当于蠕变类型低应

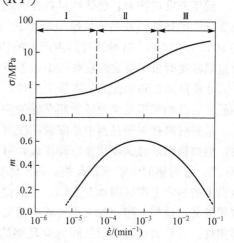

图 2.2　超塑性合金 σ、m、与 $\dot\varepsilon$ 的关系曲线

变速率区，它是在极慢速度下变形的。σ 值随着 $\dot\varepsilon$ 值的增加而缓慢上升，近似于蠕变曲线。Ⅲ区相当于一般塑性加工的高应变速率区，σ 值的变化近似一般拉伸曲线。在Ⅰ、Ⅲ区，m 值均很低。超塑性范围是在Ⅱ区，σ 值在该区的变化最大（S曲线Ⅱ区上斜率最大处），随 $\dot\varepsilon$ 的增大而急剧增高，相应的 m 值达到最大值后又迅速下降，因而出现了峰值。在超塑性变形中应变速率敏感性指数 m 值表示材料抵抗缩颈发展的能力，m 值越大，抗缩颈发展的能力越好，则伸长率越大。

2. 相变超塑性

相变超塑性又称变温超塑性或动态超塑性，这类超塑性不要求材料有超细晶粒，但要求具有固态相变或同素异构转变。在一定的温度和负荷条件下，使材料在相变温度附近反复加热和冷却，经过一定循环次数的相变或同素异构转变而获得很大的伸长率。相变超塑性的主要控制因素是温度幅度（$\Delta t = t_1 - t_2$）和温度循环率（即加热↔冷却速度）。相变超塑性的总伸长率与温度循环次数有关，循环次数越多，所得的伸长率也越大。例如碳素钢和低合金钢，加一定的负荷，同时于 A_1 温度上下施以反复的一定范围的加热和冷却，每循环一次，则发生 $\alpha \leftrightarrow \gamma$ 的两次转变，可以得到二次跳跃式的均匀延伸，这样多次的循环即可得到累积的大延伸。又如共析钢在 538～815℃，经过 21 次热循环，可得到 $\delta = 490\%$ 的伸长率。

相变超塑性不同于细晶超塑性，它不要求材料进行晶粒的细化、等轴化和稳定化的预先热处理，这是其有利的一面；但是相变超塑性必须给予动态热循环作用，这就给生产上带来困难，较难应用于超塑性成形加工，目前只应用于变形方式很简单的场合，如镦粗、弯曲等，有学者曾用铸铁材料利用相变超塑性进行弯曲，经过 50 次温度循环后可弯至 45°而不断裂。此外，相变超塑性在热处理、焊接、切削加工等方面也得到了应用。

目前有关相变超塑性的研究还不如细晶超塑性研究那样广泛深入，对其规律性尚无统一的认识。

3. 其他超塑性

近年来发现普通非超塑性材料在一定条件下快速变形时，也能显示出超塑性。例如标距 25mm 的热轧低碳钢棒快速加热到 $\alpha + \gamma$ 两相区，保温 5～10s，快速拉伸，伸长率可达到 100%～300%。这种短时间内产生的超塑性可称为短暂超塑性。短暂超塑性是在再结晶及组织转变时极不稳定的显微组织状态下生成等轴超细晶粒，并在此短暂时间内快速施加外力才能显示出超塑性。从本质上来说，短暂超塑性是细晶超塑性的一种，控制细小的等轴晶粒出现的时机是实现短暂超塑性的关键。

某些材料在相变过程中伴随着相变可以产生较大的塑性，这种现象称为相变诱发超塑性。例如将钢从奥氏体快速冷却淬火，可得到马氏体组织，这种马氏体起始转变温度称为 Ms 点，它与钢的化学成分有关，马氏体也可从加工不稳定的奥氏体诱发而得到，即在 Ms 点以上的一定温度区间加工变形，可以促使奥氏体向马氏体逐渐转变，在转变过程中可得到异常高的延伸，塑性的大小与转变量的多少、变形温度及应变速率有关。利用相变诱发超塑性，可使材料在成形期间具有足够的塑性，成形后又具有较高的强度和硬度，因此，相变诱发超塑性对高强度材料具有重要的意义。

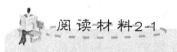

阅读材料2-1

电致超塑性

电致超塑性(Electro - Super Plastic effect，ESP效应)是材料在电场或电流作用下所表现出的超塑性现象。当高密度电流通过正在超塑性变形的金属时，电流能加强它们的微观变形机制的作用，从而提高金属超塑性变形的能力。例如7475铝合金在沿拉伸方向施加高密度脉冲电流，在480℃获得$\delta=710\%$的伸长率，比常规超塑性变形温度降低50℃，其m值也比无电流作用时明显提高。研究表明，电致超塑性的根本原因是电流或电场对物质迁移的影响，包括空位、位错、间隙原子等。

➡ 资料来源：董晓华，李尧. 金属的电致塑性和电致超塑性效应. 湖北工学院学报，1996，12.

2.2.2 超塑性变形的影响因素

研究超塑性变形的影响因素不仅有助于寻求超塑性条件的最佳组合、充分发掘材料变形的潜力，而且能为探讨超塑性变形的微观机理提供一些非常有用的线索和依据。

超塑性是材料在特定条件下所表现的一种综合力学性能。衡量材料超塑性能的主要参数包括材料的伸长率δ、应变速率敏感性指数m值、激活能Q、材料参数K等，其中，应变速率敏感性是超塑性变形的重要特征。由于超塑性材料应力对应变速率的高敏感性有效地抑制了超塑性变形中的拉伸失稳，从而使超塑性变形具有超乎寻常的大变形能力。超塑性变形是一个复杂的物理-化学-力学变化过程，所以，影响的因素很多，作用方式也很复杂、多样。这里只简要介绍几种主要的影响因素。

1. 应变速率

应变速率是影响超塑性变形的重要因素之一，图2.2所示是超塑性材料应变速率对流动应力与应变速率敏感性指数(m值)的影响，从图中可以看出，曲线呈现典型的S形特征，应变速率$\dot{\varepsilon}$对流动应力σ及m值均有显著影响。根据应变速率的不同，图中划分Ⅰ、Ⅱ、Ⅲ三个区域，其中在Ⅰ、Ⅲ区，m值较小，应力随应变速率变化缓慢，而Ⅱ区m值最大，应力随应变速率变化剧烈，在此范围内的材料变形具有很高的应变速率敏感性，超塑性好，是实现超塑性变形的最佳应变速率范围。

2. 变形温度

超塑性变形与许多热激活过程有关，因此温度就自然成为它的一个很主要的影响因素。一般要求温度$T>0.5T_\mathrm{m}$。许多材料在$0.4\sim0.85T_\mathrm{m}$呈现超塑性，只是程度有所不同。试验表明，当其他条件不变时，在低于某一个临界温度T_c的一定温度范围内，提高变形温度一般会产生下面的一些影响：

(1) 流变应力降低，这种效应在低应变速率区(Ⅰ区)更明显 [图2.3(a)，图2.4]；

(2) 超塑性变形区(Ⅱ区)变宽且向应变速率增加的方向移动 [图2.3(a)]；

(3) 应变速率敏感性指数m的峰值增加，与峰值对应的应变速率也增加 [图2.3(b)]

(4) 伸长率提高(图2.4)。

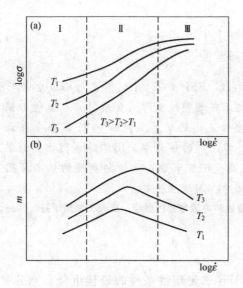
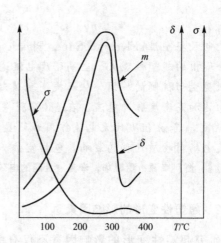

图 2.3　温度对 $\sigma - \dot{\varepsilon}$ 和 $m - \dot{\varepsilon}$
曲线影响示意图

图 2.4　Zn-22%Al 合金的 σ、m 值及
伸长率 δ 与温度 T 的关系

高于温度 T_c 时，再提高变形温度，就会起相反的效果(图 2.4)。这个问题可以从两方面进行分析。首先注意到，在高温下，晶粒内部强度大于晶界强度(低温则与此相反)，故高温下多晶体的强度由晶界强度所决定。如果温度超过 T_c，晶界强度就会进一步降低，因而材料传递外加应力的能力也会相应降低。另一方面，当温度超过 T_c 后，晶粒长大的速度会进一步加快，从而使材料内部变形的协调过程难以进行(因为大晶粒内的扩散和位错运动需经历较长的时间)，并导致变形抗力的增加。一方面是传递外加应力的能力减少，另一方面是变形抗力的增加，当两者达不到平衡时，就会使材料断裂。这就是超过 T_c 后进一步提高温度使 m 值和 δ 都降低的原因。此外，即使是对于同一种材料，温度 T_c 也不是固定不变的，其值与应变速率、晶粒度和两相的组织及分布情况等因素有关。如果这些因素一定，那么 T_c 也就一定。故 T_c 可以看作是在一定条件下(各因素组合)的最佳变形温度。

3. 晶粒大小及形状

为了获得良好的超塑性，一般情况下材料的晶粒尺寸不超过 $15\mu m$，晶粒大小对超塑性变形的影响很大。很多试验证明，减少晶粒尺寸(也是在一定范围内)，一般会产生下面几种影响：

(1) 流变应力下降，这一效应在 Ⅰ、Ⅱ 区比较明显，在 Ⅲ 区不明显 [图 2.5(a)，图 2.6(a)]；

(2) 超塑性变形区(Ⅱ区)变宽且向应变速率增加的方向移动 [图 2.5(a)，图 2.6(a)]；

(3) 应变速率敏感性指数 m 的峰值增加，与此峰值对应的应变速率向高应变速率方向移动 [图 2.5(b)，图 2.6(b)]。

从上面三点可以看出，减小晶粒度与提高变形温度有相似的影响。一些试验表明，晶粒度的减小也有一个限度，超过这个限度，m 的峰值不但不增加，反而下降，但超塑性变形区的宽度还是增加的，如图 2.7、图 2.8 所示。

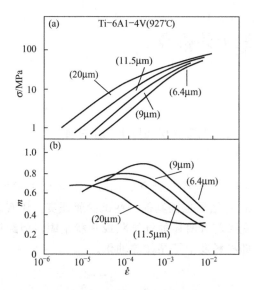

图 2.5　几种晶粒尺寸的 TC4 钛合金的
$\sigma-\dot{\varepsilon}$ 和 $m-\dot{\varepsilon}$ 关系曲线

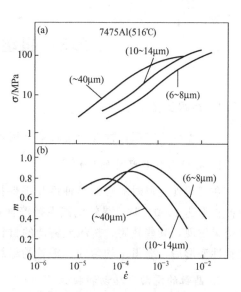

图 2.6　几种晶粒尺寸的 7475 铝合金的
$\sigma-\dot{\varepsilon}$ 和 $m-\dot{\varepsilon}$ 关系曲线

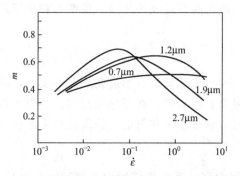

图 2.7　几种晶粒尺寸的 Zn-22%Al 合金的
$m-\dot{\varepsilon}$ 关系曲线

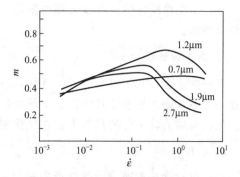

图 2.8　几种晶粒尺寸的 Zn-22%Al-0.84Cu
合金的 $m-\dot{\varepsilon}$ 关系曲线

至于晶粒形状，要求呈等轴状。如以 d_L 表示晶粒平均纵向尺寸，d_T 表示晶粒平均横向尺寸，最好是 $d_L/d_T \approx 1$，一般不要超过 $1.3 \sim 1.4$。d_L/d_T 的增大与晶粒尺寸增大有相似的影响。

4. 两相组织

一般认为，超塑性材料需要细晶的两相组织，原因是这种组态可以保持较好的热稳定性：第二相晶粒与母相晶粒可以互相阻止对方在变形时长大。两相分布越均匀，两相的体积比越接近于 1 时，热稳定性就越好，对超塑性变形就越有利。如果第二相晶粒很少或不存在，那么在晶界滑动和晶粒转动时，同相晶粒的聚合机会大大增加，晶粒长大就很快，对超塑性变形不利。

以上介绍的几种因素中，前三种最为主要。除此以外，还有变形时的应力状态、试样尺寸、内应力、润滑条件、加载方式以及某些环境因素(如腐蚀介质)等也对超塑性变形有一定的影响，有时这类影响还很重要。

2.3 超塑性变形的机理

2.3.1 组织变化

研究表明，在超塑性变形过程中金属组织的变化主要表现在以下几个方面：

1. 晶粒形状与尺寸的变化

在超塑性变形时晶粒的等轴性几乎保持不变。有学者在研究 Sn-5％Bi 合金中发现，当伸长率达 1000％时，晶粒仍然保持等轴状。这一结果也被其他一些试验所证实。还有研究结果发现，某些轧制、挤压或铸造的材料在变形前有明显的纤维状或片状组织，但经过超塑性变形后，获得了均匀的、等轴的组织，即材料发生了晶粒等轴化。

2. 晶粒的滑动、转动和换位

超塑性虽然获得很大的塑性变形，但组织上的变化不大，晶粒仍保持等轴，这其中原因是在超塑性变形过程中发生了晶粒的运动。将试件表面抛光，然后在抛光表面上画上细线，经过超塑性拉伸后，可以看到原来的一些直线在晶界处成为折线，说明晶粒之间发生了相对转动。

3. 晶界折皱带

有一些合金（如 Zn-Al 合金、Al-Cu-Zr 合金）在超塑性变形后初始晶界变宽，同时存在一些不规则的呈条纹状线带，这种线带就是晶界折皱带。在压缩变形时，晶界折皱带多发生在与应力轴平行的晶界上；在拉伸变形时，它多发生在与应力轴垂直的晶界上。

4. 位错

许多研究结果表明，在超塑性变形时，金属内部可动位错密度比未变形时高出很多。其中原因是：细小晶粒提供大量晶界，使晶界滑移容易产生，与此伴生的应力集中也随之增多，并且集中在晶界及其附近，从而导致产生更多的位错，以便松弛这些应力集中。这些过程以极快的速度同时发生，否则不能保证晶界滑移的连续性。当变形较大时，位错密度增高，同时较明显地集中在晶界及三角晶界，但在这些地方并未发现位错塞积现象。说明在晶界处产生了强烈的位错攀移和相消过程。

2.3.2 空洞特征

空洞是超塑性变形过程中普遍存在的组织变化。在超塑性变形达到一定程度时，就会出现空洞的形核，随着变形的增加，空洞长大，继而发生空洞的聚合或连接，最终导致材料断裂。

空洞按形状大致可分为两类：一类为产生于三晶粒交界处的 V 形空洞，如图 2.9(a)所示，这类空洞是由于应力集中产生的；另一类为沿晶界，特别是相界产生的 O 形空洞，如图 2.9(b)所示，它们形状多半接近圆或椭圆，出现 O 形空洞的晶界或相界多半与拉应力垂直。在带坎的晶界上也会出现 O 形空洞，这类空洞可以看作过饱和空位向晶界（或相界)汇流、聚集、沉淀而形成的。

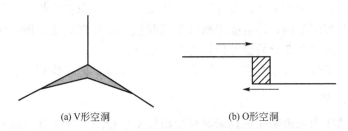

(a) V形空洞   (b) O形空洞

图2.9　超塑性成形空洞形态

一般说来，在高应力下易出现 V 形空洞，低应力下易出现 O 形空洞。从能量观点来看，在相同的体积下，V 形空洞表面积比 O 形的大，因而形成能量(与表面积成正比)也大，故需要较大的应力。V 形空洞一旦形成后，由于其能量比 O 形(在相同体积下)高，因而它力图释放一部分能量而转变为 O 形，这一转变是在高温下通过扩散过程来完成的。

在超塑性研究初期，人们研究 Zn - Al、Pb - Sn 时，认为没有空洞，甚至建立超塑性模型时也没有做空洞假设。20 世纪 70 年代中期，Langdon 等经过细心的测量和分析后发现良好超塑性的双相合金中确实存在空洞。之后美国 Rockwell 公司工业铝合金的超塑性开发激发了超塑空洞问题的研究。从那时开始，空洞研究逐步发展为超塑性试验和理论研究的重要课题。

空洞可以从预先存在的缺陷处形核，随后空洞长大，聚合和联结，最终导致断裂。在拉伸试验中表现为伪脆性特点。由于超塑性材料的高应变速率敏感性，能够容忍相当大的空洞分数存在而不断裂。空洞的存在降低了材料的力学性能，限制了成形件的应用领域和安全性，因此，研究和控制空洞很有意义。

2.3.3　变形机理

超塑性变形机理是超塑性理论研究的核心内容，它不仅可以揭示超塑性变形的本质，还可以为制备超塑性合金提供理论依据。但由于超塑性变形的复杂性，目前尚无一个完善地解释所有超塑合金变形行为的理论。但是，从定性的意义上来说，普遍认为对组织超塑性变形起主导作用的是以晶界滑移为主，其他过程起协调作用。一些研究认为，晶界滑移的协调机制是位错运动或扩散流动。

1. 扩散蠕变机理

扩散蠕变机理是以空位扩散为基础的一种超塑性理论。在拉应力作用下，晶体 ABCD 晶界上空位的势能发生变化，垂直于拉伸轴的晶界(图 2.10 中的 AB 和 CD 处)处于高势能状态，平行于拉伸轴的晶界(图 2.10 中的 AD 和 BC 处)处于低势能状态。因此，导致空位由高势能的 AB 和 CD 界面向低势能的 AD 和 BC 界面移动。空位的移动引起物质的原子向其反向移动，从而引起晶粒沿拉伸方向伸长，在垂直于拉伸的方向缩短。

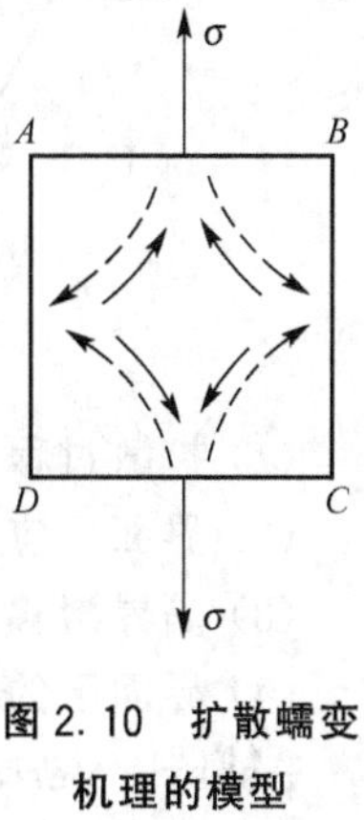

图 2.10　扩散蠕变机理的模型

根据扩散路径的不同，扩散蠕变机理有两种，即 Nabaro - Herring

提出的体扩散机理和 Coble 提出的晶界扩散机理。

扩散蠕变机理只能初步说明超塑性变形中的某些行为，同实际相比，还有若干矛盾之处：①m 值为 1 与实际不符；②应变速率低于试验值；③根据蠕变机理，变形后晶粒将被拉长，但实际上，超塑性变形后晶粒仍保持等轴形状。

实际上，在超塑性变形过程中，变形的产生不单是由于扩散蠕变引起的。

2. 位错蠕变机理

早期，人们试图用位错蠕变机理来解释超塑性变形行为。这类理论的基本出发点都来自 Weertman 的恢复蠕变理论。Weertman 认为，恢复蠕变时，晶内发生多滑移，结果产生了 Roman 位错。晶内位错要继续运动就要在晶内攀移，打开闭锁的 Frank - Read 源，位错不断产生，导致稳定流动。

Chaudhari 和 Nabarro 分别根据 Weertman 的理论建立了位错蠕变模型。然而，没有试验结果证明该 Chaudhari 模型的物理基础是正确的。同时，该机理模型中常数太多，因此无普遍应用意义。超塑性材料的晶粒细小，因此，晶界是主要扩散途径，但 Nabarro 模型不能解释超塑变形的这一主要特征。因为位错蠕变理论都是以晶内位错攀移为速控过程，因此，它不能正确预测应变速率-应力关系。

3. 伴随扩散蠕变的晶界滑移机理

这一机理是由 Ashby 和 Verrall 提出的模型（即 Ashby - Verrall 模型）。其模型由一组二维的四个六边形晶粒组成，如图 2.11 所示。在垂直方向作用着拉伸应力 σ，则由图 2.11(a)所示的初始状态过渡到图 2.11(b)所示的中间状态，然后达到图 2.11(c)所示的最终状态。结果晶粒位置发生了变化，提供了 0.55 的真应变，但晶粒形状没有变化，外力对此晶粒组所做的功消耗在以下四个不可逆的过程：

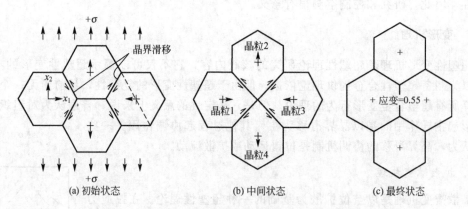

图 2.11 Ashby - Verrall 理论晶粒重排过程示意图

(1) 扩散过程：由晶界或体积扩散造成晶粒形状的临时变化以达到相适应的目的。

(2) 界面反应：空位扩散进入晶界或离开晶界要消耗能量以克服界面势垒。

(3) 晶界滑移：在滑移前需消耗能量克服晶界粘滞性。

(4) 界面区的增减：晶粒组的面积增加和减少也要消耗能量。

Ashby - Verrall 理论认为晶粒变化主要由晶界扩散来完成，同时伴随着少量的体积扩散，超塑性变形的主要机理是晶界滑移变形，在晶界滑移的同时伴随晶粒的转动和晶界迁移。晶界滑移在三叉晶界处形成空洞，这些空洞主要依赖强烈的扩散蠕变才能消除，扩散蠕变与晶界滑移的协调适应使得晶粒位置结构发生变化，最终达到晶粒的换位。许多试验观测基本证实了 Ashby – Verrall 理论的主要内容，如观测到晶界滑移、晶粒转动、晶粒换位、晶界空洞以及晶粒保持等轴性等。

Ashby – Verrall 模型也存在一些不合理的地方。用 Ashby – Verrall 模型的计算结果只与 S 曲线的低应变速率部分比较符合，和扩散蠕变模型一样，Ashby – Verrall 模型预测的 m 值也等于 1，而实际值为 0.4～1，都小于 1，而且，Ashby – Verrall 模型只是一个考虑晶粒位置变化的二维模型，没有考虑晶粒的三维运动过程，如表面下的晶粒向表面显露以及表面积增长的过程，由此可见，Ashby – Verrall 模型中扩散路径的考虑也是不够合理的。

4. 伴随位错运动的晶界滑移机理

1）Ball – Hutchison 模型

在多晶体晶界形成的三角晶界是晶界滑移的障碍。为此，Ball – Hutchison 提出了一种以位错运动调节晶界滑移的超塑性流动模型。图 2.12 是 Ball – Hutchison 模型的示意图。假设由数个晶粒组成的两晶粒群沿晶界滑移时，遇到了障碍晶粒，滑移被迫停止。在受阻处产生应力集中，为缓和应力集中，障碍晶粒内位错开动，位错通过晶粒内部而塞积在对面的晶界上，又产生应力集中。当应力达到某个数值时，促使塞积的前端位错沿晶界攀移而消失，于是内应力得到松弛，晶界滑动再次发生。

2）Mukherjee 模型

Mukherjee 认为，晶界滑动是在单个晶粒之间进行的，不是以晶粒群为单位进行的。在晶界上有许多的凸台或隆起，它能产生位错，位错穿过晶粒塞积在对面的晶界上（见图 2.13），引起应力集中。当应力达到一定程度时，塞积在前端的位错沿晶界攀移消失，应力得到松弛，晶界滑移再次发生。滑移速率由塞积前端位错的攀移速度控制，还受制于在晶界上攀移和滑动的位错的运动。

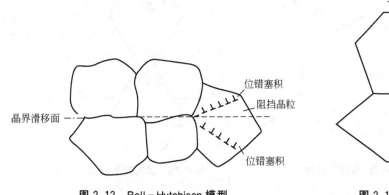 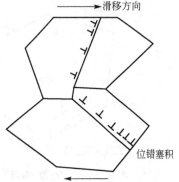

图 2.12　Ball – Hutchison 模型　　　　图 2.13　Mukherjee 模型

3）Gifkins 模型

Ball – Hutchison 模型和 Mukherjee 模型都假定晶界滑移受阻，被迫停止以后，位错通过晶粒内部而塞积到对面的晶界上。Gifkins 模型相反，假定在三角晶界处或晶界滑移受阻处，由于应力集中而产生的新位错，不穿过晶粒内部，而是在晶界附近攀移运动，以配合晶界滑移的进行。位错运动只限于晶粒的外部，Gifkins 模型如图 2.14 所示。晶界滑移是由晶界的位错运动引起的。当晶界领先位错而在三角晶界处受阻时，作用在晶界上的晶界位错便塞积在三角晶界处，引起应力集中，使晶界位错分解成别的晶界位错，在三角晶界的另外两条晶界上运动，或者分解成沿晶粒表面运动的位错，从而使塞积引起的应力集中得以松弛。位错在晶粒表面的运动使晶粒旋转。新位错以攀移和滑移的方式在这些晶界上或者晶界附近运动，直到与别的位错相抵消或结合形成新的晶界位错为止。

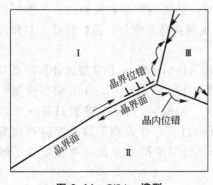

图 2.14 Gifkins 模型

5. "心部-表层" 机理

Gifkins 提出了一个 "心部-表层" 模型来解释晶间滑移变形，这是他对他本人早期提出的 Gifkins 模型的进一步完善。他认为，晶粒实际上是由一个不变形的心部和围绕此心部的、会发生流变的外层(表层)组成，如图 2.15 所示。表层受晶界的影响。在晶界三结点处，由于应力集中而产生新位错并在晶界上或晶界附近发生攀移。此攀移过程是配合晶间滑移进行的。位错运动只限于表层，晶粒内部不受其影响。

6. 晶粒转出机理

Grfkins 对 Ashby－Verrall 模型进行了修正，提出了一个三维晶粒转出模型。当一群晶粒滑移时(晶粒的数量与大小都无限制)，很可能产生空隙，如图 2.16 所示。这时可能有晶粒从下层转出来填补此空隙。与此同时，晶界迁移使转出晶粒变圆，也使其他晶粒圆弧化。结果是使试样被伸长而晶粒大小不变。

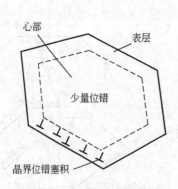

图 2.15 "心部-表层" 模型

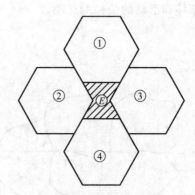

图 2.16 晶粒转出模型

据大量的试验和理论研究，对细晶组织超塑性变形机理的一些比较一致的看法是：晶界滑移和晶粒转动、扩散蠕变理论、位错滑移理论。超塑变形过程中，应该是这些机理综合作用的结果，且在超塑性流动的不同阶段，起主要作用的机理是不同的。

另外，细晶是实现超塑性的必要条件，但不是充分条件。在一些材料中发现液相调节晶界滑移机制。材料变形时大部分的形变能转化为热能。高应变速率超塑性变形时，产生的热量来不及散失，可能导致材料在液-固两相状态下变形。液相的存在就像润滑剂一样，使晶粒和第二相颗粒之间的滑动更容易进行，从而使材料的变形能力大大提高。有学者认为在液相体积分数较小时，细小的固相尺寸能使固相间的界面产生高的毛细管作用力，使单位面积上的液相减少并且分布均匀。在固相间的粘着力不发生显著下降的情况下，材料可能表现出高应变速率超塑性。对于高应变速率超塑性的变形机制还有待进一步研究。

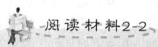 阅读材料2-2

金属研究所铝合金低温超塑性变形机制研究取得新进展

低温超塑性是指在 $0.5T_m$ 以下温度取得的超塑性。铝合金的 $0.5T_m$ 为194℃。然而对铝合金，取得真正意义上的低温超塑性是非常困难的，目前公开报道的各种加工技术制备的细晶铝合金低温超塑性的最低温度均大于200℃，因此350℃以下的超塑性一般就被认为是低温超塑性。

中国科学院金属研究所科研人员选择 Al-Zn(7075)、Al-Mg(Al-5.3Mg-0.23Sc，Al-4Mg-1Zr)和 Al-Cu(2219)三种典型铝合金体系进行了研究。结果表明，超细晶尺度是获得铝合金低温超塑性的前提，而合金中弥散粒子的热稳定性及尺度和含量是决定超塑性的关键。高密度弥散粒子不仅可有效阻止再结晶晶粒的生长，保证获得超细晶结构，而且在超塑变形过程中可有效抑制晶粒长大，确保获得良好的低温超塑性。对于2219Al合金，Al2Cu粒子热稳定性差，无法有效抑制晶粒长大，因而不能在350℃以下取得超塑性；对于7075Al合金，具有较好热稳定性的含Cr弥散粒子，能比较有效地抑制晶粒长大，所以可在 200～350℃获得较好的低温超塑性；而对 Al-5.3Mg-0.23Sc 和 Al-4Mg-1Zr合金，Al3Sc和Al3Zr粒子具有良好的热稳定性，能有效抑制晶粒长大，因而可在175℃获得超塑性，突破了铝合金低温超塑性的200℃温度限制。

铝合金高温超塑性的主要变形机制为晶界滑移，对应的 m 值一般为0.5。而低温超塑性的 m 值为0.3～0.4，明显低于晶界滑移机制对应的 m 值。目前对于铝合金低温超塑性的变形机制仍然存在较大争议，认为可能的机制包括粘性位错蠕变、溶质原子拖曳蠕变、晶界滑移、位错蠕变等，但均缺乏直接试验证据。抛光样品表面刻痕法是定量估算晶界滑移在超塑性变形中贡献的有效方法。传统上，采用金刚石微粉(～3mm)在抛光样品表面手工制备刻痕。然而，这样的刻痕方法由于线条太粗不适合晶粒尺寸只有几百纳米的超细晶材料，更重要的是手工刻痕很难保证刻痕线与拉伸轴严格平行，使得定量估算结果存在较大误差。他们首次采用纳米压痕仪在拉伸样品表面刻痕的方法定量评价了晶界滑移在低温超塑变形中所占比率。定量计算表明，即使在175℃低温下，超塑变形初期晶界滑移对应的贡献超过50%，随变形量增大和变形温度提高，晶界滑移的贡献增大。这为多年来晶界滑移在低温下能否发挥作用的争议画上了句号。

▶ 资料来源：中国科学院金属所科研进展报告，2010.9.

2.4 超塑性成形的应用

2.4.1 超塑性成形的应用概述

最初，超塑性技术只用于一些简单的合金，如锡铅、铋锡等，然而这些材料的强度太低，不能制造机器零件，所以并没有引起人们的重视。从 20 世纪 60 年代起，研究者发现许多有实用价值的锌、铝、铜合金中也具有超塑性，于是前苏联、美国和西欧一些国家对超塑性理论和加工产生了兴趣，并在超塑性材料、力学、机理和成形等方面进行了大量的研究，初步形成了比较完整的理论体系。到了 20 世纪 70 年代，各种材料的超塑性成形已发展成流行的新工艺。一些超塑性的 Zn 合金、Ti 合金、Al 合金、Cu 合金以及黑色金属等以其优异的变形性能和材质均匀等特点，在航空航天零件和一些复杂形状构件的生产中起到了不可替代的作用。通过多年来世界各国科学家和工程技术人员的努力及相应国家政策的支持，超塑性技术已形成了较为完整的体系，超塑性成形技术的应用范围也从金属材料扩展到陶瓷材料、复合材料、高分子材料、金属间化合物等。同时，超塑性在微成形方面也取得了长足的发展，逐渐发展成为一门涉及众多学科的边缘新学科。在工程应用方面，超塑性技术也由实验室的小件生产逐步向工业规模生产方向发展。

超塑性成形技术主要包括超塑性体积成形、超塑性板料成形、超塑性复合成形工艺、脆性材料的超塑性加工等，这其中超塑性体积成形与板料成形应用较多。在超塑性体积成形方面，如超塑性用于挤压成形则称为超塑挤压成形，可以成形零件和模具型腔；模锻时采用超塑性称为超塑性模锻；采用超塑性还可实现无模拉伸，生产出任意断面的棒材与管材的零件；还可以进行超塑性轧制等。进行超塑性体积成形时，对其所用装备一般没有苛刻要求，只是在相应的普通装备上稍加改造，使其满足超塑性工艺要求即可，如可实现较低的变形速度，提供加热及控温装置等。

在超塑性板料成形方面，包括超塑性气胀成形和超塑性拉深，其中超塑性气胀成形类似于塑料的吹塑成形和真空吸塑成形。基本原理是将被加热至超塑温度的板料压紧在模具上，在其一侧形成一个封闭的空间，在气体压力下使板料产生超塑性变形，并逐步贴合在模具型腔表面，形成与模具型面相同形状的零件，原理如图 2.17 所示。

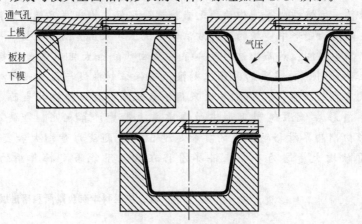

图 2.17 超塑性成形原理图

而超塑性拉深的成形方式与冷拉深基本相同，区别是超塑性拉深时，坯料处于超塑性状态，塑性提高，变形抗力下降，法兰圈起皱的情况得到很大改善。但此时筒壁处金属的抗力也很低，受摩擦阻力等因素的影响相应增加，造成壁部受力大，凸缘受力小，使得仅在筒壁变薄，而凸缘上不变形，从而影响了变形程度的提高。为此应采取措施促进凸缘部分金属的流动或增加筒壁部分金属的变形抗力。

基于超塑性，还可以采用复合成形工艺来生产一些更为复杂的原来需要分别加工的零件，如常规挤压＋超塑挤压复合工艺、热压＋胀形复合工艺、拉伸＋胀形复合工艺、胀形＋扩散连接复合工艺(SPF/DB)、挤压＋压接复合工艺等。

2.4.2 铝合金超塑性成形

1960 年，美国的 David 发现 Al-33％Cu 共晶合金在 500℃时可得到 200％的伸长率，是最早实现超塑性的铝合金。其他一些共晶铝合金，如 Al-Si，Al-Cu-Mg 等合金在一定的条件下也获得了超塑性。20 世纪 70 年代日本的松木等和英国的 Stowell 等开发出了超塑性 Al-Cu 系铝合金，促进了超塑性铝合金的发展，并已投入应用。

近十几年来，铝合金的超塑性研究有了新的进展，主要的铝合金系列有：纯铝、Al-Ca、Al-Cu、Al-Cu-Mg-Zr、Al-Ca-Mg、Al-Mg(-X)(X＝Mn、Cu、Si、Zr、Sc 等)、Al-Zn-Mg(-Zr)、Al-Li(-Zr)。其中，一些新型的铝合金，通过添加稀土元素或 Sc、Zr、Ti 等过渡族元素，大大提高了合金的超塑性。如 Al-Mg-Li-Zr、Al-Zn-Mg-Zr 等合金不但能在一定条件下呈现较高的超塑性，具有较好的综合力学性能。Al-Zn-Mg 合金是铝基超塑性合金的工业常规材料，在航空工业中应用较多。向该合金中添加稀土元素或过渡族元素 Zr，可细化显微组织，提高合金的超塑性，最大伸长率可达 1014％。Al-Mg-Li-Zr 合金是一种中强超轻合金，具有较好的抗腐蚀性能和优良的焊接性能，按照常规的形变热处理细化晶粒的方法，可获得 950％的伸长率，m 值达到 0.78。Al-Ca-Zn 是一种新型的 Al 基超塑性合金，它密度小、抗腐蚀能力强，作为一种中等强度的铝合金，已开始应用于军事及民用工业中。

研究铝合金超塑性的目的在于利用其成形零件或结构件，特别是成形难加工的复杂形状的零部件，如曲面、浮凸、刻字等，可大大降低成本并提高构件的使用性能。国外已经将铝合金超塑性成形技术广泛用于生产，特别是用于航空航天等结构件。

总之，超塑性铝合金是具有广泛用途的新型材料。随着高应变速率超塑性变形研究以及塑性加工技术的不断深入，将给超塑性铝合金的发展带来巨大的推动力，给社会生产带来更大的经济效益。

2.4.3 钛合金超塑性成形

对钛合金超塑性成形的研究与应用在超塑性成形的研究中占有相当重要的地位，据文献报道，自 20 世纪 80 年代以后，研究钛合金超塑性的文献猛增。目前，钛合金超塑性成形产品的应用仅次于铝合金。很多钛合金，在通常的供应状态下即具有超塑性，所以有利于超塑性成形的发展与应用。

钛合金在国防、航空航天工业上应用较多，美国休斯公司、BAE 公司等在超塑性成形技术方面居世界前列。目前钛合金超塑性成形工艺已广泛用于制造导弹外壳、推进剂储箱、整流罩、球形气瓶、波纹板及发动机部件等。20 世纪 70 年代中期，Hamilton 和

Paton 等研究了钛合金的扩散连接与超塑性成形组合工艺(SPF/DB),并制造出了形状复杂的钛合金整体结构件,从而带来航空结构加工生产的一次具有划时代意义的技术革命。图 2.18 所示为是 F-15 型飞机机身背部两块大型壁板,长度为 3048mm,宽度为 1143mm。图 2.18(a)所示为原结构,是由蒙皮、隔框、桁条组成的典型结构;现在改用的 SPF/DB 结构[图 2.18(b)],只需 4 块壁板,减少了 9 个隔框、10 根桁条、150 个零件和 5000 个铆钉,总重量减轻 38.4%,总成本降低 53.4%。

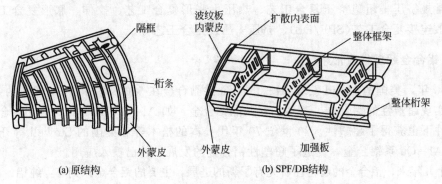

(a) 原结构   (b) SPF/DB结构

图 2.18 F-15 后机身壁板与原装配式壁板的比较

目前国外钛合金超塑性成形技术应用不断拓宽,已经广泛用于实际生产中。近年来,国外转向民用产品的速度很快,超塑性成形产品逐渐进入民用领域,用在民用飞机上的超塑性成形钛合金结构件日益增多,英国 TKR 国际公司批量生产了钛合金制作的大尺寸(达到了 4m²)的复杂形状零件,其板坯长度为 4m,宽度为 1.5m,厚度为 0.5~4mm,MBB 公司在 Ztalast 和 DFS/Kopernikas 两种通信卫星上采用超塑性成形制造了 $\phi 90 \sim 600$mm 的各种推进剂储箱。

我国研制的一批钛合金 SPF 和 SPF/DB 构件也获得成功,并已经装机试用,而且取得了明显的技术经济效益。钛合金超塑性产品已在航空、航天、仪表、电子、轻工、机械和铁道等各个工业部门得到有效的应用。如国内已锻出了带有密排轴向叶片的钛合金涡轮盘和没有焊缝的整体钛合金高压球罐,使生产率提高几十倍到 200 倍,成本降低到原有成本的 1/8~1/10。另外钛合金超塑性产品还有航天工业中的卫星部件、导弹外壳、推进剂贮箱、整流罩、球形气瓶、圆形容器、波纹板、各种梁和框结构、发动机部件、火箭气瓶、侦察卫星的钛合金回收舱等,都是钛合金超塑性产品应用的实例。但和国外的成批量商品化生产相距很大。现阶段工艺水平落后环节主要表现在:工艺技术水平不高,工艺装备比较落后,辅助手段不配套,成形后处理和检测手段不完善。

可以预计,我国钛合金超塑成形产品应用将会越来越广泛。钛合金超塑性成形产品如图 2.19 所示。

2.4.4 镁合金超塑性成形

镁合金板材在国防、民用工业领域的应用极为广泛,但目前的实际应用受一系列因素的制约。镁合金由于是密排六方结构,使其表现出难成形性。所以通过超塑性成形技术的发展,来提高镁合金的成形性是很重要的。一般来说,镁合金都要进行晶粒细化处理才具有超塑性。经过细化处理的镁合金显微组织由于基体内弥散分布大量第二相粒子,在超塑变形时能够获得稳定、等轴的细晶结构,因而超塑性效应十分显著。

(a) ISAS卫星上的球形燃料罐　　　　　　(b) 钛合金风扇及中空叶片

  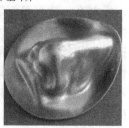

(c) 钛合金波纹管　　　　　(d) 钛合金多层板结构　　　　　(e) 钛合金再造鼻子

图 2.19　钛合金超塑性成形产品

　　相对于镁合金材料塑性加工成形的各向异性，镁合金材料的超塑性特性则是以各向同性状态表现，而且在材料破裂前，可达到非常高的伸长率，通常都能达到 300% 以上。在此伸长率下，镁合金材料将可以更容易填充模腔，而可能以近净形（Near Net Shape）的方式完成加工，制造出复杂形状的工件。最近几年，镁合金超塑性成形引起了世界各国的越来越广泛兴趣。镁合金超塑性成形要真正实现产业化，就必须朝着低温和高应变速率的方向发展，从商业生产的角度来看，应该朝着低成本化的方向发展；从工艺上来看，应该朝着安全化和环保化的方向发展。超塑性成形的镁合金工件如图 2.20 所示。

(a) SUV汽车门内面板　　　　　　　(b) 直升飞机客体零件

图 2.20　超塑性成形的镁合金工件

2.5　超塑性成形展望

　　半个多世纪以来，科学研究者们在材料的超塑性机理、冶金学、力学特性和应用技术等方面开展了广泛的研究。超塑性研究从观察某些金属及合金的超塑性现象开始，进而深入研究其力学性能和变形机理，直到应用研究，已走过了漫长的岁月。在现代科学技术飞速发展的 21 世纪，超塑性的研究是否还有生命力、超塑性理论研究如何深入、应用前景如何，是超塑性研究者们及其他材料工作者密切关注的问题。

1. 超塑性工业应用的进一步扩展

近来引人注目的是铝合金在汽车工业中的应用。日本和瑞士等国的汽车公司用超塑性成形方法生产了大型铝合金覆盖件，为超塑性成形在汽车工业中的应用开辟了前景。超塑性成形具有无弹复、只需单侧模具、单工序、设备载荷低等优点，但还存在一些问题，如能耗大、成本高、效率偏低等，有待于进一步解决。在生产中采用坯料预热、热开模、机械手取件或多工作台交替等方案，可使超塑性成形周期降到 10min 以下，达到实际大规模生产可以接受的范围。但目前细晶的超塑性铝合金板材价格是普通板材的 10 倍左右，这使超塑性成形覆盖件成本居高不下，难以大规模应用。其原因：一方面是铝合金细晶板材制备成本较高；另一方面是其应用面较窄。超塑性在汽车工业中应用尚需要冶金部门、汽车工业应用部门的共同努力。

汽车工业中超塑性成形零件如图 2.21 所示。

(a) 汽车车身   (b) 车门内面板

图 2.21　汽车工业中超塑性成形零件

2. 新型超塑性材料的开发

镁合金、金属间化合物、金属基复合材料、陶瓷等新材料的超塑性将会进一步受到重视。近年来，陶瓷的超塑性研究备受瞩目。在第八届超塑性国际会议上，瑞典斯德哥尔摩大学沈志坚博士关于氮化硅陶瓷高应变速率超塑性的论文引起了人们的关注。他将氮化硅在 $10^{-2}s^{-1}$ 的应变速率下进行体积成形，类似于金属材料的反挤压成形。这项研究距应用较近，某种程度上代表着陶瓷超塑性的发展方向。开发大块纳米级超塑材料、研究它们的超塑变形行为仍将是研究者们追求的目标，其中在纳米陶瓷、金属基纳米复合材料等方面都将有所突破。

3. 微超塑性成形的研究

各种精细零部件材料及加工技术是国际上研究的热点，并已成为 21 世纪塑性成形技术的发展方向之一。通过微成形制造的零件(外形尺寸为毫米级甚至亚微米级)一般用于微型机械或微电动机系统，应用于国防、空间科学及其他高技术研究领域。与常规塑性成形方法相比较，超塑性成形可在低应力下获得大的变形，在微成形方面有着独特的优越性。我国的研究者已在这方面进行了有益的尝试，研究了 1420Al‑Li 合金的超塑特性，并采用表面带有微槽和微孔两种形式的模具研究了该合金的微成形性。另外，应当引起重视的还有非晶合金精细零部件的超塑性成形技术。采用非晶合金和超塑性成形技术，可制备高性能、高精度的微细机械零部件。国外已能用超塑性挤压和锻造方法制造非晶合金精密光学仪器部件和超微齿轮。

超塑性研究至今虽然已经走过了半个多世纪，但在超塑性材料和变形机制方面还有很多未开发或未完全开发的领域，超塑性的应用还有可拓展的空间。目前，应进一步开发新材料及纳米材料的超塑性，并使其在低温高速条件下实现。对变形机理的正确解释可为选择新的成形方法、开发新的超塑性材料提供依据，因此应重视超塑性理论研究，同时，在超塑性应用方面应力图有所创新，使超塑性的研究成果在国民经济发展中发挥更大的作用。

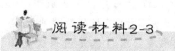 阅读材料2-3

新型材料超塑性成形

1. 金属间化合物的超塑性

当前世界上研究较多的金属间化合物有 Ti - Al、Ti - 3Al、Ni - AL、Ni - 3Al、FeAl、Fe - 3Al 等。然而，这些材料的室温塑性和韧性一般较差，加工性能也较差。近年来的研究结果已经表明，金属间化合物可以获得很高的超塑性水平——Ni - 3Al 合金的 m 值达 0.8，伸长率达 646%；Ti - 3Al 合金的伸长率超过 1000%；TiAl 合金的伸长率达 470%。目前，金属间化合物的超塑性应用仍在探索阶段：美国曾实验超塑性成形出 Ni - 3Al 合金的涡轮盘，用超塑性成形/扩散焊的方法制造出 F100 发动机加力燃烧室收放喷口封片并通过 64h 试车。

2. 陶瓷材料的超塑性

陶瓷超塑性的研究始于 20 世纪 80 年代。1986 年日本学者 WAKAI 首次利用陶瓷进行超塑性拉伸获得超过 100% 的伸长率。四方氧化锆多晶体(TZP)是最典型的超塑性陶瓷，添加 Y203 的 TZP 具有更加优越的超塑性，称之为 Y - TZP。陶瓷实现超塑性的条件也是需要材料具有等轴细晶组织，超塑性陶瓷的晶粒往往比超塑性合金更细小，常小于 $1\mu m$。实现陶瓷超塑性必须严格掌握三个环节，即制粉、烧结和超塑性变形，这与金属材料超塑性成形有很大区别。因为由市场得到的金属材料经一定的处理，甚至不经处理就可以实现超塑性成形，耐陶瓷材料超塑性的实现必须由制粉和烧结开始。美国学者 T. G. NIEH 已实现了陶瓷 800% 的超塑性拉伸变形。日本、美国等已经可以利用陶瓷材料进行气压成形、扩散连接和等温超塑性锻造，目前超塑性成形的还是一些样件，超塑性成形的陶瓷零件可望在不久的将来会在工业中得到实际应用。

3. 金属基复合材料的超塑性

金属基复合材料超塑性研究主要是针对非连续增强型复合材料，特别是铝合金为基体的复合材料。这些复合材料的制备主要有铸造和粉末冶金两种手段，通过挤压、轧制等形变处理细化晶粒，颗粒、晶须等增强体有助于晶粒细化，并在超塑性变形中使变形材料的显微组织保持稳定。然而在超塑性拉伸变形中易在增强体与基体的界面处形成孔洞，超塑性变形或成形中若试样或成形坯料处在静水压中，可以抑制孔洞的发生。美国、日本等国的研究人员把铝合金基体复合材料细化为纳米细晶组织，在比常规超塑性变形高出几个数量级的速率下实现了超塑性变形，称之为高速率超塑性。铝合金复合材料的超塑性成形已经得到应用。

4. 新型金属材料的超塑性成形

金属材料是最古老的工业材料。在当今科技迅速发展的情况下，金属材料的大家庭中也在不断增加新的成员。除了上述金属基复合材料和金属间化合物之外，新型铝锂合金、新型高温合金、记忆合金、一些超导材料等都是属于新型的金属材料。

锂是密度最小的金属元素，铝锂合金与其他铝合金相比，密度显著降低，然而强度和弹性模量却显著增加，因此铝锂合金是航天与航空的理想材料。铝锂合金的缺点也是其室温加工性能较差，所以超塑性成形对于铝锂合金具有重要意义。现在研究表明：铝锂合金可以获得很好的超塑性，而且可以进行超塑性成形-扩散连接的复合工艺成形。

高温合金是航空航天发动机中的关键材料，随着航空航天发动机不断的改进也需要其高温合金材料的性能逐渐提高。镍基高温合金超塑性研究早有报道，然而由于这类合金的超塑性温度较高，很难选择其成形的模具材料。俄罗斯的研究人员采用两种措施解决这一难题：一是采用石墨基材料做模具，这类材料虽室温强度并不高，可在高温下强度仍然不降低，因此可以用来作为高温合金超塑性成形的模具材料，其主要难点就是防止模具在高温下氧化；二是降低高温合金的超塑性变形温度，通过一定的处理手段改变高温合金的显微组织晶粒形态，其超塑性温度可以大幅度下降，从而减低了对模具材料的要求。

■ 资料来源：http://www.newmaker.com/art_1150.html.

习 题

1. 超塑性变形的特点是什么？

2. 什么是细晶超塑性？

3. 什么是相变超塑性？

4. 发生细晶超塑性的条件有哪些？

5. 超塑性变形的基本关系表达式 $\sigma = K\dot{\varepsilon}^m$ 中，m 的物理意义是什么？

6. 影响超塑性变形的因素有哪些？它们是如何影响超塑性变形的？

7. 超塑性变形时，金属的组织有哪些变化？

8. 什么是超塑性成形的"伴随扩散蠕变的晶界滑移机理"？试用该机理解释一些超塑性变形的现象。

第3章
微塑性成形

本章教学要点

知识要点	掌握程度	相关知识
微塑性成形的概念及发展趋势	掌握微塑性成形的概念 了解微塑性成形的发展现状及趋势	微塑性成形技术的定义及分类 微塑性成形技术的发展现状及发展趋势
微塑性成形理论	熟悉微尺度效应 了解微塑性成形的不均匀性 熟悉微塑性成形的力学基础理论	微尺度效应 微塑性成形的不均匀性 微塑性成形的力学基础理论
微塑性成形设备与装置	熟悉微塑性成形设备 了解微型零件的微操作技术 了解微型模具的加工技术	微塑性成形设备的原理结构特点 微型零件的微操作技术 微型模具的制造技术
微塑性成形工艺	了解板料的微冲压成形工艺 了解微零件体积成形工艺	板料微冲压成形工艺的分类、特点及应用 微零件体积成形工艺的分类、特点及应用

导入案例

面向微纳米制造的塑性加工技术

近年来，微米尺度零件塑性成形技术蓬勃兴起。人们把产品微型化与传统的塑性成形工艺(冲裁、弯曲、拉延、拉深、超塑性挤压、压印等)结合起来，因为在宏观制造领域，塑性成形工艺具备大批量和产业化的优点。面向微细制造的微塑性成形技术在短短十年内得到了迅速发展，除了市场推动因素外，其深厚的技术背景是微成形技术在短时间内得以较快发展的关键因素。虽然微成形工艺与传统成形工艺在成形机理上存在较大差异，其相关技术(比如模具、设备等)的要求进一步提高甚至达到苛刻的程度。但是已有千百年历史的塑性成形工艺所积累的成熟的工艺数据和试验方法、成形力学的不断突破以及各种模拟手段的出现都为微成形技术的研究奠定了坚实的基础；加之各种微细加工技术的发展使得微成形相关装备(模具、设备、传输机构等)的实现也成为可能。面向微细制造的微塑性成形技术研究已成为未来一段时间内塑性加工学界和业界的热点。

但是，由于微塑性成形技术与传统的塑性成形技术不完全相同，我们不能简单地把它看作传统宏观塑性成形零件尺寸几何缩小的加工，同样，宏观塑性加工理论也不能够简单地移植到微塑性成形领域中来。随着零件尺寸的减小，一方面，由于尺度效应的存在，一些力学概念需要重新做出科学的定义和表述。另一方面，由于加工逐步深入更微细的领域，与微型化相关的一系列新问题将会出现，新的加工方法和加工工艺需要去探索和研究。比如近几年来人们对尺度效应、微摩擦、微结构学方面的研究，就是对于微观世界探索的具体表现。对于整个微细成形系统来说，微型化的影响是多方面的，它包括材料的性能、模具的制造、加工过程以及机器设备等。因此，对微细塑性成形技术的研究，应在传统的塑性成形基础上，对以上这些方面进一步进行系统的探索，找到切实可行的解决途径。

资料来源：张凯锋. 微纳制造技术应用研讨会，2003.

3.1　微塑性成形概述

3.1.1　背景

随着电子工业及精密机械的飞速发展，产品微型化已经成为工业界不可阻挡的趋势，特别表现在通信、电子、微机电系统(MENS)、微系统技术(MST)等领域。以形状尺寸微小或操作尺寸极小为特征的微型零件在这些领域中得到了广泛的应用，典型的例子有IC载体、微型紧固件、微螺钉、微齿轮、主框架、插口以及连接件中使用的微型销等。由于MENS、MST具有体积小、精度高、反应灵敏、能耗低、多功能和智能化等优点，正受到国内外科技界的广泛关注，成为各国研究和投资的热点，被业界公认为是与信息技术、生物技术并列的另一个产业增长点。可广泛应用于汽车、通信、航空航天、精密仪器、生物医疗等领域，应用前景十分广阔。

随着MENS、MST从基础研究到逐步跨入研制开发和实用阶段，对微机电系统及微系统技术器件的加工方法、加工质量、加工成本和生产批量等提出了新的要求。MENS、MST 产业化极大地推进了微细制造技术的发展，先后出现了超精密机械加工、深反应离子蚀刻、LIGA 及准 LIGA 技术、分子装配技术等。但是，微型化产业所要求的大批量、低成本、高精度、高效率、短周期、无污染、净成形等特点大大制约了微细加工技术的广泛应用。为此，科研工作者将微塑性成形技术应用到微型器件的制造领域，微塑性加工作为传统塑性加工技术在微细领域的延伸，显著地拓展了该项技术的应用范围。

3.1.2　原理及分类

一般将微成形定义为：成形的零件或结构至少在两维尺度上在亚毫米范围内。

尽管微成形工艺的发展已经初具规模，部分技术已经实现产业化，但是不同领域关注的侧重点不同，关于微尺度的概念也有些差异。产业界关心的是成形的难易程度，因此大多认为微成形是指成形微小零件，因为越微小的零件成形就越困难；而理论研究领域的核心课题是有关微尺度效应的一系列问题，因此大多持微米尺度零件的观点。

通常将零件上具有相近尺度的几何要素(线、面、体)所构成的微小结构定义为零件的特征结构。将制件的名义尺寸定义为特征尺寸；特征尺寸为亚毫米的制件称为微零件，如图 3.1 所示。具有亚毫米或微米级微特征结构的制件称为微结构零件，如图 3.2 所示。同时，在成形过程中表现出微尺度效应是微成形工艺的根本特征。

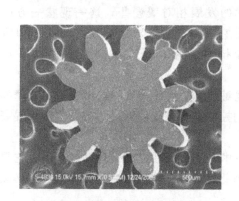

图 3.1　微型齿轮的 SEM 照片

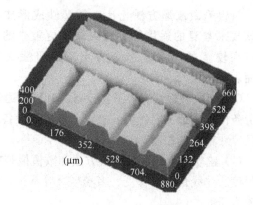

图 3.2　微结构零件(压印制件)

微塑性成形与常规塑性加工一样，根据坯料形态的不同，可分为体积成形和板料成形，体积成形包括模锻、正反挤压、压印等；板料成形包括拉深、冲裁、胀形等。

3.1.3　发展现状及趋势

微塑性成形工艺和方法的研究主要集中在微体积成形和薄板成形两个方面，在微体积成形方面，主要进行微连接器、弹簧、螺钉、顶杆、齿轮、阀体、泵和叶片等微型零件的精密成形研究。在微冲压成形方面，主要进行薄板微拉深、冲裁和弯曲等微冲压方法的研究。Saotome 等利用自行研制的微型模具装置系统地研究了微型齿轮的微成形技术，研制出模数为 $10\mu m$、分度圆直径 $100\mu m$ 的微型齿轮轴，分度圆直径最小可以达到 $200\mu m$。Dunn 等利用微锻造和微铸造组合技术完成了齿轮、叶片等微型零件的成形和组装。冷镦部件也可以在该尺度下加工成形，利用特殊的机械设备可加工直径为 0.13mm 的线材，如图 3.3 所示。Kals 利用空弯和激光加热弯曲技术来进行微成形，最薄厚度可达 0.1mm。Saotome 领导的研究小组用厚度为 $0.2\mu m$ 的箔材料，在不使用模具的条件下成形出长度为 $600\mu m$ 的汽车壳体件，图 3.4 所示为成形件，尺寸大小与蚂蚁相当。

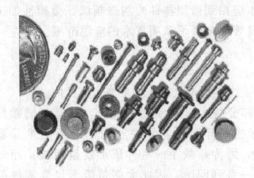

图 3.3　冷镦微型部件

图 3.4　微型壳体件

　　我国在金属微成形技术方面的研究目前还处于起步阶段，主要是结合 MEMS 技术进行研究，但已日益受到重视。近几年这一领域的研究进展较快，目前已有哈尔滨工业大学、上海交通大学、华中科技大学、西北工业大学等不少学校在这一领域开展了研究。

　　与相关微成形方法相比，微塑性成形技术的发展相对缓慢些，这一现状一方面说明该技术本身的适用性有所欠缺，更重要的是它表明了目前对这一技术的认识和研究仍存在较多的不足。迄今为止，微塑性成形技术的深入研究主要集中在以下几个方面：

　　(1) 加快微塑性成形工艺设备的开发。通过对模具的尺寸精度、成形过程中的摩擦和润滑条件、成形工艺参数的确定，对成形设备的控制技术以及坯料尺寸的控制等来提高对产品尺寸精度的控制。

　　(2) 建立有效的理论分析方法和数值模拟技术。从微塑性成形机理可以看出，它具有多尺度、非线性、高梯度、多场耦合等特征，因此材料在微型化以后的各种特性都必须进行深入研究。

　　(3) 微塑性成形中材料力学行为的研究。目前微塑性成形理论中的很多观点都来自于试验的表象和总结，有必要在试验研究基础上，对温度、尺寸效应、成形速度等因素对微塑性成形的影响进行深刻研究。

　　(4) 具有良好塑性流动行为材料的研制。就目前已经开发的产品而言，技术主要局限于生产尺寸在毫米级附近的零部件。在现有的一些微成形工艺中，人们尝试采用一些经过特殊加工的超塑性材料或非晶态材料来进行微塑性加工。Saotome 利用超塑性非晶态材料进行了压印和挤压试验。在过冷液态下，在其表面施加很小的压力，可以在试件表面加工出宽度为 $20\mu m$ 凸出体。且在过冷液态下，利用超塑性材料 Al-78Zn 挤压加工出模数为 $50\mu m$ 和 $20\mu m$ 的微型齿轮。由此可见，研究和开发具有良好塑性流动行为的材料，如传统材料的晶粒细化、大块纳米材料，也是微塑性成形技术未来发展的一个重要方向。

3.2 微塑性成形理论基础

3.2.1 微尺度效应

到目前为止，对微成形尺度效应的定义还并不十分明确完整。概括地讲，尺度效应就是指在微成形过程中，由于制件整体或局部尺寸微小化引起的成形机理及材料变形规律表现出不同于传统成形过程的现象。究其原因，目前的理解是，与宏观成形相比，微成形制件的几何尺寸和相关工艺参数可以按比例缩小，但仍然有一些参数是保持不变的，如材料微观晶粒度及表面粗糙度等。所以不能将微成形过程简单理解为宏观成形过程的等比微型化，在具体的微成形过程中，材料的成形性能、变形规律以及摩擦等确实表现出特殊的变化。因此，从材料的变形机理和实际工况出发，研究微尺度效应具有重要的意义。

尺度效应可以通过相关的微成形试验体现出来，为了对微型坯料的塑性变形规律进行研究，国内外的学者进行了大量的微成形试验，如通过几何相似性的拉伸和镦粗试验，研究微型化对材料塑性变形性能的影响规律。这方面的研究内容主要包括流动应力、充填性能及摩擦等尺寸效应。

在薄板成形中，法国的 Picart 等人研究表明流动应力随着试样尺寸的减小而减小，如板厚从 2mm 减小到 0.17mm 时，材料的屈服应力减小 30%。在微体积成形方面，德国的 M. Geiger 教授等人使用镦粗试验系统研究了材料流动应力尺寸效应现象，结果表明随着试样尺寸的减小，材料的流动应力降低。试验中引入比例因子 λ，试样尺寸和变形工艺参数等均按比例因子缩小。当比例因子 λ 减小到 0.1 时，材料的流动应力降低 20%，如图 3.5 所示。上海交通大学阮雪榆院士领导的课题组对纯铜圆柱试样在镦粗变形中的流动应力尺寸效应现象进行了研究，分析了流动应力的波动现象。为了对流动应力尺寸效应现象给予解释，M. Geiger 等人从材料的多晶体结构角度对试验结果进行分析，如图 3.6 所示。位于试样表面的晶粒所受晶界强化作用小，材料的塑性变形抗力低。当试样尺寸减小而其微观晶粒度保持不变时，位于试样表面的晶粒所占比例增加，导致材料流动应力减小，即出现了流动应力尺寸效应现象。

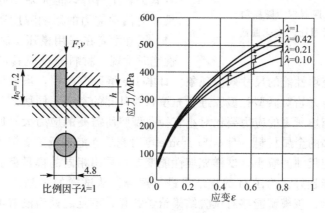

图 3.5 微镦粗试验

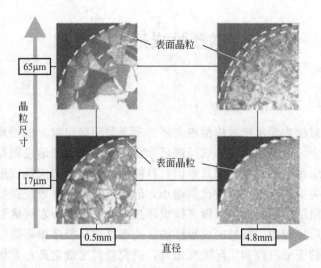

图 3.6　表层晶粒分布

　　随着坯料几何尺寸的减小，流动应力并非一直减小。R. Eckstein 和 U. Engel 等德国学者在研究薄板(板厚度为 0.1~0.5mm)微弯曲过程中的尺寸效应现象时发现，当板厚相对晶粒尺寸较大时(板厚大于 3 至 5 个以上晶粒尺寸)，弯曲力随着板厚的减小而减小；而当板厚与晶粒尺寸相当时，弯曲力随着板厚的减小而略有增加。荷兰 Raulea 等人使用单轴拉伸试验和弯曲试验从板厚与晶粒尺寸之比的角度对试样变形性能进行研究。结果表明，当晶粒尺寸小于板厚时，随着板厚方向晶粒数量的减少，屈服强度和抗拉强度减小；而当晶粒尺寸大于板料厚度时，屈服强度随着晶粒尺寸的增加而增加，如图 3.7 所示。上述分析表明，国内外学者在流动应力尺寸效应产生的规律方面进行了较多的研究，并建立了模型对其进行了解释，但是对不同变形条件下试样尺寸对流动应力的影响程度还没有进行研究。

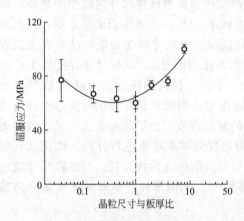

**图 3.7　屈服应力随晶粒
尺寸与板厚比的变化曲线**

　　国外学者在采用模压工艺研究试样的充填性能时发现，材料充填模具型腔的能力与型腔尺寸有关，产生充填性能的尺寸效应现象。日本 Ike 等研究表明，当成形应力约为屈服强度的三倍时，材料开始对微型孔型腔进行充填，并且孔的直径不同所需的应力也不同，对大直径的孔型腔充填所需的应力要比对小直径孔型腔所需要的应力大，原因是充填大直径的孔型腔需要较多的金属材料。日本 Saotome 等对充填性能进行了更深入的研究。结果表明，随着模具型腔尺寸的减小，试样充填性能变差；采用相同的模具型腔尺寸，晶粒越细小材料的充填性能越好。为了对试验结果进行解释，从试样的多晶体结构角度建立了模型，如图 3.8 所示，该模型能够对试验结果给予解释，不足之处为没有考虑变形过程中晶粒自身的变形。

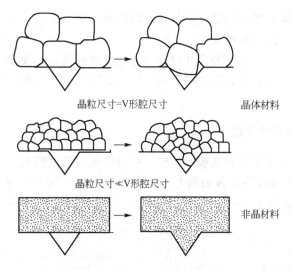

图 3.8　材料微塑性成形模型

　　在微塑性成形中，试样的表面积与体积比增大，摩擦对微塑性成形的影响显著，摩擦系数随着试样尺寸的减小而发生了改变，产生摩擦的尺寸效应现象，因而摩擦行为研究必然会成为微塑性成形研究的重要方向之一。Engel 等分别使用圆环挤压试验和双杯挤压试验研究摩擦系数随试样尺寸的变化规律。研究结果表明，当使用液体润滑剂时摩擦系数随着试样尺寸的减小而增大；而使用固体润滑剂或不使用润滑剂时，摩擦系数变化不明显。为了解释以上规律，Engel 等提出了开式和闭式凹坑摩擦模型，如图 3.9 所示。

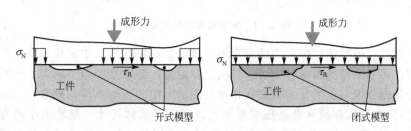

图 3.9　开式和闭式凹坑模型

　　开式凹坑区域位于试样的边缘，由于液体润滑剂溢出而无法存储，使得模具与试样间的摩擦系数较大；闭式凹坑区域位于试样的内部，封存了一定量的液体润滑剂，使得模具与试样间摩擦系数较小。尺寸试样不同时，两种凹坑区域的面积也不同，如图 3.10 所示。随着试样尺寸的减小，闭式凹坑区域的面积与试样表面积之比减小，导致整体摩擦系数的增大。当采用固体润滑剂时，由于不存在润滑剂溢出问题，对摩擦系数的影响不明显。该模型对摩擦系数的尺寸效应现象给予了很好的解释。Vollertsen 等对微拉深成形中的摩擦尺寸效应现象进行了研究，推导出摩擦系数公式，用来描述微拉深成形过程

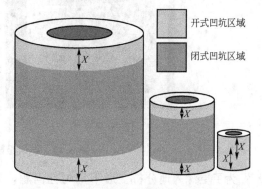

图 3.10　不同试样开式和闭式凹坑区域分布

中的摩擦行为。以上摩擦规律的研究只是针对较简单的成形工艺，对复杂零件微塑性成形中的摩擦行为还需要更深入的研究。

在微塑性成形中，为避免摩擦尺寸效应的影响，理想情况是使试样与模具接触面上的润滑剂为单分子层膜。但在热成形中需采用固体润滑剂，要获得薄且厚度均匀的润滑剂层是比较困难的。

3.2.2 微塑性成形的不均匀性

当微塑性成形件的尺寸接近晶粒尺寸时，材料微观组织性能的不均匀性对坯料的塑性变形产生显著影响，Engel 等在薄板的弯曲试验中观察到了这一现象。对板厚为 0.5mm、晶粒尺寸分别为 $10\mu m$ 和 $70\mu m$ 的 CuZn15 板材在弯曲变形中应变的分布进行测量，结果如图 3.11 所示。

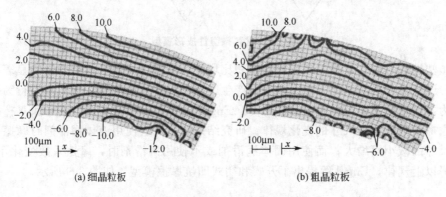

(a) 细晶粒板   (b) 粗晶粒板

图 3.11 薄板弯曲时的应变分布

当采用细晶粒板弯曲时内层为压缩变形，外层为拉伸变形，中间层为未变形区，塑性变形较均匀；而采用粗晶粒板弯曲时，应变分布混乱，塑性变形极不均匀。分析认为，这是由晶粒的各向异性引起的。为研究在相对复杂成形中的变形不均匀现象，Geiger 等采用正向挤压杆-反向挤压杯的复合挤压成形工艺，研究了试样尺寸、晶粒大小对变形的影响规律。图 3.12 所示为使用不同晶粒尺寸试样时的成形杯，可以发现粗大晶粒材料成形杯的边缘参差不齐，呈现出明显的变形不均匀性。

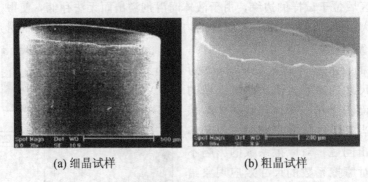

(a) 细晶试样   (b) 粗晶试样

图 3.12 不同晶粒尺寸试样成形杯

为了更深入地分析变形不均匀性问题，并考虑到材料塑性变形时会产生加工硬化现象，可以通过研究挤压件上的硬度分布来分析塑性应变的分布规律，图 3.13 为杯杆件材料流动分布图。

结果表明，当采用细晶试样作复合挤压成形试验时，塑性应变分布规律性好；而采用粗晶试样作复合挤压成形试验时，塑性应变分布没有明显的规律。这是因为使用粗大晶粒试样成形时，单个晶粒的性能对试样的塑性变形起决定作用，而单个晶粒的性能是随机的，这导致塑性应变分布的随机性。因而成形杯形状尺寸、性能等不均匀，微塑性成形件的再现性差，这是微塑性成形的典型现象。

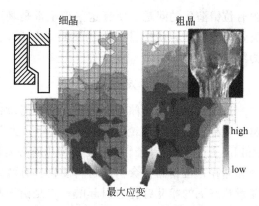

图 3.13　不同晶粒尺寸试样材料流动分布

国内外学者通过对变形试样应变分布以及形貌的分析，得出了使用粗大晶粒材料时变形均匀性较差的现象，但对其产生原因的研究还不够深入。

3.2.3　微塑性成形力学基础

经典塑性理论的基本假设之一：一点的应力只取决于该点的应变或应变历史，但在微成形中，非均匀塑性变形的特征长度为微米级，材料具有很强的尺度效应。在这种情况下，一点的应力不仅与该点的应变及应变历史有关，而且与该点的应变梯度及应变梯度历史有关，材料表现为二阶特性。由于传统的塑性理论中本构模型不包含任何尺度，所以不能预测尺度效应，现有的设计和优化方法，如有限元（FEM）及计算机辅助设计（CAD），都是基于经典的塑性理论，而它们在这一微小尺度已不再适用。另一方面，以现有的技术条件按照量子力学和原子模拟的方法在现实的时间和长度尺度下处理微米尺度的变形依然很困难。所以，建立联系经典塑性力学和原子模拟之间的在连续介质框架下、考虑尺度效应的本构模型就成为必然的研究方向。下面介绍几种微塑性成形的本构模型理论。

1. 微极性理论

20 世纪初 Cosserat 兄弟提出微极性非线性弹性理论，在此理论中，考虑每一个材料粒子作为一个完美的刚性颗粒，在变形时，不仅有位移还伴随着转动。每一个物质元有 6 个自由度，导致了应变和应力张量的非对称性。由于此理论已经成为非线性，且当时并未用来分析弹性理论框架下的一些问题，而是考虑了一些非理想的流体，并试图分析一些电子动力学问题。在 Cosserat 兄弟的理论中，他们并没有引进本构关系，所以一直没有引起人们的关注，在 20 世纪 60 年代，由于研究连续介质理论的基本原则，而引起了一些学者的兴趣。他们将原先的 Cosserat 兄弟的偶应力理论加以拓展，引入了微极弹性理论术语，仅利用位移矢量来描述连续介质理论。Toupin 讨论了在连续介质中引入高阶梯度的基本原理，他假定应变能密度函数不仅依赖于应变且依赖于转动梯度，进而得到了线性偶应力理论。Mindlin 认为连续介质中每一个物质点，从微观角度可以看作一个胞元，这个胞元不仅跟随连续介质作宏观运动和变形，自身还会有微观位移和微观变形。因此，应变能密度函数不仅依赖于应变张量，也依赖于变形张量及微观变形梯度。在 1968 年，Green 等提出了一种塑性微极理论；另外，Naghdi 和 Srinnivasa 发展了 Cosserat 理论并分析了含有位错演化的问题。所有这些理论都是基于简化的偶应力理论基础上，也就是只有位移矢量为变量，转动矢量只是物质转动矢量，其与位移矢量相互联系，这样相对转动张量为零。

2. 唯象的应变梯度理论

近年来，在统计储存位错和几何必需位错分类基础上，引进表示长度量纲的参数已提出了几种应变梯度理论。早在 1970 年，为了研究非均匀介质变形和颗粒增强材料变形，Ashby 首先区分了统计必要位错和几何必需位错。晶体材料塑性变形引起位错的产生、运动和储存，位错储存会引起材料硬化。有两方面的原因可导致位错储存：一是位错彼此在随意状态下的相互钉扎所引起的；二是由于晶体不同变形部分的整体协调性所引起的。在随意状态下相互钉扎的位错称为统计储存位错。统计储存位错一般在均匀变形中产生，在传统的塑性理论中 Von-Mises 有效应变可以看作统计存储位错密度的一种标量度量。不同部分变形的整体协调性所引起的位错称为几何必需位错，几何必需位错在非均匀变形中激发了应变梯度的产生。应变梯度是由于加载几何或材料本身是塑性非均匀（例如含有刚性夹杂）造成的。对几何必需位错引起硬化增强的直接证明来自 Russell 和 Ashby 以及 Brown 和 Stobbs 等的压缩试验。这种由位错观点出发对塑性变形的考虑，启发了 Fleck 和 Hutchinson 等在 20 世纪 60 年代的高阶连续介质弹性理论框架下发展了两种应变梯度理论：只考虑旋转应变梯度的 CS 应变梯度理论；既考虑旋转梯度又考虑拉伸梯度的 SG 应变梯度理论。这两种理论都满足二阶应变梯度本构率的 Clausius-Duhem 热力学限制条件。在 CS 应变梯度理论中，应变梯度除了经典的应变外，还引入了附加的应变度量曲率，是旋转变形的梯度，这样通过量纲分析，就在本构关系中引入了一个长度尺度——内禀材料长度 l。经典的塑性中是没有长度尺度的。SG 应变梯度理论依赖于应变梯度张量的所有二阶不变量，因此是全二阶变形梯度的应变梯度塑性理论，这种理论涵盖 CS 应变梯度理论。这两种理论虽然是从塑性变形的位错理论出发，在本构中引入了和几何必需位错相关的应变梯度这种附加的应变度量，但只是简单的引入应变梯度，并没有和几何必需位错的密度关联。

CS 应变梯度理论在一定程度上成功地估计了细铜丝扭转、薄梁弯曲和裂尖场应力分析中所出现的尺度效应。然而，Shu 和 Fleck 将这种理论应用到压痕问题上，其结果与微压痕或者纳米痕试验所观测到的提高 200% 甚至 300%，结果符合得很不好。应用 SG 应变梯度理论 Fleck 和 Hutchinson 研究了金属及材料由刚性颗粒夹杂导致的强化和孔洞的失稳问题。

Aifantis 等在经典塑性理论的本构方程中引入了等效应变的一次和二次拉普拉斯算子，在他们的理论中没有定义应变梯度的公共轭量；李锡夔和 Coscotto 采用了这种框架。De. Borst 等在损伤演化律中引入梯度项，而塑性应变可作为损伤参数。Acharya 和 Bassani 以及 Arsenlis 和 Parks 提出了应变梯度效应又同时保持经典塑性理论结构的应变梯度塑性理论。Acharya 和 Bassani 讨论了一种率无关框架，在这个框架下应力增量通过塑性硬化模量相关，而这个塑性硬化模量不仅依赖于塑性应变，且依赖于塑性应变梯度。由于还没有找到一个系统的方法来构造这样的塑性硬化模量，所以这种方法还没有具体化。Chen 和 Wang 在 J_2 形变理论增量形式的基础上，给出了一种具体的硬化关系，应变梯度仅作为内变量来影响材料的切向硬化模量。随后 Chen 和 Wang 在一般偶应力理论框架下提出了一种新的转动梯度理论，结合考虑拉伸应变梯度的增量硬化关系，形成了一种完整的应变梯度理论。

3. 基于位错机制的应变梯度塑性理论

Nix 和 Gao 通过对压痕试验进行位错分析，阐明了 Fleck 和 Hutchinson 等引入内禀材料长度 l 的意义，并提供了基于位错机制的应变梯度塑性理论所必须服从的试验规律。Nix 和 Gao 从描述材料的抗剪切强度和材料中位错密度之间关系的 Taylor 关系出发得到了 Taylor 硬化律，并在此基础上获得应变梯度塑性的硬化律。Gao 和 Huang 等提出了一种多尺度分层次的理论框架来实现塑性理论和位错理论的结合。每一个细观尺度胞元内的应变场按线性规律变化，其内部每一点作为微尺度胞元。微尺度胞元内的位错交互作用近似遵从 Taylor 关系，所以可以应用应变梯度塑性硬化律。在微尺度胞元内部，几何必需位错的积累导致流动应力严格按照 Taylor 增大。也就是假设微尺度塑性流动是发生在几何必需位错背景下统计储存位错的滑移。进一步假设微尺度塑性保持经典塑性理论的基本结构。在细观尺度胞元的水平上建立塑性理论，高阶应力作为应变梯度的热力学共轭量出现，故保证此理论满足连续介质的 Clausius - Duhem 热力学限制。这种分层次的模型提供了一种建立细观本构理论的方法，即在某个代表元上通过微尺度塑性律的平均化处理，得到细观尺度的本构关系。虽然这种新的理论恰好满足 Fleck 和 Hutchinson 建立的唯象理论的数学框架，但是它基于细观机制的出发点使其不同于所有现存的唯象理论。

4. 基于 Taylor 关系的非局部应变梯度塑性理论

高阶应变梯度塑性理论，如 Fleck 和 Hutchinson 理论及基于位错机制的应变梯度理论，引入了高阶应力和相应的边界条件，使得控制方程比经典塑性理论复杂得多，且高阶应力和相应的高阶应力拽力边界条件难以测量和给定，在具体应用上带来了很多困难。在基于位错机制的应变梯度理论应用中发现细观胞元的尺寸对所预测的结果影响很小，因此希望能将其设为零，从而不再考虑细观胞元的尺寸。由于将细观胞元尺寸设为零，导致平衡方程由原来的 4 阶微分方程变为 3 阶微分方程，使得边值问题不确定；解的自由度数不足以满足所有的边界条件，所以不能简单地将细观胞元尺寸设为零。非局部的连续介质理论的控制方程和经典的局部理论的控制方程阶数一样，和高阶应变梯度理论相比，非局部理论本构方程中的长度尺度是通过非局部变量引入的，而非局部变量表示为局部变量在整个物体上的积分。已经有很多用来描述损伤积累和应变软化的非局部损伤和塑性理论。受非局部理论的启发，Gao 和 Huang 提出可以通过应变的非局部积分表示的应变梯度来联系几何必需位错密度和应变梯度，从而由应变确定几何必需位错的密度，而不再需要求助于基于位错机制应变梯度理论中的细观胞元层次。这样就不需要引入高阶应力和相应的边界条件，从而使平衡方程和经典理论一样，边界条件也一样。

5. 结构非均-介质的物理介观力学

事实上，早在 20 世纪 80 年代，变形体固体力学中就已经出现了类似的分层次学术方向，并于近年来成为一门新兴力学分支——结构非均-介质的物理介观力学，以俄罗斯 B.E. 潘宁为代表，在最近 10 年间得到了令人信服的试验和理论论证。其原理为固体变形的机构层次概念。理论和试验两方面验证了平移旋转涡流是塑性变形全新的基本单元，晶体局域内的剪切必然伴生(考虑到给定的边界条件)该区域的扭转。介观力学中塑性变形的载体应是体积结构组元,其运动时将平移及旋转两种模式有机地结合起来。作为结构单元旋转的结果,变形介质结构层次谱系均将参与变形。其自组织行为只能在同时考虑平移及转动两种变形模式的基础上才能得到准确的描述。塑性变形的扭转模式将介观的结构层次谱系引导至自协调的运动状态,并使其中出现新的耗散结构,把负荷作用下的固体作为一个多层次的自组织系统,其中微观、介观、宏观层次是互相有机联系的。微尺度下多晶体的塑性变形在本质上属于不均匀介质变形,因此结构非均-介质的物理介观力学的新塑性变形理论有助于建立合理的微塑性变形物理模型,正确理解微尺度下塑性变形的本质机制。

6. 其他模型的研究状况

为了精确模拟微成形过程,塑性加工界的学者们进行了大量尝试。A·Messner 等应用有限元模拟了镦粗微圆环的过程,在有限元中输入同等尺度试样的流动应力曲线,并考虑了摩擦的特殊性。J·F·Michel 等在等效应力-等效应变幂律关系中引入校正函数,在经典塑性理论的框架下提出了一种修正的本构关系。N·Pernin 等应用非局部应变积分来表征应变梯度效应,研究了带孔的二维拉伸试验,并与表面层模型的研究结果进行了对比。U·Engel 等基于 Hall-Petch 和 Ashby 提出的晶体物理理论框架,提出了一种考虑晶粒尺度和微尺度的模型并结合流变摩擦模型模拟了双出杆挤压过程。董湘怀等考虑了一种沿板厚应力分布不同的分层模型,引入了晶粒度和试样的特征尺寸,应用该模型研究了微拉深成形,并与传统模型、应变梯度模型的模拟结果进行了对比。张凯峰等为解释微塑性变形中诸多的尺度效应,借鉴物理介观力学原理,针对室温多晶材料变形的晶内滑移机制,提出了微塑性变形的拟流唯象模型。

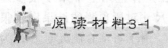 阅读材料3-1

金属微塑性成形的数值模拟技术

梯度塑性理论可合理解释大部分尺度效应现象,因此,对应变梯度塑性理论的研究成为材料学界和力学界的热点,众多的学者开始介入这一领域。但由于该理论的高阶本质,其数值实施遇到了巨大的困难。采用传统位移型有限元需要相邻单元之间的位移和应变同时实现连续,即 C_1 连续,而传统位移元方法只能实现 C_0 连续。

当前使用较多的数值方法是混合元方法。该方法通过 Lagrange 乘子引入位移及其梯度之间的约束,形成的求解矩阵中存在位移和应力两类变量。研究发现,混合元法变量众多,易于引发零能模式,且收敛性没有保证。此外还有罚函数法,把位移和梯度之间的约束采用罚函数引入,对于 SG 理论,共有 18 个二阶梯度项 $u_{i,jk}$,采用罚函数法势必引入大量罚因子,计算结果受罚因子影响较大。基于一般的应变梯度理论,提出了针对偶应力应变梯度理论的非协调元法和杂交元方法,取得了较好的计算效果。Tang 等提出了应变梯度理论的无网格局部 Petrov-Galerkin 方法,虽称该方法适用于拉伸与旋转梯度理论,但其数值算例采用的都是弹性偶应力理论下的算例,且单元不能严格通过分片试验,收敛性并没有保证。Engel 等提出了基于间断 Galerkin 方法的应变梯度数值方法，但研究仅限于一维线弹性的简单情况，且计算量远大于常规有限元法。对于拉伸与旋转梯度理论，目前尚无较好的数值解决方案。除了高阶连续性的困难外，如何实施高阶边界条件也是一个有争议的问题。正如 Needleman 所言，考虑高阶应力的应变梯度理论计算方法还处于非常初级的阶段。

目前，正在发展无网格方法，可实现任意阶导数的连续，并很容易实现多尺度计算模型的耦合；此外，多小波有限元方法也可实现任意阶导数的连续，并具有多分辨率的特点，适用于材料多尺度力学行为的分析。这两种方法可能是解决应变梯度理论数值实施困难的较好途径，正待进一步研究。

资料来源：http://emuch.net/journal/article.php?id=CJFDTotal-KJDB200801026.

3.3 微塑性成形设备与装置

成形件尺寸的微小化对成形设备和装置提出了更高要求，如位移精度在几个微米以内甚至更小，成形力在几牛到几十牛范围内。使用液压驱动或者滚珠丝杠驱动的传统塑性成形设备不能满足微塑性成形的要求，这促进了微塑性成形设备研究的发展。一些新型的驱动装置如直线伺服电动机、电磁制动器和压电陶瓷等应用到微塑性成形装置中，并借助计算机和微型传感器对成形过程进行控制和数据采集。新研制的成形装置集合了当今大量的先进科研成果，具有集成程度和自动化程度高以及功能多等特点。

3.3.1 微塑性成形设备

日本 Saotome 等自 20 世纪 90 年代以来一直致力于微塑性成形装置的研究，研制出几种微塑性成形装置。使用电磁直线驱动装置和固定重物作为驱动器研制了一套微塑性成形装置，输出力为 3～100MPa，冲头速度为 0.001～0.1mm/s。借助微型计算机和数据采集系统，对成形过程中的工艺参数进行采集和记录。在成形装置中引入杠杆机构，增大了输出载荷，扩大了系统的应用范围。为了对反挤压成形工艺进行研究，研制了基于压电陶瓷驱动的微反挤压成形装置。该系统集成了微型模具、加热器、压电陶瓷和微传感器等部分，整个系统体积小，可以放到保护气氛中，满足特殊成形中对环境的要求，如图 3.14 所示。

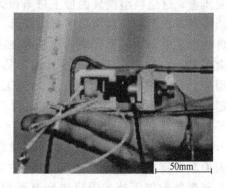

图 3.14 微反挤压成形装置

此外，日本学者 S.Kurimoto 研制了一套微冲孔系统，该系统由计算机控制的压电陶瓷驱动机构驱动，冲头和压电陶瓷之间采用柔性连接，可以在薄板上进行超精密冲孔。韩国的 Hye-Jin Lee 研制了基于压电陶瓷驱动的微型试样性能测量装置，可以进行拉伸等性能测试，获得高精度的性能参数。

Schepp 等采用两个直线伺服电动机作驱动器研制了微冲压设备。直线伺服电动机的定子安装在钢质框架上，可以实现伺服电动机与定子间的无接触运动。借助高精度的测量和控制方法，在数米每秒速度下位移精度可达到 $1\mu m$；整个行程范围内，力值达到 20kN，冲裁速率可以达到 1000 次/min，满足了高速、高精度的要求。该系统适应性强，可以用于多种微塑性成形工艺。日本的 AIDA‐Dayton 公司使用直线伺服电动机也研制了类似设备。

　　日本学者 Nakamura 研制出一套薄板增量微成形装置。该系统由 X‐Y 轴向运动工作台、Z 轴向运动工作台和安装在 Z 轴向运动工作台上可以转动的 ϕ 轴工作台等部分组成。微型冲头安装在 ϕ 轴工作台上，运动轨迹由计算机精确控制，能够增量成形出多种微型壳体件。Saotome 教授也研制了类似的增量成形装置。

　　哈尔滨工业大学郭斌等在 CMT8502 型微机控制电子万能实验机上研制了微圆筒拉深成形系统，如图 3.15 所示，该装置采用激光共聚焦显微镜对微圆筒拉深成形件的成形质量进行观察和测量，利用微分干涉识别被测件表面细微的凸凹信息。

图 3.15　微圆筒拉深成形系统

　　由于微塑性成形装置方面的研究涉及了多个学科，研制的难度较大，目前大部分的系统都是针对某一种成形工艺研制的，因而应用的范围较窄，这就需要在这方面开展更深入的研究。

3.3.2　微型模具的加工

　　微型模具是进行微塑性成形的必备工装，其加工技术成为成形微型零件的关键问题。然而，零件尺寸的微型化要求模具型腔不仅要有很高的尺寸精度，还要有良好的表面质量，这给微型模具的加工带来很大困难。近年来，随着微细加工技术的发展，已经能够加工出型腔相对简单的微型模具。一些加工微型零件的工艺方法可以应用到微型模具的加工中，比较有代表性的有微细电火花加工、激光加工和磨削等微细加工技术。微细电火花和磨削工艺是模具加工的有效方法，能够加工出几十微米甚至更小的模具型腔，缺点是型腔尺寸容易受加工工具的限制。采用激光加工方法不受加工工具的限制，可以加工出尺寸很小的模具型腔，同时可以加工一些易碎材料如钨合金、陶瓷等。但是激光加工的表面需要进行再处理，如可以采用机械抛光使表面粗糙度从 $0.75\mu m$ 降低至 $0.07\mu m$，对一些微结构的内部表面，也可以采用粒子束抛光技术，表面粗糙度能够降低至 $0.36\mu m$。为解决微型模具的加工问题，可以将 IC(集成电路)和硅微结构加工技术等应用到微型模具的加工方面。Saotome 采用硅刻蚀技术加工模具并进行模压成形试验。德国 Bohm 教授也进行了类似的研究，成形出高精度的微型零件。使用紫外线刻蚀和酸洗等工艺相结合的加工工艺，将光化学玻璃用于微型模具的制造，能够加工出高质量的微型模具，如图 3.16 所示。目前的模具加工技术能够进行二维或准三维模具型腔的高精度加工，但在复杂形状的三维模具型腔加工方面还存在困难。

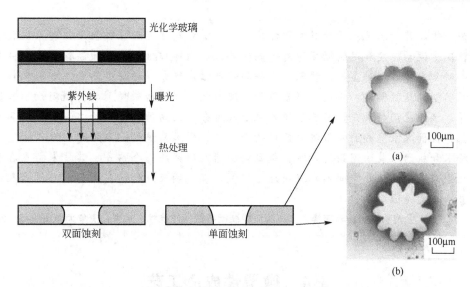

图 3.16 光刻蚀加工微型模具流程

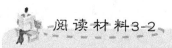

微型零件的微装配与微操作技术

一些较复杂的微型零件成形需要几个工步才能完成，这就需要将微型坯料从一个工位移动到另一个工位，并完成高精度的定位，定位精度要求在几个微米以内。而且，由于微型零件自身的重力很小，粘附力必然会对坯料的定位精度产生很大影响，这使得采用传统的夹钳很难完成微型坯料的操作，在这种情况下，迫切要求进行与微型零件加工相适应的微装配与微操作技术的研究。

微装配与微操作技术的主要特点是其操作对象微小，因此要求微装配与微操作设备具有很高的定位精度、较多的操作功能和自由度。微操作系统包括两种含义：一是指本身尺寸很小，作业对象也十分微小的作业系统(即微主体、微对象)；二是指本身尺寸不算小，但其作用对象很小的作业系统(即宏主体、微对象)。由于技术本身的限制，目前的微操作系统多指宏主体、微对象的作业系统。

目前，微装配与微操作技术仍然处于发展阶段。发展初期，微操作系统主要依靠经过特殊培训的操作技术人员手工装配一些精密的光学和电磁器件，然而受操作人员本身的限制以及零件的更加微型化，手工装配受到很大的制约。随着设计方法及微机械系统的发展，采用机械手在操作杆控制下实现多自由度运动以降低成本，提高质量，但在装配工作中，其尺寸通常较大，仅用于特定的装配任务。因此，研究具有微观操作能力的微装配与微操作系统，在多种传感器的帮助下实现自动化，减轻人们的工作负担，提高装配精度及可靠性已成为必然。随着机器人技术的飞速发展及其操作能力和智能化程度的不断提高，人们开始将机器人技术与微装配与微操作技术结合起来，形成了微操作机器人系统。

微操作机器人系统是多学科理论成果相结合的高科技产物，它集动力学、计算机科学、自动控制理论及应用、数字图像处理、计算机视觉、精密机械加工和显微生物操作技术为一体，其特点是基于计算机图像实现，人工参与的闭环操作控制，对系统整体的安装精度、运动精度和定位精度均有很高的要求。微操作机器人按照连接方式可分为串联、并联和串并联三种类型；按照微操作的作业方法可分成移动型和加工型微操作机器人，移动型包括微搬运和排列、微零件的装配，加工型包括微观刻画、微观切割和微观注射等；按照应用领域分，目前微操作机器人可分为面向医疗、生物工程的接触和非接触微操作机器人系统和面向微机电装配的微操作机器人系统等。微装配机器人是结合微操作技术和机器人装配理论的产物，是目前机器人研究的一个热点。其技术特点在于厘米甚至毫米尺度的工作空间内实现精度可达微米甚至纳米级的精密操作，而机器人装置本身并不一定是微型的。

　　资料来源：李庆祥，李玉和. 微装配与微操作技术. 北京：清华大学出版社，2004.

3.4　微塑性成形工艺

3.4.1　板料微冲压成形

1. 成形特点

金属箔材和金属薄壁零件已被大量应用在微电子和 MEMS 产品中，随着 MEMS 的飞速发展和逐步进入实用化，实际应用中对薄壁微型零件的需求量急剧增加。微冲压成形技术以其工艺简单、高效率和低成本等优点，在微型零件的规模化生产中有着显著的优势和广阔的前景。目前，在金属薄板的微成形方面，主要进行薄板的微拉深、增量成形、微冲裁和微弯曲等微冲压方法的研究。与传统的冲压成形工艺相比，虽然成形过程相同，但微冲压成形并不是传统冲压成形的简单几何缩小，随着成形零件尺寸的减小，微冲压成形具有以下特点：

（1）随着零件尺寸的减小，其表面积与体积之比增大，从而影响到温度条件；

（2）零件尺寸越小，工模具之间的粘附力和表面张力的影响越大；

（3）晶粒尺度的影响很显著，不能再像传统成形那样，看作各向同性的均匀连续体；

（4）很高的应变速率会影响到材料的塑性性能和微观组织，特别是晶粒尺寸与典型的零件尺寸，诸如圆角半径或板厚相当时；

（5）零件尺寸越小，闭式的润滑坑面积占总润滑面积的比例越小，零件表面存储润滑剂就越困难。

2. 成形工艺

1）微弯曲

微弯曲主要用于成形簧片、挂钩、连接头、线条等微小零件，这些产品的特点是产品外形尺寸与板料厚度相近，这意味着宏观工艺中平面应变假设不再成立。K. C. Chan 等提出了能够计算平面应力的一种力学模型；考虑了各向异性的影响，因为微弯曲成形的零件材料大多处于弹塑硬化状态，各向异性的影响比宏观成形更为显著。比如，沿着轧制方向弯曲的回弹要比沿与轧制方向垂直的方向弯曲的回弹大。H. J. Pucher 通过有限元模拟研究了微弯曲中模具几何参数、摩擦系数及材料的影响。

尺度效应与弯曲力存在这样的关系当晶粒尺度远小于局部尺度时，随着制件尺寸的微型化弯曲力减小；但当晶粒尺度与局部尺度接近时，弯曲力则增大。而且随着制件尺寸的微型化回弹增大，当板料厚度极薄时这种趋势稍有改变。在弯曲件的传输中，制件极易变形，因此弯曲制件的检测问题也相当有挑战性。

2）微冲裁

W. B. Lee 等研究了线框的精度与模具、工艺参数的关系。结果表明：随着冲裁间隙的增大，最大冲裁力和冲裁能逐渐减小并存在最小值，然后又开始逐渐增大，即对于所考察的冲裁间隙范围内存在最小的最大冲裁力和冲裁能。同时，和常规冲裁一样，线框冲裁中也存在最优冲裁间隙，镍合金 A42 为 13.92%，铜合金 EFTEC64T 为 6.83%。此外，随着冲裁间隙的减小，冲裁断面上圆角、断裂角度、断裂高度和毛刺高度都增大，而光亮带高度减小。而且观察到与常规冲裁同样的现象：间隙过小时，发生二次剪切；间隙过大时，发生二次拉裂。铜合金的毛刺比镍合金高，这是由于铜合金的延伸率比镍合金好。试验结果也表明：对两种线框材料来讲，沿轧制方向的强度要比沿与轧制方向垂直的方向更大。

M. Geiger 等的冲裁试验中采用硬化（平均晶粒度 $10\mu m$）和再结晶软化（平均晶粒度 $70\mu m$）两种状态的 CuZn15。试验结果表明：当冲头宽度 W_p 为 0.5mm 或更大时，最大冲裁力保持不变，当 W_p 减小到 0.25mm，即小于试样厚度 s_0 时，最大冲裁力减小 10%。这是因为冲头宽度为 0.5mm 或更大时，变形区应变呈火焰型分布且在凹模附近存在最大位移；而当 W_p 减小到 0.25mm，小于试样厚度 s_0 时，应变分布出现不同变化，冲头下的变形区出现最大位移，即冲裁开始后，冲头下的材料流向了两侧，而不是进入凹模。其次，冲头宽度与冲裁断面分布也有关系，在微尺度冲裁中，冲裁断面分布仍由圆角、光亮面、断裂面组成，在冲裁的初始阶段，在试样的上表面材料的流动引起了较大的位移，这引起了光亮面上的弯曲，圆角部分也较小。此外，试样的晶粒尺度对材料的流动也有影响。将试验规律与微弯曲试验对比发现：在冲裁中存在与弯曲试验不同的作用机制，导致了剪切抗力的增大。在冲裁变形中，当几何比例系数减小时，变形集中在有限的几个晶粒上，而这些晶粒被模具限制，变形位相受到局限，从而不能像多晶板料存在大量晶粒和晶界，容易发生剪切变形。

T. A. Kals 等的冲裁试验表明：在冲裁工艺中，由于板料被各种模具所限制，变形区很小，因此在拉伸和弯曲试验中所发生的微尺度效应在冲裁试验中不太明显。最大冲裁力和最终剪切强度随着板料厚度的减小稍有减小，随着晶粒尺度的减小而稍有增大。但随着几何比例因子的减小，这一效应逐渐减弱。原因可能是此时晶粒尺度与板厚接近，变形抗力增加。冲裁断面仍然保持圆角、光亮面、断裂面，基本没有太大变化，但是光亮面、断裂面与上下底面的角度发生变化，这可能与几何比例系数有关。但是随着几何比例系数的减小，断面的不规则越来越严重，这是由于在有限区域晶粒变形受到更大的局限，晶粒尺度和板厚接近时，晶粒的变形不能选择优势位相，而且在冲裁初始就发生断裂现象，另外有的地方根本没有毛刺，而有的地方却有大量毛刺。

L. V. Raulea 等分别针对多晶和单晶材料进行微冲裁试验，试验表明：多晶材料的变形断面具有对称性，而在单晶材料的变形中，这一对称性消失了，这是由于单晶板料的各向异性严重而且晶粒位相差异也较大所致。单晶板料的断面也很不规则。多晶板料和单晶板料的冲裁力和冲裁行程的关系也表明，对于多晶板料，几个试样的结果基本相同，具有可再现性，而单晶板料的冲裁力和冲裁行程的关系曲线则显示了强烈的不可再现性，无论是最大冲裁力还是曲线的轮廓。这可能与单晶的形成过程中，晶粒滑移位相与冲裁方向不一致所致，或者，在变形过程中，有些晶粒发生旋转或激发了其他晶粒的滑移系，从而导致单晶板料变形的不规律行为。

3）微拉深

拉深工艺是一种典型的冲压成形工艺，可以制成各种形状的薄壁零件，因此国内外的众多研究机构和学者对之进行了大量的研究。由于尺寸效应的影响，传统的拉深工艺不能直接应用在微拉深中，德国 Vollertsen 等进行了杯形件宏观和微拉深对比试验，如图 3.17 所示，并提出了摩擦系数的计算公式。

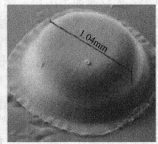

图 3.17　宏观与微拉深件对比

Saotome. Y. 等系统研究了低碳钢 SPEC 的拉深行为，试验结果表明：随着相对凸模直径 $D_{P/t}$ 的增大，极限延伸率（LDR）降低，当 $D_{P/t}=10$ 时，LDR=2.2。当延伸率 $\beta=2.4$ 时，无论条件如何变化，拉裂现象总会发生。当 $D_{P/t}>40$ 时，压边力的影响开始增强，并且，随着 $D_{P/t}$ 的增大，要求压边力也相应增大。当 $D_{P/t}<15$ 时，凹模圆角半径 R_d 的影响比较明显，$D_{P/t}=10$、$\beta=2.2$ 时，如果 $R_{d/t}=5.0$，无须压边力也能获得良好的试件，$R_{d/t}=5.0$ 时，则要求压边力至少要达到 2MPa。在 SUS430 材料的微拉深试验中也获得 $D_{P/t}=10$、$\beta=2.2$ 时，$R_{d/t}=5.0$，无须压边力的结果。最大拉延力的理论计算值和试验值进行了对比，当 $D_{P/t}>40$ 时，比率趋于一致，即各种情况的拉深过程相似。$D_{P/t}<20$ 时，理论计算值和试验值不再一致，凹模圆角半径的影响显著，即这些情况下的微拉深过程与常规拉深过程不再相同。同时也表明，当 $D_{P/t}>40$ 时，不同板厚的微拉深存在几何相似性，$D_{P/t}<40$，存在部分几何相似性。由于微拉深制件测量上的困难，根据几何的相似性，用厚度比例等比放大后的制件的形状变化来说明微拉深制件的情况。用 1mm 厚拉深情况类比结果表明：$D_{P/t}$ 变化时杯高（耳值）与轧制方向成零度的方向杯高的偏差 dH/D_s 变化显示，随着 $D_{P/t}$ 或 D_s（$\beta=2.0$）的减小，偏差 dH/D_s 也相应减小，在 45°方向存在最低偏差，这一现象与材料的各向异性一致；对于 $D_{P/t}=40$，偏差 dH/D_s 最大，而且在 90°方向变为正偏差。径向应力对 $D_{P/t}=20$ 时的影响较小，因此偏差 dH/D_s 也较小。杯壁内外表面的半径偏差表明厚度变化与杯高的变化是一致的。至于杯壁表面的情况，$D_{P/t}=40$ 和 $D_{P/t}=10$ 明显不同，当 $D_{P/t}=10$ 时，外表面的形状与模具形状完全符合，但内表面在与板料轧制方向 45°的方向上出现凹面，这是因为弯曲机制在这种情况下起着主要作用。微拉深成

形中凹模圆角半径的影响主要是弯曲和反弯曲机制的耦合作用，$R_{d/t}=2.5$ 比 $R_{d/t}=5.0$ 时的压边力作用效果要显著，$R_{d/t}$ 越小，凹模圆角半径处的板厚越容易减薄。

哈尔滨工业大学单德彬等设计了微圆筒形件拉深模具，并进行了微拉深试验，研究了材料状态和模具尺寸对微拉深成形过程的影响，分析了出现的尺寸效应。外径分别为 1mm 和 2mm 的 3003 铝合金微拉深件 SEM 照片，如图 3.18 所示。

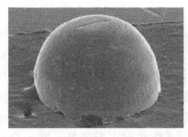 

(a) 外径1mm   (b) 外径2mm

图 3.18　不同外径的 3003 铝合金微拉深件的 SEM 照片

较之其他成形方法，微拉深研究的制约因素较多，特别表现在传感器及相关检测技术上，这方面的研究和报道也较少。

3.4.2　微零件体积成形

1. 微挤压

挤压是微成形中较为典型的工艺，图 3.19 所示为微挤压成形的齿轮零件。

U. Engel 等按照相似性原理进行了正挤压试验，在试验中采用 0.5～4mm 挤出口直径及不同的挤压速度、微结构、表面粗糙度和润滑剂。结果表明，随着制件尺寸的微小化，挤出压力明显增大(挤出压力与成形速率有关)，这主要是由于挤压微小制件摩擦力增大的结果引起的。有限元模拟也得出同样的结论。为了研究复杂制件的微挤压成形工艺，专门设计了前杆后杯的复合挤压试验，结果显示，对于细晶粒(晶粒平均直径 $4\mu m$)样件，如图 3.20 所示，杯高与杆长的比率随着制件尺寸的微小化而增大。原因与双杯挤压类似：随着制件尺寸的微小化引起摩擦力的增加，从而导致材料更多地向挤压头运动的反方向上流动，杯高增大。

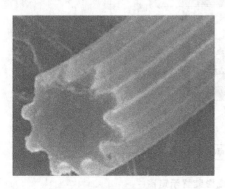 

图 3.19　微齿轮   **图 3.20　前杆后杯形微挤压件**

在同一试验中，采用热处理粗化晶粒（晶粒直径 $120\mu m$）后的样件，结果表明，在挤出直径为 $2\sim4mm$ 时，粗晶粒样件与细晶粒样件的比率变化趋势相同，但当挤出直径为 $0.5mm$ 时粗晶粒样件的杯高不再变化。这主要是由于粗晶粒直径大于杯壁的厚度，降低了材料的延展性，导致材料更多地向挤压头运动方向上流动。其机理与微弯曲类似。这一研究结果表明，材料微观结构在微成形中具有重要影响。

2. 微锻造

美国马萨诸塞州的 Craig R. Forest 与 Miguel A. Saez 等介绍了适合于光学微透射镜阵列模具的微锻造技术。微结构件作为一种典型的微零件在光学领域有着广泛应用，例如显微透射镜微型阵列，目前已开发出了许多可用于透镜微阵列的制造工艺，如光刻、微钻孔、激光加工、离子蚀刻等，其中除微钻孔外的其他工艺均可以精确的制造孔径为 $15\sim500\mu m$、深度为 $1\sim20\mu m$ 的透镜微阵列，但成本较高、生产周期较长，另外难以制作大尺寸的透镜（基板的典型尺寸为 $\phi100\sim150mm$）。而微注射成形却是一种十分有效的生产工艺，快速批量化的重复生产可以大大降低生产成本，使生产周期明显缩短。研究者开发了一种有效的微注射成形显微透镜微阵列模具的制造工艺，即将微钻孔和微锻造相结合，微钻孔可以高效地制造微型模具型腔，在制造直径为 $1mm$ 的微阵列形腔时其加工精度和表面粗糙度分别为 $250nm$ 和 $9nm$。但成形的模具型腔难以形成完美的球面，而将微锻造结合起来不但可以满足形状上的要求，同时可以达到尺寸精度要求，其加工精度和表面粗糙度分别为 $206nm$ 和 $19nm$。

韩国 S. G. Kang 等通过 5083 铝合金的微锻造成形研究了其微成形性能，他们认为 5083 铝合金是一种很有潜力的适合于微成形的材料，因此，采用图 3.21 所示微型锻造设备和带有 V 形槽的硅微型腔进行了微成形试验。V 形槽宽度分别为 $30\mu m$ 和 $50\mu m$，如图 3.22 所示。

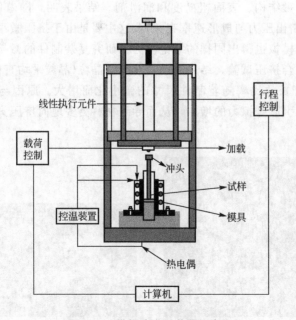

图 3.21　微锻造成形装置示意图

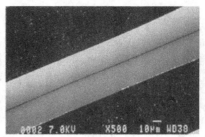

图 3.22　硅 V 形槽

其微成形性能以 R_f 来评估（$R_f = A_f/A_g$，其中 A_g 为 V 形槽的横断面积，A_f 为微型试样的填充面积）。研究认为，在 5083 铝合金超塑性温度时，R_f 值随载荷及加载时间的增加而增大，当成形温度低于材料的超塑性温度时，R_f 值明显降低。R_f 最大值出现在 530℃，载荷为 96N，加载 20min。试验结果表明不仅 5083 铝合金是一种适合于微成形的材料，同时微锻造也是一种很有发展潜力的适合于三维微零件生产工艺。

K. Yoshida 等分析了多向锻造表把微型件的表面质量。图 3.23 为某表把的几何尺寸图。表把上的网格尺寸约为 0.5mm×0.5mm。采用图 3.24 所示常规的三道次锻造，最终成形零件的表面网格会出现错乱，如图 3.25 所示。经过有限元分析和优化，预成形改为图 3.26 所示的工艺，即坯料的中间形状在顶部有一个角度的变化，图 3.27 为不同角度预成形后得到的零件形状。研究者认为带 170°～180° 锥角的锥形冲头对母材进行预成形可以有效改善微零件的表面质量。

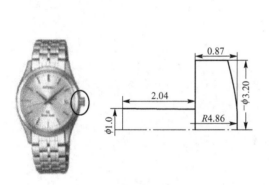

图 3.23　表把的几何尺寸

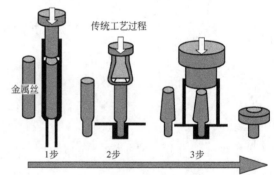

图 3.24　常规多道次锻造

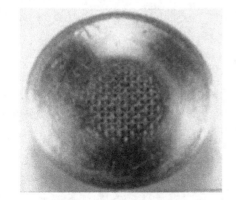

图 3.25　网格出现的错乱

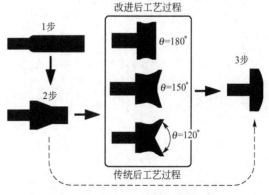

图 3.26　改进的多道次锻造结果

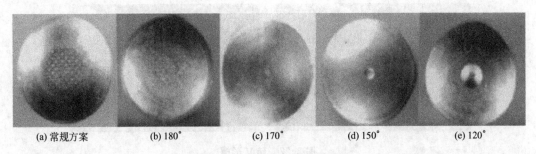

(a) 常规方案　　　　(b) 180°　　　　(c) 170°　　　　(d) 150°　　　　(e) 120°

图 3.27　改进的多道次锻造结果

 习　　题

1. 什么是微塑性成形？它具体包括哪些工艺？

2. 什么是微尺度效应？

3. 微塑性成形的力学基础理论与传统塑性理论的主要区别是什么？

4. 微塑性成形设备有哪些特殊要求？

5. 微型模具的加工技术主要有哪些？

6. 微冲压成形的特点有哪些？

第4章
锻造成形

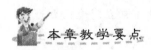 本章教学要点

知识要点	掌握程度	相关知识
精密锻造、闭塞式锻造	掌握两种锻造工艺的基本原理及特点 熟悉两种锻造工艺的应用	利用精密锻造和闭塞式锻造实施条件及工艺特征 典型构件的成形优势
等温锻造、粉末锻造、液态模锻	掌握三种锻造工艺的基本原理及特点 熟悉三种锻造工艺的设计 了解三种锻造工艺的应用	三种锻造的工艺特征及模具结构 粉末锻造预制坯的设计 三种锻造工艺的适用领域
局部加载成形	熟悉局部加载方式的基本原理及作用方式 了解局部加载的缺陷及应用	局部加载的省力原理及变形协调特点 典型超大构件成形的应用

世界最大锻造油压机在上海问世

继 46 年前中国第一台万吨水压机在上海问世之后，近日，世界上最大吨位的自由锻造油压机也在上海研制成功。

这台 1.65×10^4 t 自由锻造油压机由中国自主设计制造，目前，已在上海重型机器厂有限公司正式投产。在此之前，世界最大的自由锻造油压机为 1×10^4 t。

1.65×10^4 t 自由锻造油压机由中国重型机械研究院与上海重型机器厂有限公司联合设计，上海重型机器厂有限公司制造，主要用于锻造重大装备所需的大型锻件。这一大型装备的设计制造、正式投产，突破了中国大型铸锻件的技术瓶颈，为先进制造业提供了重要的技术装备条件，对电力设备、大型船舶、大型石化、冶金装备、航空航天等战略性产业的发展，具有战略意义。

为摆脱大型铸锻件受制于人的局面，上海电气集团从 2004 年开始，组织上海重型机器厂有限公司开展扩能技术改造，以形成国际一流的大型铸锻件自主制造能力为目标。设计制造 1.65×10^4 t 油压机是这一重大技术改造的主要标志。经过 18 个月的生产制造和 5 个月的试生产，1.65×10^4 t 油压机终于正式投产。

这台油压机虽然大，但一点都不笨重。它采用国际先进的油泵直接驱动，通过计算机控制技术，动作十分敏捷，锻造精度高达 2.5mm；采用三梁四柱预应力框架结构，减轻了设备的自身质量，提高了设备的刚度和稳定性。

早在 1962 年，中国第一台万吨水压机就是在上海问世的，结束了中国不能制造大型锻件的历史。

➡ 资料来源：http：//www.hfgj.gov.cn/csj/csj_news.asp？id＝7147，2008.

4.1 精 密 锻 造

4.1.1 原理及特点

精密锻造是在传统锻造基础上逐步发展起来的一种少、无切削加工的新工艺，是先进制造技术的重要组成部分，也是精密成形的主要发展方向之一。与普通锻造相比，精密锻造能够生产(近)净形成形的工件，其主要特点是：机械加工余量少、尺寸精度高、表面质量好、材料利用率高，纤维流线的分布与零件几何形状一致，显著地提高了零件的品质性能，降低了生产成本，从而提高了产品的市场竞争能力。

按照加工温度的不同，精密锻造工艺可分为冷精密锻造、温精密锻造和热精密锻造。其中，冷精密锻造是随着汽车工业及制造业而迅速发展起来的精密成形技术，并可获得理想尺寸精度和表面粗糙度的构件，是一种高产、优质、低消耗的工艺技术，但存在材料变形抗力大、模具及设备使用要求较高等问题。

热精密锻造可降低锻造变形力、提高金属的填充成形性能、降低模具载荷，但也存在自身难以克服的缺点，如模具材料要有一定的耐热性，模具设计中要考虑冷却系统，模具寿命较低，坯料加热易氧化和热收缩降低了零件的尺寸精度等。

温精密锻造则是介于冷精密锻造和热精密锻造之间的一种加工工艺。与热精密锻造相比，成形温度相对较低，可节省能耗；同时，温精密锻件表面氧化程度明显减轻，易于提高产品的尺寸精度，获得表面粗糙度较低的工件。与冷精密锻造相比，温精密锻造可采用较大的变形量，可减少成形工序及模具数量。但因温精密锻造工艺发展时间还相对较短，影响因素较多，其理论上的研究尚不成熟，有待进一步研究完善。

随着精密锻件应用范围的日益扩大，形状结构复杂及精度要求的提高，单纯的冷、温、热精密锻造工艺已不能满足生产实际的需求。将冷、温、热精密锻造进行组合成复合精密锻造工艺，共同实现某一工件的加工成形，可使各精密锻造工艺间的特点取长补短，因此，复合精密锻造是目前精密锻造工艺发展的一个重要方向。

4.1.2 应用概况

齿轮精密锻造技术起源于德国。早在 20 世纪 50 年代，因缺乏足够的加工机床，德国人尝试着用闭式热精密锻造法生产锥齿轮。主要是采用了当时较新的电火花加工工艺来制造锻模的型腔，并对锻造过程进行了严格地控制。在此基础上，齿轮锻造技术进一步应用到螺旋锥齿轮和圆柱齿轮的生产。

近年来，国内外齿轮精密锻造技术得到了深入的研究和推广应用，德国 BLM 公司采用热精密锻造方法生产齿轮达 100 多种，齿形精度达 DIN6 级，节材达 20%～30%，力学性能提高 15%～30%，精密锻造螺旋伞齿轮最大直径达 280mm，模数达到 12；俄罗斯进行伞齿轮的无飞边模锻，材料消耗降低 30% 以上，全年可节约钢材 2000t。

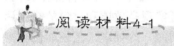
阅读材料4-1

精密模锻技术的主要应用

目前，精密锻造技术主要应用在以下两个方面：

(1) 精化毛坯。利用精密锻造工艺取代粗切削加工工序，将精密锻造件直接进行精加工而获得成品零件。随着数控装备的广泛应用，坯料精化的需求也随之变得迫切，如齿轮、叶片、十字轴、等速万向节等均属于这一类，是目前应用的主要方面。

(2) 精密锻造零件。用于难以进行切削加工生产的零件，即通过精密锻造方法直接获得成品零件。但目前完全通过精密锻造获得成品零件的实例尚少，仅是几何简单、尺寸精度要求不高的零件。多数情况是将难于切削加工的工序进行精密锻造，剩余工序采用切削加工。如齿轮的齿形、叶片的叶身等直接精密锻造成形或仅留抛光余量，而花键槽、叶根等部位仍采用切削加工，这种精密锻造与切削加工相结合的方法，其应用越来越广泛。

⇨ 资料来源：中国机械工程学会锻压学会. 锻压手册——锻造卷. 北京：机械工业出版社，2002.

我国齿轮热精密锻造技术起步于 20 世纪 70 年代初期，成熟于 20 世纪 80 年代中后期。1970 年上海机械化工艺研究所和上海汽车齿轮厂合作，对美国大道奇 T234 汽车差速器行星齿轮进行热精密锻造工艺成形试验，于 1973 年投资建立精密锻造车间并进行批量生产；20 世纪 80 年代山东大学进行了伞齿轮精密锻造工艺研制并实现了产业化。因经济效益显著，近年来热精密锻造工艺在实际生产中获得了广泛地应用。

近年来，冷精密锻造工艺在国内获得一定的发展。国内冷精密锻造设备条件最好的江苏太平洋精密锻造公司，先后从日本小松公司引进冷锻机及模具加工设备，为国内多家大中型企业提供优质的配套精密锻件，如图 4.1 所示；江苏大丰森威集团汽车精锻件厂年产各类冷、温精密锻件达 4000t，是目前中国最大的专业化冷锻厂，典型的复杂冷锻件如轿车等速万向节外套、星形套等均在该厂实现了批量生产。

(a) 等速方向节内星轮　　　　　　　(b) 通用轿车驻车制动爪

图 4.1　典型精密锻件

以德国蒂森克虏伯公司为代表的温锻＋冷精整成形工艺处于世界复合成形技术的领先地位。国内上海铁福传动轴公司用温锻＋冷整形工艺大批量生产轿车等速万向节外星轮，江苏太平洋精锻公司采用热（温）锻＋冷整形已批量生产齿轮等精密锻件。

4.1.3　研究及发展现状

精密塑性成形代替切削加工生产齿轮，具有优质、高产、节能、节材等特点。目前，较公认的工艺途径为热锻、温锻和冷锻的结合。热锻、温锻可实现高效能和材料的高利用率，冷锻过程则修正热、温锻过程的误差和提高表面质量，同时，冷处理工艺还能使轮齿表面获得残余压应力，提高齿轮的寿命。

始于 20 世纪 60 年代的圆柱齿轮锻造研究，在 70 年代受到汽车业降低成本的内在需求，有了长足的进步，到了 80 年代，随着锻造技术的成熟，能够到达更高精度及一致性，能在流水生产线上准确定位地进行齿轮的锻造成形，并适合于批量生产。

齿轮精锻工艺虽有诸多优点，并已用于锥齿轮的规模生产，但与一定尺寸的圆柱直齿轮和斜齿轮的规模生产还有一段差距。特别是应用于汽车动力传动的齿轮，还需要建立一套实用和可靠的生产工艺流程，才能为厂家所接受。直齿锥齿轮采用精密锻造技术生产已成为全球趋势，但汽车驱动桥用准双曲面螺旋伞齿轮精密锻造技术尚处于研制开发阶段，且圆柱齿轮锻造过程中，金属的塑性流动与其受力方向垂直，因而与锥齿轮相比，其齿形更难于充填成形。

20 世纪 70 年代初，D. G. Hes 等对航空发动机 Olympus593 叶片精密锻造工艺进行了研究，并给出了控制叶片尺寸偏差的具体实例。L. Wang 采用恒载荷机械压力机实现了钛合金叶片的精密锻造过程，并得到了具有优良组织结构的叶片精密锻件。英国伯明翰大学 T. A. Dean 还利用三维有限元方法对钛合金叶片的精密模锻过程进行了系统地模拟分析，并准确地预测了锻件各阶段形状和纤维组织，航空发动机及典型叶片如图 4.2 所示。

目前，国外航空叶片精密锻件已占锻造叶片的 80%～90%，主要采用有能量预选装置的

(a) 航空发动机　　　　　　　(b) 带阻尼台叶片

图 4.2　航空发动机及典型叶片

螺旋压力机和大刚度机械压力机生产，英国和德国还掌握了带阻尼台叶片的精密锻造技术。

国内对叶片精密锻造技术的研究起步较晚，20 世纪 80 年代中期，北京航空工业部 621 研究所根据 T. Altan 等提出的叶片精密锻造工艺 CAD 程序的功能框图，于 1986 年研制出可用于计算叶片精密锻造工艺某些参数的初步软件，并用刚粘塑性有限元法对叶身成形过程进行了模拟。西北工业大学对带阻尼台的航空叶片及单榫头叶片采用自行开发的 3D-PFS 有限元系统进行了模拟，得出了叶片精密锻造成形的规律，并对摩擦等因素对精密锻造成形过程的影响作了深入分析。

国内许多企业也分别用螺旋压力机、曲柄压力机、摩擦压力机等设备精密锻造出各种类型的叶片。同时也有很多厂家直接引进国外先进的叶片精密锻造技术，如无锡叶片厂花巨资引进了美国西屋（WESTHOUSE）公司的汽轮机叶片精密锻造技术，西安航空锻造厂和以色列合资建立了安泰叶片技术有限公司，精密锻造叶片。叶片精密锻造技术为这些企业带来了很高的经济效益。

4.2　等 温 锻 造

4.2.1　原理及特点

等温模锻是一种能实现少、无切削及精密成形的新工艺，因变形速率低、工件长时间与环境温度保持隔离状态，可使温度变化降低至最小。与常规模锻的本质区别在于：该方法能将成形温度控制在和毛坯加热温度大致相同的范围内，使坯料在温度基本不变的情况下完成全过程。成形时为了保持恒温条件，模具也需与坯料同温加热，工艺原理如图 4.3 所示。

航空航天等领域中铝合金、镁合金、钛合金及高温合金等金属材料常用于等温模锻成形。因常规锻造条件下，这些金属材料的成形温度范围较窄，特别具有高筋、薄腹、长耳子和薄壁零件时，坯料热量散失严重，模具温度降低快，变形抗力迅速增大，材料塑性显著降低，不仅所需成形设备吨位提高，也易造成锻件和模具开裂；另外，如某些铝合金、高温合金等材料对成形温度很敏感，如温度较低，成形后为不完全再结晶组织，则在固溶处理后易形成粗晶，或晶粒不均匀，致使成形构件性能难以满足要求。

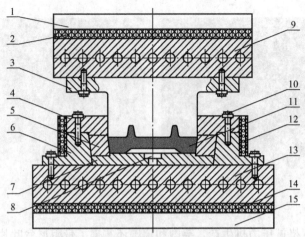

图 4.3　等温模锻工艺原理示意图

1—上水冷板；2—上隔热板；3—上模；4—压板；5—凹模镶块；6—凹模套；
7—下模；8—模芯轴；9—上加热垫板；10—螺杆；11—锻件；12—加热圈；
13—下加热垫板；14—下隔热板；15—下水冷板

归纳起来，等温模锻成形特点如下：

(1) 可降低金属的变形抗力，提高了材料塑性，金属流动及充填性能好；

(2) 形状复杂、投影面积大、高筋薄腹类锻件可一次性整体成形；

(3) 提高成形中金属变形的均匀性，获得力学性能良好的锻件；

(4) 模具的寿命较高。

因此，等温模锻生产的锻件具有加工余量小、精度高、表面质量好、力学性能优异及尺寸稳定等优点。

4.2.2　工艺设计

1. 工艺参数确定

工艺制定应以合金流动应力低、氧化少、塑性好为原则，并兼顾模具寿命。等温成形过程主要受成形温度和成形速率等条件影响，等温压缩试验通常是确定参数的重要依据。

2. 变形力计算

等温锻的变形力受坯料组织性能、工艺条件(温度、速度、润滑、方式)、零件复杂程度等多因素综合影响，难以精确计算，通常采用式(4-1)估算变形力，即

$$P = p \cdot F / 1000 \tag{4-1}$$

式中：P 为变形力(kN)；p 为单位变形力(MPa)；F 为锻件总投影面积(mm^2)。

单位变形力 p 约是材料流动应力的 $2 \sim 4$ 倍，一般而言，闭式模锻和薄腹件成形时取较大值，开式模锻时取较小值。

3. 成形设备

等温模锻成形的特点，对模锻设备的结构和材料提出了特殊要求。通常要求：

(1) 速度可调节：成形过程中，速度应能在一定范围内调节。在没有专用设备时，也可采用工作速度较低的液压机。

（2）能够保压：设备的工作滑块需能在额定压力下保压 30min 以上。

（3）顶出机构：保证顶出行程与顶出力满足实际要求。

（4）控温系统：工作部分（坯料和模具）的加热温度可控。

（5）成形特殊材料时还需有真空或惰性气体保护室。

4．模具材料

等温模锻模具在成形温度下应具有一定强度，主要衡量指标是成形温度下模具材料与变形金属的屈服极限之比。复杂构件等温成形时产生的比压一般不超过变形合金屈服极限的两倍。因此，如比值大于 3，成形件几何形状即使相对复杂，也能保证模具的寿命。此外，模具材料还需在高温条件下稳定工作而不易被氧化。

铝、镁合金等温锻时模具材料常选用 5CrMnMo、5CrNiMo 及 H13 钢；钛合金等温锻时，国内常采用铸造镍基合金 K403，其化学成分见表 4-1。苏联则用镍基合金 ЖС6-К、ЛІ-114，其他国家广泛采用 Inconel100、Mar-M200、Udimet700 等；高温合金和钛铝合金等材料成形时则需要更高的温度，一般采用钼合金作为模具材料。

表 4-1　K403 合金化学成分　　　　　　　　（%）

Cr	C	Ti	Co	W	Mo	Al	Ce	Fe	Zr
10.0～12.0	0.11～0.18	2.3～2.9	4.5～6.0	4.8～5.5	3.8～4.5	5.3～5.9	0.01	≤2.0	0.03～0.08
B		Si	Mn	S	P	As	Sn	Sb	Ni
0.012～0.022		≤0.50	≤0.50	≤0.01	≤0.02	≤0.005	≤0.002	≤0.001	余

5．成形范围

通常而言，普通模锻件筋的最大高宽比为 6∶1，一般精密成形件筋的最大高宽比为 15∶1，而等温精锻时筋的最大高宽比达到 23∶1，筋的最小宽度为 2.5mm，腹板厚度可达 1.5～2.0mm。

4.2.3　研究及发展现状

实践研究表明，等温成形工艺生产带薄腹板的筋类、盘类、梁类及框类等精锻件具有独特的优势，因此，更适于航空航天领域中铝合金、镁合金、钛合金等零件的成形。

1．高温合金

美国在 20 世纪 70 年代就已把等温精密锻造工艺应用于航天发动机涡轮盘的生产。如 IN-100 高温合金具有强度高、塑性低及变形抗力大的特点，不易进行模锻，而采用先挤压后超塑性模锻的方法成形了直径分别为 132mm 和 152mm 的涡轮盘，所需压力仅为 400kN 和 600kN。近年来美国所研制出的新型高温合金 TAZ-8A 可锻性差，但采用超塑性模锻可锻出涡轮叶片，其一次变形量可达到 75%。俄罗斯采用多次真空熔炼、扩散退火、挤压开坯和包套模锻等专利技术批量生产了高温合金涡轮盘锻件。上述国外的高性能涡轮盘锻件及其先进锻造技术普遍采用了数值模拟手段来确定锻造工艺参数。如通过有限元法对镍基 80A 合金闭塞式锻造后组织状态的模拟分析，可以得出该合金在锻造温度为

1080～1120℃和等效应变为150％～200％时，所获得的组织为最佳。

2. 钛合金

近年来，欧美等在钛合金等温模锻技术方面取得了较大的进展。如 F-15 型飞机的水平安定面的扭力筋条，使用了 Ti-6Al-4V 等温模锻件。这个零件质量为 2.3kg，锻件质量从原来的 18.1kg 减少至 9.2kg，机械加工的费用降低 27％；此外，F-111 型飞机的前起落架轮使用了 Ti-6Al-6V-2Sn 等温模锻件。普拉特·惠特尼公司为美国某空军基地生产的 Ti-6Al-4V 钛合金飞机隔框等温模锻件，质量仅为 22.7kg，而普通模锻件的质量则为 158.8kg，每件节省材料 136.1kg。该公司还为 F100 发动机生产了 Ti-8Al-1Mo-1V 风扇叶片的等温精密锻件。美国军工机械研究中心，为直升机的风扇叶轮制成了 Ti-6Al-4V 钛合金等温模锻件，风扇叶轮锻件直径为 340mm，叶片厚度为 4mm，质量为 10kg。原用普通模锻件，其质量为 24kg，加工后的风扇叶轮净重为 4.8kg。苏联 BT31、BT22 钛合金叶片用等温模锻，使叶片的材料利用率从常规模锻的 32％～40％提高到 83％～90％。美国某公司已批量生产投影面积 1.2～3.5m² 的钛合金大型模锻件，并已研制成投影面积 5.16m² 钛合金模锻件。

欧美及日本一些国家或地区等温模锻技术的硬件条件已经成熟，如温控器、常应变速率控制器和微型计算机监控系统等。不仅如此，学者们根据等温模锻的特点对模具装置和润滑剂提出了特殊的要求。为了提高精密锻件的表面质量和防止某些特殊要求材料的氧化，美国的 I. B. 摩尔、R. L. 阿瑟等分别设计了在真空或惰性气体中等温模锻的模具装置。等温模锻常用的润滑剂是各种石墨、玻璃和珐琅等物质，润滑剂在等温锻过程中起到十分重要的作用。

我国在 20 世纪 70 年代初期开始了钛合金等温锻造的研究工作。首先是沈阳金属研究所对 TC4 合金进行了小型叶片等温超塑性模锻的探索工作。

北京机电研究所用超塑性等温模锻技术研制出了 TC11 压气机盘，国产某歼击机减速板梁、腹鳍接头，某型号轰炸机斜框、起落架连接接头等 Ti-1023 合金等温模锻件等。

航空发动机 TC4 钛合金电动机转接座原来需在 3t 模锻锤上两火锻成，毛坯重 1.6kg。后来在 6300kN 油压机上采用等温模锻的方式进行成形，所需毛坯质量降低至 1kg，节省材料 37.5％。飞机腹鳍接头的外形尺寸为 400mm×560mm，原用传统模锻工艺成形后的锻件质量为 23kg，如采用等温模锻生产的零件质量只有 8kg，单边加工余量为 2.5mm，最小脱模角度不超过 3°，提高了金属材料的利用率。某航空部门采用超塑性模锻成形出了 TC4 钛合金整体涡轮盘，该件直径为 93mm，并带有变断面的直叶片，仰角较小，形状较复杂。此件在油压机上整体模锻仅需 1500kN 模锻力就可一次精密锻造成形，变形力仅相当于普通模锻的 1/10～1/5。

图 4.4 铝合金筒形机匣

3. 铝镁合金

目前，美国已成功地研制出各种薄壁和高筋的铝合金精密锻件的等温模锻技术，如渥曼·高尔顿公司生产的铝锻件差不多全是等温模锻的精密锻件。

直十一飞机是我国自行设计并研制的新型飞机，筒形机匣是该机的关键部件，如图 4.4 所示。它支撑着旋翼轴并传递旋翼升力，在飞机起飞、飞行及降落过程中都承受着巨大的负荷。因此，对锻件质量要求较高，几何形状复杂，采用常规模锻工艺是无法成形的。而采用等温模锻工艺成形的铝合金筒形机匣，流线几乎沿着锻件的几何形状分布，组织和性能均满足使用要求。

铝合金筋板是飞机整体结构中关键的部件之一，通过采用局部加载技术可控制腹板处多余金属的流动方向和距离，避免产生折叠、充不满等缺陷，并可有效地控制金属的变形流动行为，及显著地提高筋板锻件质量。哈尔滨工业大学研制出了 2214 铝合金上防扭臂的等温模锻工艺，并确定了为解决锻件粗晶问题的最佳成形工艺方案。我国西南铝加工厂通过采用快速、等压及等量变形等为一体的模锻新工艺，目前，已为波音 747-400 型 1000 多架飞机的起落架等部件提供了优质配套锻件。

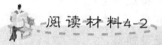 阅读材料4-2

1949 年以来最大的镁合金等温模锻件

上机匣是某型号直升机的关键零部件，材料是 MB15 镁合金。该机匣的几何形状复杂，如图 4.5 所示。该件中部是轮毂，外周有四个非均匀分布的凸耳和六条径向分布的高筋，筋的高宽比最大为 9.2。该件的几何尺寸大，水平投影面积近 0.4m^2，是 1949 年以来我国生产的最大的镁合金模锻件。上机匣的复杂形状和高性能要求决定了该件的成形工艺非常复杂，哈尔滨工业大学采用合理的工艺和有效的措施，完成该件的等温精锻成形。

图 4.5　镁合金上机匣锻件

资料来源：吕炎. 精密塑性体积成形技术，北京：国防工业出版社，2003.

尽管随着钛合金和复合材料的发展，铝合金锻件在航空工业中的用量逐渐减少，但由于其成形性能好、工艺成熟、资源丰富、成本低廉等原因，铝合金锻件仍在 B777、C-17、A340、F-35 及 A380 等最先进的飞机上大量使用。

4.3　粉末锻造

4.3.1　原理及特点

粉末锻造是将烧结好的坯料进行预热后成形零件的一种工艺，是传统粉末冶金与精密锻造相结合的一种新技术，且兼有两者优点。目前，常用的粉末锻造方法有粉末热锻和粉末冷锻。其中，粉末热锻又分为粉末锻造、烧结锻造和锻造烧结三种。粉末锻造的基本工艺流程如图 4.6 所示。

该技术能克服普通粉末冶金件密度低的缺点，获得较均匀的细晶组织，并可显著地提

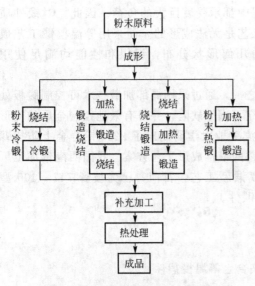

粉末原料

成形

粉末冷锻：烧结 → 冷锻

锻造烧结：加热 → 锻造 → 烧结

烧结锻造：烧结 → 加热 → 锻造

粉末热锻：加热 → 锻造

补充加工

热处理

成品

图 4.6　粉末锻造的基本工艺流程

高构件强度及韧性，使粉末锻件的物性指标接近、达到普通锻件水平。同时，它又能保持普通粉末冶金技术的少、无切削的特点，通过合理设计预成形坯和实行少、无飞边锻造，具有成形精确、材料利用率高、锻造能量低、模具寿命高和成本低等特点。因此，粉末锻造为制造高密度、高强度、高韧性粉末冶金零件开辟了广阔的前景，成为现代粉末冶金技术重要的发展方向。目前，可获得相对密度在 0.98 以上的粉末锻件。

粉末锻造工艺特点如下：

（1）成形性能好，材料利用率高，且不留任何的加工余量及辅料；

（2）成形制品的力学性能明显优于普通模锻件；

（3）锻件尺寸精度高及表面粗糙度较低；

（4）模具单位压力仅为普通模锻的 1/4～1/3，甚至更低，模具寿命可提高 10～20 倍；

（5）生产效率高，节省加工工序；

（6）显著地改善了劳动条件（降噪及减少热辐射）。

粉末锻造虽有诸多优势，但也有一些不足之处，如零件尺寸形状还受到一定限制，粉末价格还较高，零件韧性较差等。

4.3.2　预成形坯设计

首先应从锻件密度、重量、形状及尺寸出发，进行预成形坯的设计。最基本原则是有利于锻件的致密和充满模腔；在充满模膛时应尽可能使预成形坯有较大的横向塑性流动，因为塑性变形有利于致密和改善性能。但过大的塑性变形易在锻件表面或心部产生裂纹，因此，其塑性变形量不能大于预成形坯塑性变形所允许的极限值。另外，还需要考虑预成形坯在充满型腔时，各部分尽可能处于三向压应力状态下成形，避免或减少拉应力状态。

1. 预成形坯的密度选择

密度是预成形坯的基本参数。根据预成形坯密度及锻件质量，求得预成形坯的体积，然后根据预成形坯的高径比，分别确定预成形坯的高度及径向尺寸。

粉末锻件的最终密度主要是由锻造变形所决定的，一般与预成形坯的密度关系不大。预成形坯的密度选择主要考虑预成形坯要有足够的强度，保证在生产过程中不被损坏，形状完整为基准。为此，一般冷压制后的预成形坯密度为理论密度的 80% 左右。对于铁基制品的密度选择为 $6.2～6.6 \mathrm{g/cm^3}$。为了获得无飞边的粉末锻件，预成形坯重量公差必须控制在 ±0.5% 左右。

2. 预成形坯的设计

实际生产中预成形坯形状的选择是极为重要的，大致上可分为两类：

（1）近似形状。即预成形坯与终锻件形状近似，这有利于锻造时以镦粗方式成形，且因塑性变形量小，可避免产生裂纹，适于制造连杆和直齿轮类零件。

（2）简单形状。预成形坯形状较简单，与锻件形状差别较大。这是锻件形状的一种简化，经简化的预成形坯锻造时，不仅是高度方向的镦粗变形或压实，且通过较大的塑性流动充满模具型腔。

对于形状较复杂锻件的预成形坯，可以对其不同部位及性能要求，分别进行设计，以保证致密成形而不产生裂纹。

3. 预成形坯的压制

预成形坯的压制是通过模具对粉末施加压力，使粉末颗粒在室温下聚集成一定形状、尺寸、密度和强度的粉末坯体，这种坯体称压坯或生坯。粉末基本压制方式有三种：单向压制、双向压制和浮动压制。粉末压制包括粉末预处理及混粉、称粉、装粉、压制、脱模等过程，与传统的粉末冶金工艺相同。

4. 预成形坯的烧结

粉末锻造主要分为预成形坯烧结和不烧结两种热锻，对于单合金粉末预成形坯，可以直接加热到锻造温度进行锻造，可得到与烧结锻造同样性能的锻件。对于采用混合元素粉末原料和不含碳的部分预合金粉末制成的混碳预成形坯，一般采取烧结锻造。

烧结的目的是为了合金化或使成分更均匀，增加预成形坯密度和塑性；另一方面烧结还可进一步降低锻件的含氧量。烧结工艺主要控制的工艺参数为烧结温度、时间和烧结气氛。

4.3.3 研究及应用现状

20 世纪 60 年代末出现的粉末锻造，是对铁基粉末冶金材料和零件制造技术的重大突破。粉末锻造是将粉末冶金工艺与精密锻造相结合，使机械零件达到全致密和获得高性能成为可能，适合制造力学性能更高的铁基结构件，因而增加了粉末冶金机械零件的品种，扩大了应用领域。粉末锻造过程中，被加热到锻造温度的粉末压坯发生塑性流动，填充凹模模腔，可成形具有较复杂形状的零件。

铁基粉末锻造产品密度可达到 $7.8g/cm^3$（相对密度 0.996），密度和组织分布均匀，晶粒细小，力学性能特别是动态力学性能好。例如，粉末锻造轴承外环的疲劳寿命是优质锻钢外环的 3.5～4 倍，消除了常规铸造材料的各向异性。粉末锻造产品尺寸精度高，质量稳定，精加工量小。

粉末锻造工艺节材、节能、工序少、生产成本低。例如，汽车传动定子凸轮成形工序由切削加工的七道减少到粉末锻造的一道；与机械加工方法相比，粉末锻造轴承外环和锥形滚柱节约材料 50%；粉末锻造机枪加速装置零件成本降低 50% 以上。粉末锻造温度比常规锻造低 100～200℃，可节能和延长模具寿命，其产生过程容易实现自动化。

粉末锻造既有粉末冶金成形性能较好的优点，又充分发挥了锻造变形有效地改善金属材料组织和性能作用的特点，使粉末冶金和锻造工艺在生产上取得了新的突破，特别适于批量生产高强度、形状复杂的结构件。随着粉末冶金和锻造技术的发展，其应用范围不断地扩大，经济效益将越来越显著。

粉末锻造在许多领域中得到应用，主要用来制造高性能的粉末制品，尤其是汽车制造业。例如汽车发动机中的连杆、齿轮、汽车座、气门挺杆、交流电动机转子、起动齿轮和环形齿轮；手动变速器中的毂套、倒车用空套齿轮、离合器、轴承座圈和同步器中各种齿轮；底盘中的后轴承盖、扇形齿轮、万向节、侧齿轮、轮毂、伞齿轮及环形轮等近百种复杂零件适用于采用粉末锻造工艺生产。齿轮和连杆是最能发挥粉末锻造优点的两大类零件，这两类零件均需要有良好的动平衡性能，要求具有均匀的材质分布，这正是粉末锻件特有的优点。

美国粉末锻造一直处于领先地位。GM 公司首先使用粉末锻造生产汽车后桥差速器齿轮。1972 年 Federal Mogul 公司建立了两条大规模粉末锻件生产线，用于生产汽车自动变速机构。其中，轴承座圈产量可达 10 万件。该公司 1976 年建立了两条粉末锻造生产线，主要生产汽车传动装置用零件，月产量达 60 万件。1984 年用 4600 系低合金钢粉生产的粉末锻件已达 1 亿件，目前，该公司生产的粉末锻件近 100 种。现在，IPM 公司在粉末锻造上已采用计算机技术，研制大型卡车制动系统用制动导轨锻件，并建立了两条生产线。

中国从 1972 年开始先后有数十个单位从事粉末锻造工艺的开发研究；1977 年，中南工业大学与益阳粉末冶金研究所合作，用雾化 Cu‐Mo 低合金钢粉制成拖拉机传动齿轮，并投入了生产；同年，武汉钢铁公司粉末冶金厂与武汉工学院用粉末锻造制成 25kg 的大型伞齿轮。

4.4　液态模锻

4.4.1　原理及特点

液态模锻是一种介于铸造和模锻之间的金属成形工艺，原理是将一定量液态合金直接注入涂有润滑剂的模腔内，然后施加机械载荷，使其凝固并产生一定塑性形变，从而获得高质量构件的成形方法，因而它与铸锻有着不可分离的"血缘关系"，锻压专业称为液态模锻，铸造专业称为挤压铸造，但内容是一致的。工艺流程如图 4.7 所示。

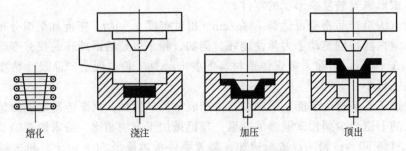

熔化　　　　浇注　　　　加压　　　　顶出

图 4.7　液态模锻工艺流程示意图

1. 液态模锻的主要特点

（1）液态模锻适用的材料范围较宽。不仅是普通铸造合金，也适用于高性能的变形合金，同时也是复合材料较理想的成形方法之一。

（2）材料利用率高、成形工序减少、成本低。与普通模锻相比，材料利用率可达 95%以上。

（3）材料力学性能好。成形时液态金属在充足的压力下凝固结晶，组织致密、晶粒细小。

（4）成品率高、精度高、质量好。制件在模内收缩小，且受三向压应力的影响，故不易形成气孔及疏松等缺陷。

（5）模具结构简单，费用低，所需设备吨位小，投资少。

（6）液态模锻工艺也适用于非轴对称、壁厚不均匀、形状复杂等零件的加工成形。与普通模锻相比，金属充模性能好，能够用一次成形较复杂的几何形状。

2. 液态模锻工艺分类

1）液态挤压模锻

液态挤压模锻既能省力、又能生产出高质量构件的工艺。该工艺是液态金属处于准固态进入挤压模定径区成形，其制品质量不低于固态金属挤压件。

2）固液态（半固态）模锻

把金属坯料加热到似熔非熔状态，并能以固态形式从加热炉转移到模腔内。它具有变形抗力低，省去了复杂的熔炼过程，接近普通模锻，但工艺要求较高。

3）液态金属与固体构件组合（如双金属构件）模锻

液态金属与高强度或具有其他优良性能的长、短纤维（如矿纤维、陶瓷纤维等）浸润复合模锻或挤压，形成一种新性能材质的锻件或挤压构件。

4.4.2 不同材料的液态模锻

1. 铝合金液态模锻

铝合金液态模锻目前的应用最为广泛，如各型柴油机活塞、小汽车和摩托车零件。采用液态模锻生产活塞的原因是由于亚共晶、共晶、过共晶的 Al-Si 合金材质，液态模锻件综合性能超过了普通的模锻件；另外，液态模锻时，可直接把耐磨环及冷却通道埋入其中，显著地提高了活塞寿命，是普通模锻远不能相比的。其他一些铝合金及其复合材料的液态模锻方面，在国内外亦有大的进展及应用，铝合金属于各种金属材料应用最多的。

2. 铜合金液态模锻

铜锌合金又称黄铜，液态模锻可细化组织。铅黄铜能细化质点，其组织与锻造组织很相似，无显微空洞与疏松，而液态模锻件组织中的 α 基体各向同性，易细化。锡青铜和铅青铜液态模锻均可获得细小等轴晶组织，是改善合金性能的重要手段。铅锡青铜的耐磨性也得到了改善，铅青铜及其他无铅青铜，在压力下结晶，改变其（$\alpha+\beta$）共晶组织为很细的 $\alpha+(\alpha+\gamma)$ 共晶相，即成为新的共晶组织（γ 是固熔体，硬而脆）。在压力作用下，共晶体右移有利于合金塑性提高。从整体来看，在压力下结晶，可以大幅度提高力学性能。

3. 铁和钢液态模锻

铸铁液态模锻时，在压力下结晶，抑制石墨化，可出现白口。压力下结晶会使共晶铸铁、过共晶铸铁获得亚共晶组织或共晶组织，同时促使石墨细化，并成为蠕虫状、球状析出，有类似于球化剂的作用。铸铁在压力下结晶所生成的渗碳体，石墨化退火时，析出速度明显地增加，并生成石墨化高的石墨相。

在压力下结晶可细化组织，明显地提高其力学性能。压力下使铁-碳平衡图发生变化，液相线和固相线温度升高，δ 相区缩小，$Fe-Fe_3C$ 共析点向低温和碳含量降低方向移动，γ 相区扩大，α 相区缩小。压力下结晶可细化结晶组织，提高成分的均匀性，使金属夹杂细化并分布均匀。

4. 镁合金液态模锻

镁合金液态模锻中应特别注意：熔炼中的氧化问题，并需采取适当措施，加速施压成形和冷却速率，防止镁合金在液态模锻过程中因成形周期较长导致晶粒生长过大而造成零件性能恶化；须防止因脱模而造成的零件报废等问题。

5. 复合材料液态模锻

金属与金属、金属与非金属液态模锻复合材料已得到了广泛地应用。日本 RAT 金属工业利用液态模锻铝基陶瓷纤维材料生产活塞，其性能优异，应用广，获得了很高的市场评价。

4.4.3 研究及应用现状

时至今日，国外多数发达国家已广泛地将此项技术应用于航空航天、军事及高科技范围金属构件的制造，得益甚高，显示了较强的生命力。

前苏联于 1937 年起就开始着手研究液态模锻工艺，并已把铝合金、铜合金、铸铁、碳钢及各种合金都用于生产，产品包括齿轮坯、活塞、轴瓦、形状复杂的管接头、阀门、挤奶器等。

日本于 1968 年由政府出资支持企业采用液态模锻技术生产大型铝合金活塞及钢零件，如铝合金连杆、大型活塞（直径 400mm，高 600mm）、铜制轴瓦、气缸体、汽车轮毂等产品。

1969 年美国的伊利诺斯工艺所也随之开展此项研究工作，1972 年该所采用液态模锻生产了体积较大"爱国者号"导弹的前舱盖，直径为 415.3mm，质量为 27.4kg。美国陆军司令部的岩岛兵工厂，利用液态模锻技术制造了 M85 机枪管支架和机匣底座。

美国先后将液态模锻技术应用于航空航天及武器制造等领域。美国 DWA 公司应用石墨纤维增强铝基复合材料为 NAA 和 Lockheed 公司制造卫星上的波导管，波导管不仅轴向刚度好，且比原有材料制造的波导管轻 30%。除此之外，美国把液态模锻复合材料技术用于 F-15 型歼击机，重量减轻 20%，生产的发动机叶片比钛合金轻，刚性好；美国 LTU 公司应用 SiC/Al 复合材料制造了战术导弹发动机壳体、航板；美国海军利用 SiC/Al 复合材料制造鱼雷、水雷外壳等。

20 世纪 60 年代至今，液态模锻工艺在我国取得了较大发展，尤其钢质液态模锻工艺已较为成熟。但由于设备及冶炼条件的限制，有色金属尤其是铝合金的液态模锻在近些年才得到较快发展。

我国液态模锻技术 1957 年就开始研究。20 世纪 60 年代后期，此项技术逐步发展并陆续用于生产。其产品有汽车活塞、齿轮坯、涡轮、电磁铁壳体、风扇带轮、生活用的高压锅、拉丝机的收线盘、货车铲板、法兰、电动机端盖、汽车的轮毂、模具坯等。

近几年来，在军品中采用液态模锻研制出了一批零件，如 85mm 气缸尾翼座、迫击炮下体等。

我国国内也可利用纤维复合材料制造不同性能要求的零件，例如双金属、纤维强化性活塞，纤维复合材料模具等。我国液态模锻技术发展较慢，与日本、美国相比存在着较大的差距。

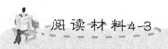
阅读材料4-3

液态模锻技术的发展趋势

随着科学技术的飞速发展，传统的制造业正面临着严重的挑战。作为铸、锻结合的先进液态模锻技术，也要面对更多的技术要求和市场的激烈竞争，对此，液态模锻技术也相应地要继续完善和发展：

（1）现阶段，国内外学者除继续推广液态模锻应用，深入研究液态模锻机理，对液态模锻成形的力学理论、模具热应力分析、材料强韧化机理、液态模锻凝固速度的测试及液态模锻缩孔的计算机模拟研究也都做了理论创新和研究，并取得了一定的成效，也从中进一步完善了液态模锻理论体系。

（2）液态模锻技术应用研究将朝着集中在铝镁合金、高温合金和复合材料成形的方面发展。从航天、航空及兵器扩展到民用领域，实现零件制造轻量化、精密化，并以此来达到零件的高性能化。

（3）液态模锻将进一步实现节约能源，因为，它集中了铸、锻成形的优势。液态模锻与铸造相比，不用设置浇冒口或余块，金属液利用率高达 95%～98%，制件性能大幅度提高；与锻造相比，可以制造形状复杂的制件，并实现毛坯精化，使后续加工量小，节省了金属材料，特别是有色合金材料，可节省 50%～70%。由于是液态金属充填，其变形力低，可以小设备实现大制件，降低了成形能。

（4）将液态模锻发展成为半固态金属成形工艺和液态挤压工艺。所谓半固态金属成形是指将液态金属冷却或固态金属加热到固-液相线之间的温度进行液态模锻的一种成形工艺；而液态挤压则是在液态模锻的基础上，结合热挤压大塑性流动进一步开发的另一种新工艺。它仍以液态金属为原料，不但保持了液态模锻使金属在压力下结晶凝固、强制补缩的优点外，还可使处于准固态的金属产生大塑性变形，从而进一步提高材料性能。

（5）采用先进制造技术是提高机械制造业水平的前提。虽然现在有很多的零件成形技术，但是铸、锻技术是最基本的，推进液态模锻技术在生产实际中的应用，补充铸、锻成形的不足，使其零件制造技术更趋精密高效和低成本，以增强市场竞争力。

随着理论和应用研究的不断完善和发展，液态模锻技术在理论探索方面将会更加深入和完善，对有色金属、高温合金和复合材料成形将会起到越来越重要的作用。

▣ 资料来源：刘振伟，李湛伟. 液态模锻技术现状及发展趋势，金属材料与冶金工程，2008，36(5).

液态模锻技术作为一项金属成形工艺，已经广泛地应用于航天、航空、军工、民品等方面。可以预知，在未来的制造业发展中，液态模锻作为一种有特色的先进制造技术将在制造业中占据重要的地位。

4.5 闭塞式锻造

4.5.1 原理及特点

闭塞式锻造是自20世纪70年代以来，国外工业发达国家逐渐研制及推广应用的一项新型锻造工艺。其原理是在封闭的模具型腔内，采用上下两个模具对毛坯进行先镦后挤压成形，进而获得形状复杂且无飞边的近净形精密锻件的一种锻造工艺，如图4.8所示。

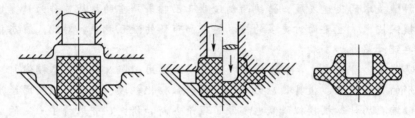

图 4.8 闭塞式锻造过程示意图

闭塞式锻造是从径向挤压发展过来的，是目前发展非常迅速的精密成形方法之一。最初仅适用于十字轴等带枝杈类的锻件，近年来，已应用于锥齿轮、轮毂螺母等零件的生产。针对不同几何形状的零件，闭塞式锻造时金属的变形流动情况是不一样的。冲头下部（或端部）被挤出的金属或仅径向流动，或同时沿径向和轴向流动。

闭塞式锻造的特点是：

(1) 生产效率高，使坯料可在设备一次行程内获得形状复杂的无飞边精件。

(2) 因成形过程中坯料处于强烈的三向压应力状态，非常适于低塑性材料的加工成形。

(3) 材料利用率及尺寸精度高，且锻件流线沿几何外形连续分布，力学性能好。

(4) 省去后续切边工序，成本显著地降低。

在提高锻件品质等方面，闭塞式锻造具有不可比拟的优越性，且可在一次成形过程中获得较大的变形量及复杂型面，因此，特别适于复杂形状零件的成形。

4.5.2 工艺设计

闭塞式锻造对变形过程的工艺要求很高，坯料几何形状及放置情况、成形温度、设备导向等参数条件都须严格控制。

图 4.9 十字接头的锻件形状

1. 生产准备

闭塞式锻造要求坯料下料准确，少无氧化加热，成形时应有良好的润滑，并要求在模膛内最后充填的部位设置舱部，以容纳模膛充满后多余的金属。

2. 张模力计算

十字接头的锻件形状如图4.9所示，成形过程大致可分为四个阶段：镦粗阶段、稳挤阶段、充填阶段、终了阶段。

F_Q 为使上、下凹模张开的力，称为张模力。变化规律为：镦粗和稳挤阶段，借助摩擦作用带着挤压筒下移，因此，张模力为负值；充填阶段时张模力变为正值，并逐渐增大；终了阶段，张模力急剧上升，并达到峰值。

十字接头锻件成形终了阶段的张模力计算为

$$F_Q = (A_锻 - A_筒)p_张 + 4d_k l_k \sigma_s \qquad (4-2)$$

式中：$A_锻$ 为锻件的水平投影面积（mm^2）；$A_筒$ 为挤压筒的横断面积（mm^2）；σ_s 为金属材料的屈服强度（MPa）；$p_张$ 为张模单位压力（MPa）。

式（4-2）中的 $p_张$ 的计算式如下：

$$p_张 = (0.8 \sim 1)F/\pi r^2 \qquad (4-3)$$

式中：F 为总挤压力（N）；r 为挤压筒半径（mm）。

3. 装备选择

由上述可知，闭塞式锻造时张模力较大，且随着锻件水平投影面积的增加，张模力也愈大。因此，应有可靠的压模装置结构或专用的双动压力机，也可在一般压力机上采用专用的模具来实现。

闭塞式锻造可采用全液压式专用模具，也可使用液压-刚性元件机械传动式模具、刚性元件机械传动模具或弹性元件机械传动式模具，需根据工艺条件来确定。

4.5.3 研究及应用现状

模锻件中圆盘类、长轴类和枝权类约占50%，小型汽车用的锻件可采用或要求闭塞式精密模锻生产的超过其所需锻件的50%。随着国产小型汽车和引进小型汽车用锻件的国产化，工艺节省金属材料的优越性将得到更加充分地发挥。

闭塞式锻造技术于20世纪90年代进入产业化应用，主要生产一些轿车精密零件，如锥齿轮（汽车差速器传动副）、管接头、星形套、十字轴等。目前，日本、俄罗斯、英国、德国、美国应用较多。国外采用闭塞锻造技术生产近净形锻件，省去绝大部分切削加工，成本大幅度降低。Hyoji. Yoshimura 等介绍了国外闭塞式锻造技术生产十字轴、锥齿轮和连杆等零件的应用概况；Haeyong Cho 等对齿轮闭式模锻过程进行了模拟分析，结果表明：模锻力随着齿数的增加和坯料高度的降低而增加；H. S. Jeong 等利用有限元法对镍基80A合金闭塞式锻造后的组织状态进行了模拟分析，得出该合金在锻造温度为1080～1120℃和等效应变为150%～200%时，所获得的组织为最佳。

九五期间在国家科技攻关项目的带动下，我国冷闭塞锻造新技术在设备、工艺模具和生产线成套技术各方面都有不同程度的开发应用。江苏森威集团飞达股份有限公司、江苏飞船股份有限公司等率先引入该项技术，已使他们走在了国内同行的前列。闭塞式锻造技术成功地引入国内，并逐步进入国产化装备成为业界关心的焦点，国内也有企业采用类似的成形工艺方案、简易的模架系统，实现了在普通油压机上的闭塞式锻造，取得了较好的经济效益。

在我国虽起步较晚，但也取得了一定研究成果。近年来，国内一些大专院校及科研院所在这方面先后进行了相应的研究工作，部分产品已稳定批量生产，如斜齿轮、汽车花键等。航空发动机用TC4合金喷嘴壳体，如采用常规模锻需经过集聚、弯头、成形、切边等工步，上海钢铁研究所采用等温闭式模锻技术一次模压成形，其坯料尺寸为 23mm×60mm×80mm；哈尔滨工业大学采用闭塞式锻造和等温复合成形的方法，成功地对 2A70 铝合金转子进行精锻成形，经测试，锻件的各项指标均符合技术要求，成功地解决了切削加工的转子力学性能较差、不能满足使用要求的问题。

但总体而言，与国外同类技术相比存在明显差距，如模具制备工艺技术、表面处理技术、设备国产化的可靠性等仍是未来研究的内容。

4.6 局部加载成形

4.6.1 原理及特点

金属塑性加工中绝大多数工序都是以局部加载方式来实现的，即使模锻工序，也是经历了从局部加载到金属充满模腔后再整体加载方式的过渡。与整体加载相比，局部加载成形时需合理地控制不同施载工具间的作用次序、加载量及相互协调性，工艺原理如图 4.10 所示。

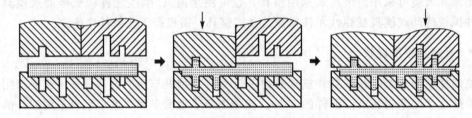

图 4.10 局部加载成形原理示意图

局部加载作用方式直接影响到金属发生塑性变形及充填模腔的难易程度、成形后制品性能、设备选择等方面。由于加载方式的不同，局部加载的变形规律及受力特征与整体加载有显著的差异：

(1) 在直接受力区沿加载方向正应力，随着离开加载工具距离的增加和该处受力面积的增加，其绝对值逐渐减小。

(2) 大塑性变形区主要集中在加载工具附近的某一范围内，沿加载方向正应变的绝对值分布趋势为：随离开加载工具的距离和受力面积的增加而减小。

(3) 沿加载方向的静水压力 σ_m 的绝对值是随着离加载工具的距离和该处受力面积的增加而减小(在直接受力区)。

(4) 直接受力区的变形方式是带外端的镦粗，在高度方向尺寸减小，金属径向或横向流入间接受力区。

4.6.2 成形缺陷

局部加载方式是一个受多因素影响的复杂不均匀变形过程，易出现充不满、错移、流线折叠及变形不均匀等缺陷。局部加载分区(大小、位置)是否合理，不仅影响着未加载区材料错移、成形载荷、材料变形均匀性及过渡区成形质量，同时关系到设备偏载和模具浇注等问题。根据局部加载过程模具对工件的作用情况，工件大致可分为加载区、过渡区和约束区，并存在着不同加载区之间的转换。图 4.11 所示为利用铅进行局部加载成形试验结果。

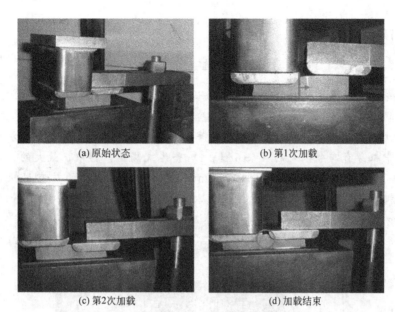

(a) 原始状态　　　　　　　　　　(b) 第1次加载

(c) 第2次加载　　　　　　　　　　(d) 加载结束

图 4.11　局部加载成形的试验步骤

成形初期如图 4.12(a)所示，整体变形不对称性十分明显。由于带圆角压板有较大侧推力，在水平方向坯料无约束，因此，受压变形坯料发生显著的水平侧移。同时，因两次侧移产生了中间自由区，坯料上侧形成中部凸起；且侧移影响充填，并带动第一次已充填的材料发生拔出缺陷。再次压下导致前一次压下部位发生侧移，第三次压下过程中发生再充填而形成二次充填，产生折叠缺陷。

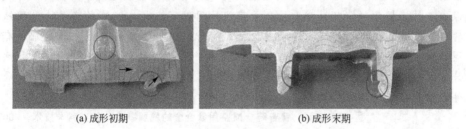

(a) 成形初期　　　　　　　　　　(b) 成形末期

图 4.12　局部加载方式的成形缺陷特征

通过上述物理试验，得出局部加载成形时有如下特点：

（1）可大幅度降低成形载荷；

（2）各部位金属变形流动的差异较大，一般呈显著的非对称分布；

（3）相邻加载步间在充填过程中易产生折叠缺陷，单步压下量越大，后续加载时产生折叠的可能性也越大；

（4）为了使构件充填良好，常需在未加载部位施加适当的约束（水平或垂直方向）；

（5）采用带圆角的压板可避免产生尖锐的过渡区域，但可能加剧水平侧移；

（6）局部加载过程中需要适当的压平校正过程以避免表面折叠。

4.6.3　研究及应用现状

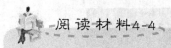

世界上最大的航空用钛合金锻件

为了减轻结构重量、缩短生产周期和降低生产成本，结构整体化是先进飞机的重要发展方向。F/A-22的机身隔框就采用了整体结构，如图4.13所示，这就需要提供前所未有的特大规格钛合金模锻件，从而显著增加了充填成形和组织控制方面的困难。F/A-22的中机身有四个很大的Ti-6Al-4V整体式隔框，其中，最大的"583"隔框锻件质量为2.77×10^3kg，投影面积$5.53m^2$，是迄今为止最大的航空用钛合金锻件。F/A-22后机身一个发动机的隔框，锻件长3.8m，宽1.7m，投影面积$5.16m^2$，质量为1.59×10^3kg，魏曼戈登公司在4.5×10^4t水压机上生产了该隔框模锻件。

图4.13　F/A-22飞机上的钛合金隔框件

按通常Ti-6Al-4V合金模锻的所需变形抗力计算，这么大投影面积的锻件是不可能模锻出来的。据已知情况表明，该公司可能采用以下三大关键技术确保特大型钛合金锻件的形状尺寸和组织性能：一是采用优良的润滑剂以降低变形抗力；二是采用有限元模拟模锻时金属变形流动及充填情况，以确保最终形状尺寸的工艺（包括模具和预制坯的设计方案）；三是锻造过程（从开坯至最终模锻）工艺方案设计的详细制定，以确保最终锻件的组织性能达到使用要求。

📖 资料来源：曹春晓．航空用钛合金的发展概况．航空科学技术，2005，4．

国内等温锻造近净形锻件最大投影面积为$0.5m^2$，设备能力仅为$0.7\sim0.8m^2$，远远达不到成形此类构件的要求。采用等温局部加载方式不仅能改善坯料的塑性和流动性，可显著地降低成形力并有效地控制了金属的变形流动行为，并拓展了可成形锻件的尺寸范围，为解决难变形材料的大型复杂锻件成形过程中上述瓶颈问题提供了有效途径。

图4.14(a)所示为典型的飞机隔框，为不规则近圆环形，双面带筋且上下筋条完全对称。西北工业大学杨合教授及课题组以此为背景，经系统地研究，结果表明：由局部加载成形中模具的作用方式，变形坯料可分为加载区、过渡区和未加载区。根据分区对应的筋板件上的不同结构（即筋条和腹板），分区形式可分为腹板分区和筋上分区两种模式。局部

加载过程加载分区的设计应遵循下列原则：

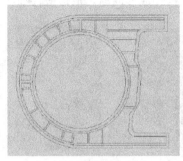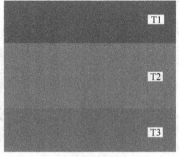

　　(a) 飞机隔框结构　　　　　　　　(b) 局部加载分区

图 4.14　隔框结构及局部加载分区示意图

　　(1) 应尽量使得模具中心与压力机的施压中心一致，减小锻造成形过程中设备的偏载，以达到提高模具和设备使用寿命的目的；

　　(2) 应保证成形过程中各组合模块所受错移力最小原则，同时分区的设计应该使得局部加载成形过程中，未加载区材料的错移尽可能小；

　　(3) 应使得对应的组合模具能够满足强度要求和相应的装夹要求，同时便于实现组合模具模块之间的相对位置调整和运动的控制；

　　(4) 应保证材料能够满足型腔的充填要求，力求工件变形更加均匀；

　　(5) 应使得各加载工步对应的成形载荷趋于均匀，从而保证整体上较低的成形载荷。

　　通过对飞机隔框结构的综合分析，根据上述局部加载分区原则，考虑到目前国内现有等温锻造设备 8000t 的实际情况，将作用方式分为三个加载区，与之相对应的组合上模分成三个模块(T1、T2、T3)，如图 4.14(b)所示。

　　局部加载过程共分两个道次四个工步：第一道次第一工步两侧模块 T1、T3 下压，第二工步中间模块 T2 下压，第二道次重复上述两工步。

　　此外，根据隔框类构件的结构特征，可提取并设计出能有效地反应对钛合金筋板类构件成形特点的"T"形结构。通过对局部加载条件下的典型变形特征、不同加载条件下材料的流动行为及不均匀变形协调规律的分析，研究发现了通过控制局部加载方式实现不均匀变形调控的方法，为发展大型、筋板类构件局部加载成形先进理论和技术提供了指导作用；另一个重要意义在于为我国先进飞机发展迫切需求的难变形材料大型整体框(钛框)成形制造难题的解决提供了重要启示。

　　为了满足结构轻量化的需要，航空航天等领域的大型、整体筋板类构件通常被设计成薄腹板并带有纵、横内筋的结构，给构件的加工及成形带来很大困难。即使等温模锻技术，当成形到一定程度后，因筋充填阻力增大，由中心向外流金属量增加，易引起流线紊乱、涡流和折叠，严重的还会在筋的根部将筋切断，整体加载的典型缺陷如图 4.15(a)所示。如利用局部加载方式进行成形，就可通过控制金属的变形流动来避免大量金属水平方向的流动，从而减少缺陷的产生。

　　筋板类构件等温锻造成形的关键技术是如何控制腹板处多余金属的变形流动。为避免腹板处的金属长距离流动，设计了如图 4.15(b)所示带内凹型腔的局部加载垫板及利于椭圆形筋充填的垫板。模压一次后就会在各条筋的背面聚集足够量的金属，将垫板去掉再进行模压，筋部背面聚集的金属就会充填到筋部模具型腔，而不会长距离流到飞边处，通过此方法可有效地解决带有纵、横内筋的筋板类构件成形问题，成形锻件如图 4.16 所示。

(a) 整体加载缺陷   (b) 局部加载垫板形式

图 4.15　整体加载成形缺陷及局部加载垫板形式

图 4.16　局部加载成形的铝合金口盖锻件

 习——题

1. 简述精密锻造技术的主要应用。
2. 结合图 4.3 所示分析等温模锻模具结构特点。
3. 简述粉末锻造的基本工序及预制坯设计。
4. 简述液态模锻技术的发展趋势。
5. 简述闭塞式锻造的工艺特点。
6. 简述局部加载成形原理及设计原则。

第5章
挤压成形

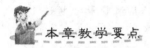 本章教学要点

知识要点	掌握程度	相关知识
静液挤压	掌握静液挤压的工艺原理及特点 熟悉特殊材料的静液挤压	静液挤压的装置结构、工艺特点及优势 特殊材料静液挤压的特点及研究概况
连续挤压、半固态挤压	掌握两种挤压的工艺原理及特点 熟悉两种挤压工艺的应用	连续挤压、半固态挤压的技术特点及优势 两种挤压技术的应用概况
侧向挤压、积极摩擦挤压	掌握两种挤压的工艺原理及特点 了解两种挤压工艺的应用	侧向挤压、积极摩擦挤压的技术特点及优势 两种挤压技术的应用概况
其他挤压成形技术	了解各种特殊挤压成形技术的原理及应用	各种特殊挤压成形技术的原理、特点及典型应用领域

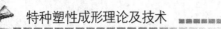

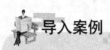

导入案例

中国汽车用铝挤压材的发展概况

铝具有众多独特性能、成熟的零部件制造工艺和较低的生产成本等优点，在推动汽车轻量化进程诸多材料竞争中，是发展前景被持续看好的轻金属材料。随着我国汽车向以生产轿车为主的产业结构转变，铝铸件和变形铝材的用量将随着汽车产量上升而增加，变形铝合金主要用于汽车的车身系统、热交换器系统、箱式车厢及其他系统部件等，主要包括板、带、箔、管、各种形状的挤压型材和锻件等。汽车轻量化的需求使得铝合金的发展具有一个更广阔的空间。汽车材料铝化率达到 60% 以上在经济上是可取的。据此推测，未来汽车的铝化极限可达 30%～50% 或以上。2009 年我国累计生产汽车 1379.10 万辆，同比增加 48.3%。销售汽车 1364.48 万辆，同比增长 46.2%，超过美国成为全球第一汽车产销国。2010 年我国汽车产销量有望突破 1700 万辆，达到全球汽车工业年产量的峰值水平。汽车产销量增长对铝加工产品市场具有积极地拉动作用。以每辆汽车平均需使用铝加工产品 100kg 计算，2009 年铝加工产品消费量就超过 130 万 t。因此，随着中国汽车制造业的快速发展以及汽车用铝量的提高，必将为汽车用铝挤压材行业提供广阔的市场。

中国虽然是全球最大的挤压铝材生产国，但较之欧、美等国家或地区的企业，中国铝挤压材生产企业规模普遍较小。截至 2008 年，全国共有各类铝挤压材生产企业约 680 家，总产能约 1050 万 t，厂均产能仅为 1.5 万 t，低于世界平均产能。2009 年，中国铝挤压材产能已达到 1300 万 t，2001—2009 年复合增长率达到 29%，铝挤压材产量达到 860 万 t，和 2001 年相比增长了 6.5 倍。

近几年，受交通运输装备、机械、电子、电器需求增长的影响，工业铝型材市场成长迅速，工业铝型材产能与产量所占比例已上升到近 40%，中国已成为铝挤压材的生产与消费大国。目前，汽车零部件的铝合金用量正在与日俱增，2009 年交通运输行业消费铝挤压材约 80 万 t，汽车用铝挤压材占整个交通运输业铝挤压材的 12.5%，达到 10 万 t。

资料来源：2010—2015 年中国汽车用铝挤压材行业投资分析及深度研究咨询报告.

5.1 静液挤压

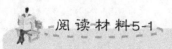

静液挤压技术简介

金属静液挤压的思想早在 19 世纪就已经出现。英国人 Robertson 在 1893 年发表了相关专利，其中，阐述了高压液体对金属材料塑性流动的影响规律和润滑作用。指出金属材料的塑性随液体静压力的增大而增大。20 世纪 40、50 年代，Birdgman 开展了最初的试验研究工作。但静液挤压技术作为一种类压力加工方法直到 20 世纪 60 年代才开始在苏联、英国、美国等国进行研究。

随着研究的深入，人们才逐步清楚这种方法的基本特性和优越性。1972年，大型静液挤压厂在苏格兰博斯建立，标志着静液挤压技术走向工业化。20世纪60、70年代是静液挤压技术的鼎盛时期，这一时期共产生静液挤压技术专利300多项，美国和苏联占80%。我国自20世纪60年代开始研究静液挤压技术，70年代开始工艺、性能及设备等方面的开发。进入90年代后，由于产品市场的需求，迫切要求新材料加工技术的发展，静液挤压再次成为应用研究的热点，尤其是室温静液挤压技术更为引人瞩目。随着高压装置和配套设施的不断发展和完善，静液挤压技术日渐成熟并得到广泛应用。

▣ 资料来源：王富耻，张朝晖. 静液挤压技术. 北京：国防工业出版社，2008.

5.1.1 原理及特点

利用高压介质对坯料施加载荷进而实现挤压成形的加工方法，称为静液挤压，工艺原理如图5.1所示。与正挤压、反挤压等常规挤压法不同，静液挤压时金属坯料不与挤压筒内壁直接接触，两者之间充入高压液体，挤压载荷通过高压介质传递到坯料上来实现成形过程。

静液挤压是普通挤压的进一步发展，高压介质采用液体，也可选用剪切强度较低的粘塑性介质；成形过程是连续的，也可以是半连续的；该技术也适于形状复杂制品的加工成形。根据挤压温度、介质种类、施载方式、模具形式、设备结构及应用领域等不同，静液挤压方法可做进一步划分：

（1）按挤压温度分为：冷静液挤压、温静液挤压、热静液挤压；

（2）按介质种类分为：粘性液体静液挤压、粘塑性体静液挤压；

（3）按施载方式分为：活塞加压式静液挤压、油泵加压式静液挤压；

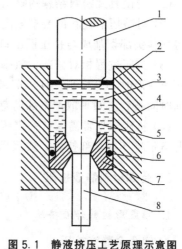

图5.1 静液挤压工艺原理示意图
1—冲头；2—剪切密封圈；
3—高压液体；4—挤压筒；5—坯料；
6—O形密封圈；7—芯模；8—制品

（4）按模具形式分为：单挤压筒静液挤压、双挤压筒静液挤压；

（5）按设备结构分为：单动型静液挤压、双动型静液挤压；

（6）按制品类型分为：棒材静液挤压、管材静液挤压、线材静液挤压、异型材静液挤压；

（7）按应用领域分为：普通静液挤压、机械静液挤压、拉拔静液挤压、反压力静液挤压。

与传统挤压法相比，静液挤压技术有如下优势：

（1）因高压介质施加在坯料周围，使其处于强烈的三向压应力状态，坯料上静水压力值明显增大，不仅能防止坯料内部缩孔和裂纹缺陷的产生，并提高了材料的工艺塑性及流动均匀性。

（2）由于高压液体的作用，使冲头和坯料间形成流体润滑状态，摩擦会降至最低。同时坯料和挤压筒间没有摩擦。因此，能显著地减轻制品表面因剪切受损的状况，可避免在一般挤压过程中该类缺陷的产生，制品表面粗糙度低。

（3）由于坯锭在挤出前没有普通挤压的镦粗阶段，因而不会产生表面裂纹。

（4）挤压载荷比普通正挤时降低了 20%～40%，并可采用较大挤压比进行成形。根据材料性能不同，挤压比可达 2～400，纯铝可达 20000，甚至更大。

（5）可用较长坯料进行加工成形。一般情况下，坯料长径比最大可达到 40，并对挤压载荷影响不大。

（6）因坯料与模具处在流体动力润滑状态，因此，摩擦力极小，模具磨损也较小，模具寿命显著提高，制品表面粗糙度低，尺寸精度较高。

（7）因坯料不直接与挤压筒壁接触，适于不同几何形状坯料的成形。

（8）可实现高速挤压，如钢材静液挤压时的速度可达 3300m/min。

综上可知，静液挤压方法非常有利于脆性较大的金属材料或金属复合材料的加工成形。但因工艺条件及要求等影响，存在以下不足：

（1）对模具及密封结构的材料要求极为严格。

（2）对挤压前坯料的要求较高。为了提高挤后制品质量，需对坯料去皮处理。一般还需将坯料头部切削成与挤压模出口部位相同的形状，以保证挤前模具与坯料间配合良好。

（3）挤压过程相对繁杂、效率低、速度可控性差等。因高压下液体压缩量较大，坯料在挤压成形时不易控制，且末期易发生制品弹射出模口的现象，危险性较大，操作困难，辅助时间长，必须采取严格的防范措施。

（4）挤压末期常需留有一定压余。因坯料被全部挤出后会引起高压液体的卸载，通常情况下不将坯料全部挤出，或采用锥形挤压轴，以便在挤压终了时能封住挤压模口部位。

5.1.2　特殊材料静液挤压

1. 难成形材料静液挤压

1）镁合金静液挤压

镁合金对挤压速度很敏感。普通挤压时挤压速度过快，由于模具表面摩擦应力增大，制品表面会出现麻点、裂纹等缺陷，同时增加了金属变形的不均匀性，理论上应以较低速度进行挤压成形。但对静液挤压工艺，工模具间在挤压过程中形成流体润滑状态，使摩擦应力大幅降低，因此，镁合金静液挤压可在较低的温度和较高的速度中进行，可同时保证加工的效率及制品的力学性能。

J. Swiostek 等采用 12MN 的 ASEA 静液挤压机对多种镁合金进行挤压试验研究，测定了不同镁合金的最低挤压温度，结果表明：仅室温下的静液挤压制品发生断裂，根据试验结果确定普通镁合金的挤压温度为 100℃。但在此温度下 AZ80 镁合金挤压时发生了断裂，因此，将 AZ80 镁合金的最低挤压温度设定为 110℃。

2）钛合金静液挤压

钛合金材料具有比强度高、耐腐蚀、耐热性强等优点，但由于这类合金热传导系数小、比热容低、化学活泼性强等特点，给机械加工带来了一点的困难，同时，在高温下挤压钛合金型材极易产生裂纹。

胡捷等利用静液挤压技术制备了性能优良的钛镍形状记忆合金管坯，工艺参数为：坯料直径为 25mm，挤压用穿孔针直径为 10mm，挤压比为 6，成形温度为 650～700℃，成形介质为玻璃加固态润滑剂。并经过多道次的轧制配合中间退火、多道次的长芯杆拉伸，制得了直径为 1.2mm，壁厚为 0.1mm，长度大于 1m 的钛镍形状记忆合金毛细管，抗拉强度达到 1100MPa，延伸率大于 15%。

3）高温合金静液挤压

高温合金具有优异的耐高温、耐腐蚀性能，但最大缺陷是塑性低，加工温度范围窄，塑性成形能力差。随着高温合金工作温度和强度的不断提高，合金的强化元素含量不断增加，成分越来越复杂，高温合金的加工难度也越来越高，利用静液挤压强烈的三向压应力作用，可以改善金属的变形能力，实现高温合金零件的直接静液挤压成形。

2. 难熔合金静液挤压

钨基高密度合金是一种以 W 为基体，同时加入少量 Ni、Fe 等元素组成的双相合金。钨合金的密度一般在 16.0～18.8g/cm³，相当于钢密度的两倍以上，由于它具有高密度、高强度、塑性好及良好的导电性和导热性等综合优异性能而在国防工业、航天工业和民用工业等领域得到广泛应用，成为一种备受关注的军民两用材料。钨合金传统采用粉末冶金工艺制备而成，烧结态钨合金经真空热处理后其静态抗拉强度一般为 850～1000MPa，对于一般的工业应用完全满足要求。但随着尖端技术和军事工业的发展，对钨合金性能提出了越来越高的要求，尤其是钨合金作为军工用穿甲弹材料，为对付装甲日益强化的主战坦克，对穿甲弹用高密度钨合金材料性能提出了更为苛刻的要求，为进一步提高钨合金综合性能，采用变形强化工艺是可行的技术途径。

20 世纪 90 年代俄罗斯将冷静液挤压成功地应用于钨合金材料，通过工艺参数优化设计使其一次挤压变形量达到 80%，使钨合金静态拉伸强度达到 1800MPa，同时保持了一定的塑性，取得了理想的变形强化效果。随着超高压技术及装置的不断发展，静液挤压技术将成为钨合金材料变形强化的主要技术手段。

3. 粉末材料静液挤压

在高的静水压力作用下对粉末材料进行大剪切变形，促进空隙的变形收缩，并使材料表面的氧化层破碎，是粉末材料实现致密化的有效手段。而静液挤压技术为粉末材料致密化提供了一种高效的途径。哈尔滨工业大学王尔德等采用热静液挤压技术成功制备了纳米晶铝合金。主要工艺流程为：在氩气保护下经雾化制得 2024 快速凝固铝合金微晶粉末，其标准成分为 Al、1.46Cu、1.45Mg、0.61Mn、0.31Fe、0.51Si 等，然后将快速凝固铝合金微晶粉末在搅拌式高能球磨机中经过 25h 球磨，获得晶粒尺寸小于 50nm 并具有超饱和单相固溶体组织的纳米晶 2024 铝合金粉末，该纳米晶 2024 铝合金粉末经冷压，200℃真空热压 1h 制得相对密度为 0.95 左右的挤压坯料，在挤压比为 9：1～25：1 和挤压温度为 200～500℃范围内，选择不同工艺条件，采用热静液挤压工艺将上述粉末坯料挤压成棒材。

4. 复合材料静液挤压

复合材料静液挤压主要有两个方面：一种是作为难加工材料的有效辅助手段，即将难加工材料作为芯材，将高塑性材料作为包覆材料而构成复合材料，通过静液挤压技术使难加工材料获得较大塑性变形，后去除外层金属，进而获得变形后芯材的加工方法。例如：

静液挤压的铜包铝复合材料，具有界面接触强度好，沿圆周和长度方向包覆层尺寸均匀等优点。静液挤压可以在室温或较低温度下实现大变形挤压的特点，尤其适合于在高温下容易成形金属间化合物的包覆材料的成形。另一种是直接将制备的复合材料本身加工成制品。

5.1.3 研究及发展现状

温静液挤压被用于镁合金及其他塑性较差的有色金属挤压成形加工。该方法能显著地提高金属塑性，减少或消除内部微裂纹，使金属内部组织更加均匀，并可将被加工材料的强度提高50%～80%，并能保证足够的塑性和韧性。目前，温静液挤压技术研究方面，俄罗斯处于世界领先地位，已实现了生产过程的自动化。此外，瑞士、法国、英国等西方国家也在积极发展此项技术。

美国学者 Matsushita 等开发了一种利用粘塑性介质进行静液挤压的新工艺，并在较理想条件下进行了钛静液挤压，结果表明：挤压后金属件的弯曲强度显著地增加，且金属内部无金属间化合物存在。科威特大学 A. H. Elkholy 等分别对铜、铝及铅进行了静液挤压试验研究，并对工艺参数进行了优化，结果表明：随着挤压比的增加挤压载荷呈增大趋势分布。当挤压比为定值时，存在一个最佳模角使挤压载荷最小，并随着挤压比的减小而增大；韩国学者 H. J. Park 等利用温静液挤压技术在320℃条件下成形了铜铝复合棒材，并通过系统研究获得了合理的工艺参数；德国吉斯达赫特研究中心 J. Bohlen 等对225～300℃的镁合金 MB2 温静液挤压出来的制品微观组织及结构进行了分析。意大利学者 T. Minghetti 分别对 AZ91 及 ZK30 镁合金进行了温静液挤压成形的研究，获得了无内部裂纹缺陷的 $\phi1.2mm$ 棒材。

20世纪80年代北京有色金属研究院金其坚撰文归纳介绍了各国在静液挤压对难熔金属性能影响方面的研究情况，重点分析了静液挤压对缺陷愈合机理及前苏联学者提出的位错压力多边化机理。

静液挤压技术是目前钨合金材料强化的一种行之有效的技术途径。北京理工大学王富耻等对静液挤压钨合金的显微组织与力学性能进行了深入研究，结果表明：经温静液挤压变形强化的穿甲弹用高密度钨合金，其硬度分布和显微组织更均匀合理、性能更好。

北京有色金属研究总院胡捷进行了铜包铝复合线材温静液挤压加工工艺研究，通过参数优化，用温静液挤压方式实现了铜、铝的冶金结合，其电气及力学性能完全满足 ASTM 的电缆线标准。同时，还运用温静液挤压方法制得钛镍形状记忆合金毛细管材用毛坯，并与轧制拉拔成形工艺相结合，获得性能良好的钛镍形状记忆合金毛细管材；北京有色金属研究总院牛慧玲用温静液挤压法试制了铝基复合材料，所用基体为 LY12，增强剂 SiC 的含量为10%～20%，粒度10～20μm。利用蓖麻油作为压力介质，加入适量的石墨以改善润滑方式，试验得出了合理的挤压温度、挤压比、挤压模角及坯料形状等参数。挤出了多种规格的管、棒和线材，并进行了性能测定。挤压后性能得到改善，密度提高15%左右，弹性模量提高了30%左右，SiC 颗粒得到不同程度的破碎，分布也趋于均匀，断口韧窝增多，但仍为脆性断口。北京有色金属研究总院陈壁等用静液挤压法加工得到了多芯极细芯 Nb－Ti 超导复合线。

中国台北交通大学黄勤华等设计制造了温静液挤压试验装置，其复合筒挤压能承受1000MPa，并对高压密封件进行了研究。

5.2 连续挤压

5.2.1 工艺原理

连续挤压技术是1971年由英国格林(D. Green)提出并随后发展起来的一种先进挤压成形方法。常规正挤压和反挤压中，变形是通过挤压轴和垫片将所需的挤压力直接作用于坯料上来实现的，由于在挤压成形中的摩擦作用，会直接导致产品的组织性能不均，且挤压筒长度有限，需通过挤压轴和垫片直接对坯料施加挤压力来进行挤压。对于传统挤压而言，要实现无间断是不可能的。连续挤压恰恰依靠变形金属与模具之间的摩擦力作为挤压力，而不需借助挤压轴和挤压垫片的直接作用，即可对坯料施加足够的力实现挤压成形，工艺原理如图5.2所示。

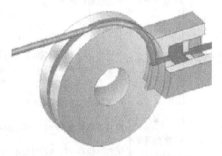

图5.2 连续挤压的工艺原理图

连续挤压是以杆料或颗粒料为坯料，坯料进入旋转的挤压轮与槽封块构成的型腔，坯料与型腔壁产生摩擦力，摩擦力的大小取决于接触压力、接触面积及摩擦系数。在摩擦力的作用下，挡料块处产生足够大的压力，使金属发生塑性变形，挤出模孔，挤压过程将维持到坯料的长度小于临界咬合长度时为止。

连续挤压在原理上十分巧妙地利用了挤压轮凹槽壁与坯料之间的机械摩擦作用作为挤压力，只要挤压型腔的入口端能连续地喂入坯料，便可达到连续挤压出无限长制品的目的，这也是连续挤压与常规挤压的区别，设备主要由四大部件组成：

（1）带凹形沟槽的挤压轮，是由驱动轴带动旋转。

（2）挤压靴是固定的，与挤压轮相接触的部分成为一个弓形的槽封块。该槽封块与挤压轮的包角一般为90°，起到封闭挤压轮凹形沟槽的作用，构成方形的挤压型腔，相当于圆形的挤压筒。但这个挤压筒的三面为旋转挤压轮的凹槽壁，第四面才是固定的槽封块。

（3）固定在挤压模腔出口端的堵头。作用是把挤压型腔出口端封闭，迫使金属只能从挤压模孔流出。其设计原则是在挤压温度和正常的挤压间隙下，堵头的两侧面不与沟槽两侧面发生直接接触，堵头顶部也不与沟槽底部发生直接接触，并在此原则下最大限度地减少余量。

（4）挤压模，它或安装在腔体上实行切向挤压，或实行径向挤压。

5.2.2 技术特点及优势

连续挤压成形中模腔与坯料间的摩擦大部分得到有效的利用，仅挤压过程本身的能耗就可比常规挤压降低30%以上，因此，常规挤压30%以上的能量消耗用于克服挤压筒壁上的有害摩擦。连续挤压法具有以下技术特点：

（1）取消了加热和退火工序，节约能耗及设备投资；

（2）无酸洗工序，无污染物排放，为环保绿色制造技术；

（3）大幅度地减少了原材料损耗，材料利用率高；

（4）制品性能好，尺寸精度高，表面粗糙度好；

（5）产品长度不限，生产效率高；

（6）设备自动化程度高；

（7）设备紧凑，占地面积少，运行成本低；

（8）工艺简单，一个模具直接成形，无须配模，更换方便；

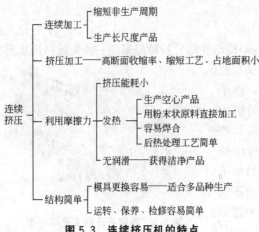

图 5.3　连续挤压机的特点

（9）原材料规格统一，备料简单。

正是由于连续挤压工艺的这些特点，使其被誉为"有色金属成形技术的重大突破"，广泛应用于管材、型材、线材、包覆材的生产。自从连续挤压技术问世以来，引起了各国专家学者的广泛重视。

近年来，在单轮单槽连续挤压机的基础上，又出现了几种新型连续挤压机，如单轮双槽连续挤压机、双轮单槽连续挤压机、包覆材单轮单槽连续挤压机。

与常规挤压机相比，连续挤压机的特点如图 5.3 所示。

5.2.3　研究及应用概况

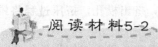阅读材料5-2

我国连续挤压技术的奠基人和开拓者——宋宝韫教授

1983 年，受原国家教委的委派，任教于大连铁道学院（大连交通大学的前身）的宋宝韫以访问学者的身份到法国进修。在当时学校领导的支持下，两年后宋宝韫不仅圆满完成了交流任务，且取得了博士学位。功成名就的宋宝韫婉言谢绝了法国导师的盛情挽留，毅然抛弃优越的科研和生活条件，返回祖国，回到母校。20 多年后，回忆起当初的决定，他告诉记者："留下也许会过得很舒服，也许还会像别人一样靠卖葡萄酒发财……不，那不是我想要的。"

从 1985—2008 年，宋宝韫教授一直从事金属塑性加工的教学和科研工作，在我国的连续挤压领域里创造了诸多的"第一"，使我国从连续挤压设备的进口国变成了出口国，彻底改变了我国铝、铜加工工业高耗能、低效益的传统加工工艺。为此，1990 年、1999 年，他所领导的科研团队先后两次获得国家科技进步三等奖；2008 年获得国家科技进步二等奖。仅"铜材连续挤压制造技术及设备"一个项目就使我国从 20 世纪 80 年代的铝管连续挤压设备进口大国一举成为全球铜材连续挤压设备的最大出口国，且每年为国家节省电耗 3 亿 kW·h，减少铜烧损 1 万 t，减少酸水排放 120 万 t，降低劳动力成本 4000 万元。该项技术及其应用每年直接创造的产值就达 300 亿元。

作为改革开放后的第一代海归博士，我国连续挤压技术的奠基人和开拓者，对于宋宝韫教授的价值，大连交通大学校长葛继平有一段精彩的评价：一位人才的出现，带回了一项技术，打造了一个团队，造就了一个产业。

資料来源：http://dlrb.dlxww.com/gb/news/2009 - 10/14/content_2854430.htm.

　　大连康丰科技有限公司与大连交通大学连续挤压工程研究中心长期合作，专业从事连续挤压技术的研究和设备制造，图5.4所示为 TLJ300 铜扁线连续挤压生产线的布置。

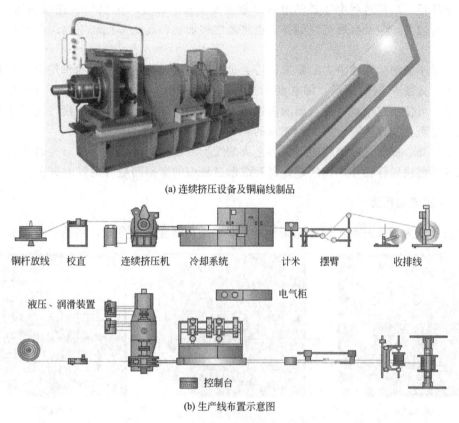

(a) 连续挤压设备及铜扁线制品

铜杆放线　　校直　　　连续挤压机　　冷却系统　　　　计米　　摆臂　　　收排线

液压、润滑装置　　　　　　　　　　　　　　　　　电气柜

控制台

(b) 生产线布置示意图

图 5.4　TLJ300 铜扁线连续挤压设备及生产线

5.3　积极摩擦挤压

5.3.1　摩擦的作用方式

　　除模具结构形式外，摩擦与润滑也是影响变形过程中金属流动行为的重要边界条件之一。其中，摩擦力的大小及方向对成形过程中金属的变形流动行为均有较大影响，如图5.5所示。τ 为摩擦力的方向；V_1 为坯料所受端部作用力的方向；V_2 为挤压筒的运动方向；v_1 为型腔内金属的流速分布；v_2 为挤压模出口部位金属的流速分布。

　　可以看到，在冲头的作用下金属逐渐向型腔内充填流动，凹模静止不动，其受模腔侧壁

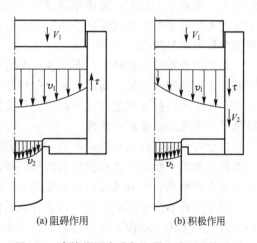

(a) 阻碍作用　　　　　(b) 积极作用

图 5.5　摩擦作用方式与金属流动行为的关系

摩擦力的作用方向与金属的充填流动方向相反，如图 5.5(a)所示，因阻碍作用将引起模腔内金属流动行为沿径向的不均匀分布。其中，轴心处金属的流速较快，靠近模腔侧壁处材料的流速较慢。成形过程中坯料的形状尽管会发生显著改变，但仍为一连续整体。因此，如润滑条件较差，两处金属流速的差异也将随之增加，金属变形流动不均匀的趋势将显著加剧。

为了减小或消除摩擦阻力的影响，可通过改变成形过程中摩擦力的作用方向，使其起积极作用，如图 5.5(b)所示。即在变形过程进行的同时，通过对模具施加与加载方向相同的运动，可使型腔中模壁处金属的流速显著提高，这样能有效地平衡模口处摩擦力的阻碍作用，显著提高充填时金属变形流动的均匀性。

由上可知，成形过程中摩擦不仅对金属的变形流动有显著影响，还对金属充填型腔的能力及效果起决定性的作用，所以，需对成形过程中的摩擦问题有足够的重视。

5.3.2 金属流动行为

当压下量为 20mm 时不同摩擦条件下坯料断面网格变形的分布，如图 5.6 所示。

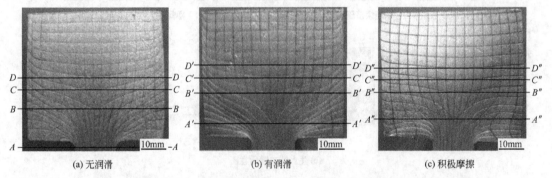

(a) 无润滑　　　　　　　　　(b) 有润滑　　　　　　　　　(c) 积极摩擦

图 5.6　压下量为 20mm 时不同摩擦条件下坯料断面上的网格变形的分布

由图 5.6(a)可以看出，无润滑成形过程中靠近模腔底角部金属由于受摩擦条件的影响，此处网格几乎不发生变化，因此可知，成形过程中该处金属较难于发生变形流动。从径向流线分布情况可以看出，模壁与轴心处金属变形流动的差异较大，因受侧壁摩擦阻力的影响，该处金属的变形流动明显滞后于轴心部位；当使用润滑剂后，如图 5.6(b)所示，模腔底角部难变形区的范围显著缩小，从径向流线的分布对比可知，模壁与轴心处金属的流速差异也明显降低。

采用积极摩擦成形时，如图 5.6(c)所示，坯料断面上网格流线的分布变得相对均匀。即使是靠近模腔底角部，断面上轴向的网格流线也有明显地向型腔模口弯曲的趋势。由此可见，当采用此种方式进行成形时，变形金属较易向型腔模口内均匀地充填流动，显著地降低了产生流动缺陷的可能性。

成形过程中金属变形流动的均匀性对锻件品质性能有着重要影响，为此，分别取原始位置相同的四个断面上各点变形后的轴向相对位移进行对比。为了便于测量分析，以变形后最远点作断面，所取断面位置如图 5.6 所示。

图 5.7 所示为变形后不同断面上各点轴向相对位移量的数值分布对比。由图可知，不同变形过程中四个断面上各点的轴向相对位移量几乎都是沿着轴线呈对称分布。随着离轴心距离的减小，其绝对值逐渐增大，由此可知，充填过程中轴心处金属的变形流速最快。

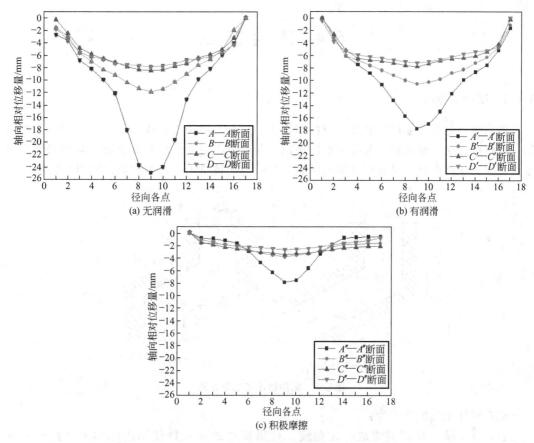

图 5.7 轴向相对位移量的对比

通过对比不同轴向相对位移量的数值分布可知，无润滑剂成形时因受凹模侧壁摩擦阻力的影响较大，不同断面上各点的轴向相对位移量的差别较大。其中，$A—A$ 断面上轴心处点的相对位移量为 24.92mm；采用润滑剂后，与 $A—A$ 断面原始位置相同的 $A'—A'$ 断面上，轴心处点的相对位移量仍为最大值，但其数值减小到 17.76mm；采用积极摩擦成形时，$A''—A''$ 断面上轴心处点的相对位移量与前两种成形过程相比，其数值明显地降低，仅为 7.98mm，其余断面上各点的轴向相对位移量差别也显著减小。因此，采用积极摩擦可使成形过程中塑性区内金属变形流动的均匀性明显增大，更利于提高锻件的品质质量。

5.3.3 研究概况

Klaus B. Müller 等提出了一种使摩擦起积极作用的 ISA 法，并通过试验进行了研究，结果表明：在坯料挤压变形的初始阶段，只需相当于最大变形力 38% 的载荷量即可实现普通的反挤压。且初始阶段的挤压力减小到了总载荷的 18%，并通过改善挤压条件，生产效率会比反挤压提高 8%～10%。能明显地提高挤压过程中金属变形流动的均匀性，进而显著地提高了制品的质量和力学性能。

目前，积极摩擦挤压成形法虽有研究，但因其工艺自身特点所限，生产实践中应用的相对较少。

5.4 侧向挤压

5.4.1 原理及特点

侧向挤压是变形坯料沿着某一方向被挤出，这个方向是与挤压成形方向不同也不相反的一种挤压方法。侧向挤压与径向挤压不同，径向挤压时变形坯料是沿着径向朝四周方向被挤出的，而侧向挤压时变形坯料是沿着某单一方向被挤出的，工艺原理如图 5.8 所示。

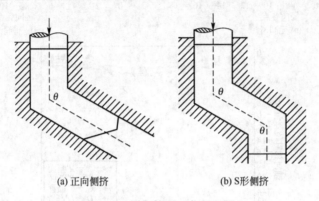

(a) 正向侧挤　　　　　　　　　　(b) S形侧挤

图 5.8　侧向挤压工艺原理图

侧向挤压工艺的特点为：

(1) 挤压模与锭坯轴线成一定角度，金属流动的形式将使制品纵向力学性能差异减小；

(2) 制品强度高；

(3) 模具应有较高的强度及刚度。

目前，侧向挤压在电缆包铅套和铝套上应用最为广泛。

5.4.2　等径角挤压(ECAP)

等通道转角挤压(Equal Channel Angular Pressing，ECAP)工艺是在 20 世纪 80 年代 Segal 教授和其同事们工作基础上发展起来的。因采用该方法可制备出大块体超细晶或纳米晶金属材料，故 ECAP 技术已成为材料科学领域中的一个研究热点，它被认为是目前细化常规晶粒尺寸至亚微米级甚至纳米级晶粒尺寸最具有工业化应用前景的技术之一。

ECAP 技术的基本工艺原理是：挤压模内有两个断面相等，以一定角度相交的通道，试样在冲头的压力作用下挤压成形。当经过两通道的转角处，试样产生局部大剪切塑性变形，然后从另一通道挤出，由于材料的横断面形状和面积不改变，故多次反复挤压可使各次变形的应变量累积叠加，从而得到相当大的总应变量。

ECAP 技术对塑性变形能力较差的镁合金也有明显的细化效果。Yamashita 等对纯镁和 Mg - 0.9%Al 合金进行高温(200~400℃)ECAP 挤压后发现，由于在挤压过程中发生了再结晶，使初始晶粒尺寸为 100μm 的 Mg - 0.9%Al 合金在挤压两道次之后，晶粒平均尺寸为 17~78μm，挤压温度越高，材料晶粒越大。初始晶粒尺寸为 400μm 的纯镁在挤压两道次后也显著细化，晶粒尺寸减小到 $100\mu m$ 左右。

ECAP 具有很强的晶粒细化能力，但道次之间变形不连续导致效率低，很难用于工业化。为提高生产效率，近年来在常规工艺基础上开发了多种连续 ECAP 工艺，如旋转 ECAP(图 5.9)、连续 ECAP(图 5.10)、多道次 ECAP(图 5.11)等。旋转 ECAP 只需转动模具就可实现连续变形，但试样体积较小。

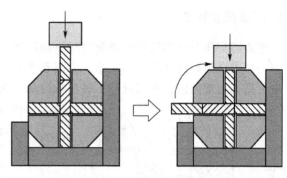

图 5.9 旋转 ECAP

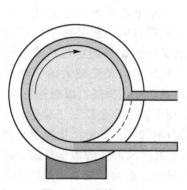

图 5.10 连续 ECAP

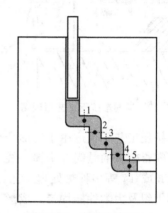

图 5.11 多道次 ECAP

5.5 半固态挤压

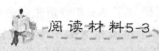

阅读材料5-3

金属半固态成形理论及技术的创立

半固态金属加工工艺的研究开始于 1971 年，麻省理工学院 D. B. Spencer 博士在 Flemings 教授的指导下研究合金的热撕裂试验中，利用 Couette 粘度计测评 Sn-15% wPb 部分凝固合金的粘度来模拟钢铸件热撕裂性能。试验过程中，Spencer 博士发现在对部分凝固合金连续施加剪切作用时，合金具有机械油一样的流动性，并表现出触变性的流变行为。这一现象有悖于传统的铸造工艺中合金在固相率达到 0.2 时就不能流动的结论。敏锐的科学工作者们立刻意识到这一发现对金属加工科学和技术具有突破性的重要意义。通过深入研究表明，这种具有触变性和伪塑性流变特性的半固态合金结构特征区别于传统铸造工艺中得到的枝晶结构，而是球形或非枝晶形态的微观结构。这种建立在球形结构或者说触变性结构上开发出来的新工艺称为半固态金属加工。

📄 资料来源：Spencer D B, Mehrabian R, Flemings M C. Rheological behavior of Sn-15 pct Pb in the crystallization range. Metallurgical transactions, 1972, 3.

5.5.1　原理及特点

半固态挤压是利用加热炉将金属坯料加热到半固态，放入挤压模腔后施加压力，通过凹模口挤出所需形状和性能的制品。半固态浆料在挤压模腔内处于密闭状态，流动变形的自由度低，内部的固、液相成分不易单独流动，除挤压开始时有部分液相成分有先行流出的倾向外，在进入正常挤压状态后，两者会一起从模口挤出，在长度方向上得到稳定、均一的制品，工艺原理如图 5.12 所示。

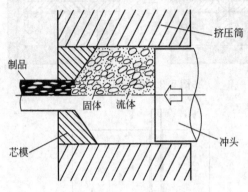

图 5.12　半固态挤压工艺原理图

浆料在挤压成形过程中由于液相的存在，流动应力小，使合金形变抗力明显降低，减小了挤压抗力。又因工作温度处于固液两相区，与全液态成形工艺相比，降低了所需温度，在适宜的工艺条件下，可获得力学性能和内部组织良好的挤压产品。由于成形件通过挤压作用，经受较大的塑性变形，组织性能得到明显的提高，因而备受瞩目。

半固态挤压工艺不仅适用于变形合金，也适用于铸造合金以至于脆性合金。目前，半固态挤压研究得较多的是铝合金棒、线、管、型材的加工。通常半固态挤压成形件可进行 T4、T5、T6 或 T7 等多种热处理工艺，以大幅度提高成形件的力学性能。此外，由于成形件的内部组织及力学性能均匀，成形工艺容易操作，扩大了复杂成形件的范围，改善了产品的成形性，具有广阔的应用前景，是难加工材料、颗粒强化复合材料、纤维强化复合材料等加工不可缺少的技术。

5.5.2　研究及应用现状

意大利 MM 公司为汽车生产半固态铝合金成形的 10 种油道零件，油道检验的渗漏率低于 1%，2000 年日产量达到 7500 件以上；德国 EFU 等公司研究了 A356 铸造铝合金、6082 锻造铝合金及铝基复合材料的半固态成形工艺，触变成形了厚壁和薄壁零件；瑞士 Buhler 公司已经研制和生产出半固态铝合金触变成形的专用 SC 型压铸机和半固态铝合金坯料的专用感应重熔加热设备；日本 Speed Star Wheel 公司利用半固态铝合金成形技术生产铝合金轮毂。

国内在半固态金属基合金成形技术的研究和应用领域起步很晚，但正在加紧追赶世界先进水平。在国家"863"高技术发展计划项目支持下，北京科技大学半固态金属及合金成形研究室组建了半固态铝合金触变成形生产线，进行了半固态铝合金坯料的电磁搅拌连续铸造、坯料的重熔加热和触变成形试验，获得了 $\phi 50 \sim 80\text{mm} \times (1000 \sim 3000)\text{mm}$ 球状初生晶粒的 AlSi7Mg 合金坯料，并成功地成形出汽车制动总泵壳及其他零件。

华南理工大学李元东等对 AZ91D 镁合金在不同温度下的半固态挤压成形进行了研究，结果表明：半固态等温热处理可将金属型铸造的 AZ91D 镁合金锭中的枝晶组织转变为球形晶粒组织，并能进行半固态挤压成形。AZ91D 镁合金半固态挤压成形所需的最佳工艺条件是加热温度为 570℃左右，保温时间为 25 ～ 35min；或加热温度为 580℃左右，保温时间为 10 ～ 20min。

中南大学易丹青等通过高能球磨混粉-半固态挤压的方法制备了亚微米 SiC 颗粒增强 2014 铝基复合材料,主要研究了不同挤压温度和挤压比对复合材料组织性能的影响。结果表明:采用适当的半固态挤压温度,控制挤压时复合材料中的液相体积分数为 40% 左右,或挤压比增大,可提高亚微米颗粒增强铝基复合材料的室温力学性能。

此外,国内还有北京有色金属研究总院、中国科学院金属研究所、哈尔滨工业大学、东南大学、清华大学、北京交通大学、华中科技大学及哈尔滨理工大学等多家单位也在积极推动半固态金属及合金成形技术的研究和应用。

5.6 其他挤压成形技术

5.6.1 带内锥冲头挤压

1. 冲头结构设计

冲头结构形式对成形过程中模腔内金属的变形流动行为有着显著影响,采用一种带内锥结构的冲头,对金属的挤出流动行为具有重要作用,冲头结构如图 5.13 所示。图中,α 表示锥底角,D 为冲头直径,锥底直径为 $L=0.2D$。α 值决定了冲头内锥结构的大小,当 $\alpha=0$ 时相当于平模类挤压过程。采用带内锥结构冲头相当于在成形过程的初始阶段,使金属增加了一个向上充填的过程,这个过程使轴心处金属的变形流动状况发生改变,对金属充填型腔的能力也有着重要作用。

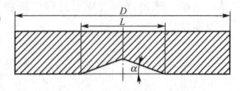

图 5.13 冲头结构示意图

2. 金属流动行为

为了对成形过程中金属的变形流动行为进行分析,图 5.14 所示为冲头压下量为 20mm 时坯料断面的网格变形进行对比。

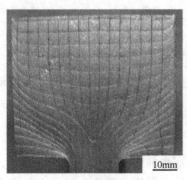

(a) 平底冲头

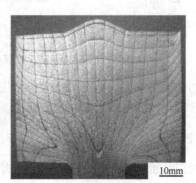

(b) 带内锥冲头

图 5.14 冲头压下量为 20mm 时坯料断面上的网格变形对比

由图 5.14(a)可知，平底冲头挤压过程中模腔底角部区域的金属由于受侧壁和底角部摩擦的影响，该区内金属的变形和流动都很不均匀，部分金属的流线在接近模底时产生明显弯曲、甚至剪裂。被剪断的流线除部分汇入充填型腔的金属形成折叠外，剩下的部分逐渐留在模底形成死区。由此可见，越靠近模腔侧壁和底部时金属的变形流动越困难。

采用带内锥冲头后坯料断面上的网格分布变得相对均匀，如图 5.14(b)所示。与前者相比，靠近侧壁处金属的流线也有向模口弯曲的变形流动趋势。虽然此时靠近模腔底角部仍是相对难变形的区域，但其范围显著地缩小，可以看出，改变冲头结构后模腔内塑性区的范围则明显扩大。

图 5.15(a)所示为成形初始阶段的速度场分布。由图可知，因受模具形状的约束作用，靠近冲头端面区域的大部分金属都随着成形方向作刚性平移；而带内锥冲头成形的初期，靠近内锥附近的金属有逐渐向内凹充填的流动趋势。由于型腔内变形材料是一个连续的整体，内锥附近金属的变形方式将显著降低轴心处金属的流动速度，与前者相比，较利于距轴心远处金属的向型腔内充填成形。

图 5.15(b)所示为不同挤压的稳态成形过程中速度场的分布对比。由图 5.15 可以看出，利用平模进行成形时，模腔底角部金属有明显的流动分界面，除了大部分向模口方向流动外，另一少部分向模腔侧壁处流动的趋势。采用带内锥冲头成形过程中，模腔底部的金属没有出现分流的情形，几乎都是朝着模口方向流动。在塑性区内金属呈辐射状均匀地向模口流动，未出现前者成形过程中那种大角度转向的流动趋势，并显著地减少了流线紊乱的可能性。

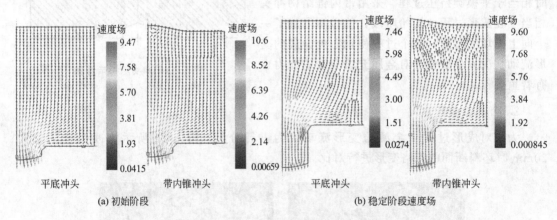

图 5.15 挤压过程中速度场分布对比

由此可知，采用带内锥冲头可消除类挤压变形过程中模底部金属分流流动的情形，使金属呈辐射状均匀地向型腔模口变形流动。

5.6.2 剪切挤压

阀体是阀门的重要组件之一，所以，改善阀体的制造工艺，提高阀体的力学性能，就可以提高阀门的工作寿命和安全性能。随着现代电站锅炉传输介质压力与温度的提高，传统的铸造阀体已难以满足工作寿命和安全性能的要求，逐渐遭到淘汰。工业先进国家从 20 世纪 70 年代推出了锻造阀体，然而大型多向锻造设备的缺乏使大型阀体锻造成为国内生产上的难题。

哈尔滨工业大学提出了一种省力的成形新技术——剪切挤压技术，其工艺原理及挤压载荷分别如图 5.16、图 5.17 所示。并通过生产性的工艺试验，在较低吨位压力设备上成功地锻造出材料为 12Cr1MoV 的 DN100 电站锅炉用大型截止阀体，进一步验证了该技术的可行性及优越性。

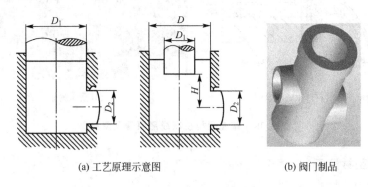

| (a) 工艺原理示意图 | (b) 阀门制品 |

图 5.16 剪切挤压的工艺原理及制品

剪切挤压是杯-杆复合挤压的一个特殊区域，也即以精冲方式进行杯-杆复合挤压情况的推广。"剪切挤压"发生的几何条件是：

（1）必须满足凸模直径不大于枝杈直径条件；

（2）坯料高径比和凸模与坯料直径比的适当关系，通过改变工艺孔深度的大小来实现。

对于第二个条件，以是否满足成形中不发生反挤压为依据，即保证凸模起始行程阶段就把变形延展至模腔出口部位。

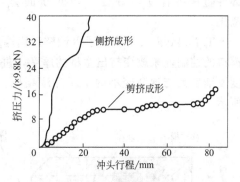

图 5.17 剪切挤压与侧向挤压的载荷对比

5.6.3 弯曲型材挤压

传统弯曲型材的加工是通过先挤压后弯曲的方式获得的，不仅工序繁琐，且挤出型材的曲率及表面质量都难以得到保证。M. Kleiner 等基于管材的挤压矫直原理，提出了弯曲管材挤压成形的新方法，主要是利用模口部位施加一个力矩而形成不同的摩擦力，使挤出的管材产生弯曲，工艺原理如图 5.18 所示。

Klaus B. Müller 等利用挤压模出口处不同的导向模片，挤出了断面形状比较复杂且曲率固定的弯曲型材，如图 5.19 所示，不仅减少了成形工序，同时也显著改善了挤压制品的质量。

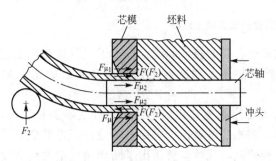

图 5.18 带侧力矩的弯曲材挤压成形原理图

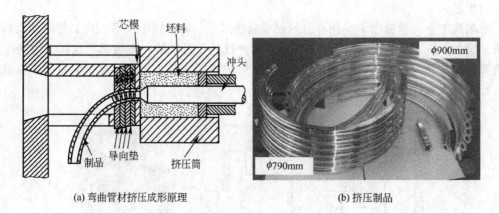

(a) 弯曲管材挤压成形原理　　　　　　　(b) 挤压制品

图 5.19　弯曲型材挤压成形原理及制品

5.6.4　变断面型材挤压

由于挤压制品常作为减轻重量的结构件之用，在轴向承载的地方变换横断面对减轻部件重量将有许多好处。如变断面型材只通过挤压工序成形，将显著扩大其应用范围。

T. Makiyama 等研制了可调整断面厚度的新型挤压装置，该装置通过对出口处可移动模口的控制，来改变挤出型材的厚度，进而得到不同断面形状。并通过试验对比可知，厚度逐渐变大与逐渐变小的挤压方法相比，死区较小且不易留在挤压筒内，原理如图 5.20 所示。

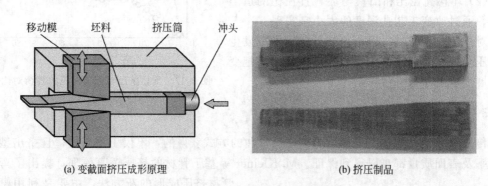

(a) 变截面挤压成形原理　　　　　　　(b) 挤压制品

图 5.20　变断面型材挤压原理及制品

任学平等根据全纤维变断面型材挤压成形中存在的技术问题，提出了一种将挤压工艺与电、液、计算机技术融为一体的连续变断面挤压新思想，工艺原理及制品如图 5.21 所示。

采用该方法可以成形断面由小变大、由大变小重复变化的全纤维连续变断面挤压件，且在挤压过程中无须停机换模，显著地提高了结构的可靠性。采用自行设计开发的变断面挤压系统，结合理论分析、数值模拟以及试验研究，成功地挤压出了断面按规定曲线连续变化的变断面挤压件，为全纤维连续变断面挤压技术应用奠定了基础。

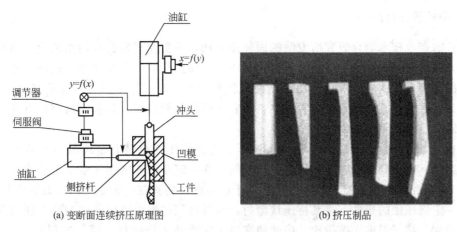

(a) 变断面连续挤压原理图   (b) 挤压制品

图 5.21　变断面型材连续挤压原理及制品

5.6.5　固态连接挤压

目前，异质材料连接常利用搅拌摩擦焊和激光焊技术来实现，但对于长直线性类制品，如导线等成形，存在效率低、成本高、可靠性较差等缺陷，难以满足生产实际的需求。

印度 B. Vamsi Krishna 等通过两种不同材质管材同时从凹模挤出成形，实现了异质管材的固态连接，挤压连接成形的制品如图 5.22 所示。

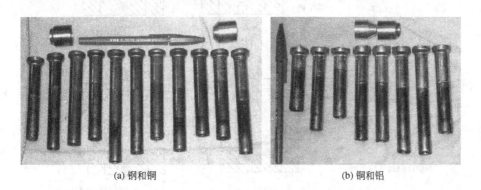

(a) 钢和铜   (b) 铜和铝

图 5.22　挤压连接成形的制品

通过 Cu - Al、Steel - Cu 进行了挤压试验，结果表明：该方法可得到较高的连接强度，并为几何形状为线性异质材料的连接成形提供了有效途径。

丹麦 S. Berski 等设计了有两个台阶面的凹模来降低挤压力，并对 Al/Cu 两种金属进行了挤压成形试验，原理如图 5.23 所示，研究结果表明：挤压比为 2 且凹模阶高为 0.3 时挤压效果最佳。

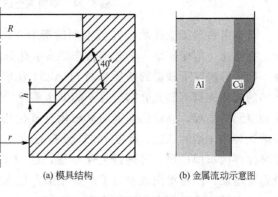

(a) 模具结构   (b) 金属流动示意图

图 5.23　异质材料挤压连接成形示意图

5.6.6　固相再生挤压

由日本产业技术综合研究所发明的固体循环法，不需要对镁合金边角料进行重熔和预备成形，在制备过程中也不需要加入覆盖剂或通入保护气体，直接通过热挤压由边角料制成高性能的型材。这种方式将边角料表面氧化膜破坏，通过新生面强制固化结合，同时，在强制加工过程中，伴随着动态再结晶，可获得微细晶粒组织。目前，研究的合金体系主要是 AZ91、AZ31 和 ZK60。

固相再生方法包括直接挤压和间接挤压。直接挤压为将镁合金废料直接置于挤压筒内，然后将其加热到设定温度后保温一段时间，在一定压力或挤压速度下进行成形，原理如图 5.24(a)所示；间接挤压为将合金料置于模筒中，将其在一定温度和压力下压制成坯，之后在一定挤压比的条件下将其挤压成型材，间接挤压过程中可以通过改变冷压或热压的压力和温度、挤压温度、挤压比、应变速率等工艺参数进行优化，再生过程如图 5.24(b)所示。

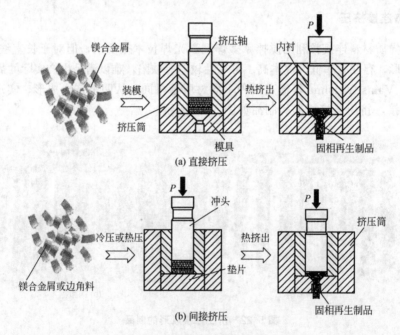

图 5.24　固相再生挤压加工示意图

日本名古屋工业技术研究所中西胜等对 ZK60、AZ91 进行试验，并通过改变挤压温度、挤压比、应变速率等工艺参数来观察氧化弥散相的分布和晶粒细化现象。同时，又将在不同变形温度下获得的挤压棒材与 AZ91 镁屑烧结所获得的棒材进行比较，结果表明：烧结的试样碎屑不能充分结合且不能发生氧化弥散现象，而挤压所获得的组织基本没有裂纹和空洞的出现，晶粒得到了明显细化且氧化相均匀弥散，并在 300℃有超塑性；日本千野靖正等将车削的 AZ31 屑在 400℃保温 1h 后，直接在 45∶1 的挤压比下挤压成棒，随后又将棒再次车削成屑，再进行上述步骤，这样反复进行 1～5 次。结果由于反复循环使位错密度增加，晶粒组织也发生了严重变形并且弥散的氧化相进一步阻碍了晶粒的长大；韩国仁和大学李斗勉等研究固相再生 AZ91D 镁合金的组织和力学性能，发现挤压比在 25∶1

以上，屑与屑之间完全熔合，试样室温拉伸强度为 339MPa，延伸率为 10%。抗拉强度和延伸率随着挤压比的增大而增大，随着模角的增加而减少。

H. Watanabe 等利用固相再生工艺再生 AZ31 镁合金屑，晶粒细化达 $5\mu m$，研究了材料在 $350\sim430℃$ 超塑性，试样的抗拉强度达 300MPa，延伸率达 10%。Yasumasa Chino 等采用固相再生方法再生 Mg－Al－Ca 合金，挤出温度为 400℃，挤压比为 45:1，形成等轴状细晶粒，晶粒尺寸为 $7.0\mu m$，晶粒中有 Al_2Ca 和 Al_2Sr 析出相，再生的合金室温抗拉强度能达到 348MPa，屈服强度能达到 305MPa，延伸率达到 9%，高于铸态 Mg－Al－Ca 合金的力学性能，析出相的均匀分布使合金表现出较好的力学性能。

华南理工大学刘英等采用固相再生方法再生 AZ80 镁合金屑，将回收的屑先进行热压，然后进行热挤。热压的温度为 225℃，保温 5min，压力为 200MPa；热挤温度为 350℃，挤压比为 25:1，压力为 410MPa。挤出镁合金试样在室温下抗拉强度达 285MPa，延伸率达 6%，固相再生过程中晶粒得到充分细化，力学性能比铸造 AZ80 镁合金高 70%。AZ80 镁合金屑经过热压后，屑与屑之间被压实在一起，屑的表面会发生破碎、分离、咬和等现象，形成少量新的结合面，这时的结合并不是冶金结合，屑与屑之间含有大量的空洞、裂缝等缺陷，彼此之间可以明显区分。热挤过程中提供较大的剪切力作用，形成大量新的结合面，结合强度较高。同时指出了后续的热处理可以进一步提高 AZ80 镁合金的力学性能，抗拉强度和延伸率分别可达到 310MPa 和 15%。

哈尔滨理工大学吉泽升等研究了 AZ91D 镁合金边角料固相再生的最佳工艺，给出了 AZ91D 镁合金边角料蚀洗工艺。采用间接挤压工艺时，挤压温度为 450℃，晶粒尺寸均匀，块与块之间结合较好，抗拉强度和延伸率分别达到 350.24MPa 和 11.82%。挤压比达到 25:1 以上时，晶粒不仅变得细小，而且没有出现未打碎的结合面；随着挤压比的增大，试样抗拉强度增大，挤压比 40:1 时，抗拉强度达到 378.05MPa。采用直接热挤法的研究表明，与相同条件下间接挤压相比，试样的抗拉强度和延伸率均降低。

 习　题

1. 简述静液挤压技术的优点及不足之处。
2. 根据图 5.4 简述铜扁线连续挤压的工艺流程。
3. 对比不同摩擦方式对挤压流动行为的影响。
4. 连续 ECAP 工艺有哪些？
5. 简述半固态成形的工艺原理。
6. 举例说明特殊挤压成形技术特点及应用领域。

第 6 章

摆动辗压

本章教学要点

知识要点	掌握程度	相关知识
摆动辗压成形的原理及特点	掌握摆动辗压成形的原理及适用场合	连续累积成形的塑性变形特点，主要适用范围
工艺参数确定	熟悉摆动辗压成形的主要工艺参数 掌握各工艺参数的确定方法	接触面积率、摆辗力、每转进给量、摆头倾角、摆头转速、压力能的计算
加载方式对金属流动的影响规律	掌握摆动辗压成形常用的加载方式 了解加载方式对应力应变的影响	摆辗的加载方式、应力应变速率、变形分区
摆动辗压成形模具	了解摆动碾压模具的设计原则	摆辗模具的受力特点、模具设计

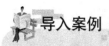

导入案例

烧结-摆辗双金属止推轴承制造

在各种转动机构中径向加止推一体滑动轴承（又称向心推力双金属滑动轴承）主要指圆筒形的止推轴套（图 6.1），它是机器上最普通和最重要的零件之一，在机械工业中使用极其广泛。

图 6.1　烧结双金属整圆翻边止推轴套

以工程机械轴套为例，目前，用烧结双金属止推环与卷制的套筒经摩擦焊接制造止推轴套已经是这种轴承的主流制造技术。近半个世纪以来各国一直在为制造止推轴套如何能节能节材而努力着，如：1970 年美国发明的惯性摩擦焊，目的之一就是节省用电，但材料没省；日本一家企业为节省铜合金，采用在冲制的钢环上布粉，烧结后用大吨位冲床致密铜合金，这样材料利用率提高了，但是要用 800t 冲床，又加大了设备投入。在第三次止推轴套的近净成形制造技术（烧结-摆辗技术），最终实现了钢材和铜合金的利用率都达到了近 100%，实现了径向加止推一体滑动轴承制造技术的重大突破。

双金属止推轴套的近净成形制造成功，标志着初步地、全面地实现了烧结双金属滑动轴承的摆辗成形制造技术。使滑动轴承的制造多了一条供选择的工艺路线。用烧结-摆辗技术制造双金属滑动轴承，突破了传统和现有烧结双金属滑动轴承毛坯成形加工技术的旧模式，开创了一种具有自主知识产权的滑动轴承制造新模式。这种烧结加机电-液一体的摆辗技术不仅能节材、便捷、高效的制造各种滑动轴承，还解决了业内一些专项产品，如超大尺寸、超厚衬背和异型双金属轴承大工业性生产的技术难题，其综合的经济、技术、社会效益突出，应不失时机创建一种中国的烧结-摆辗双金属滑动轴承制造产业。全面实施和产业化后将为建设资源节约型社会做出一定的贡献。

> **资料来源**：http://club.fenmoyejin.com/showbbs_p1_94_6106_1.html.

6.1　摆动辗压的原理及特点

6.1.1　摆动辗压的原理

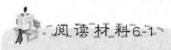

摆动辗压工艺的简介

摆动辗压是 20 世纪 60 年代才出现的并迅速发展起来的一种新的金属塑性成形方法。但摆动辗压的基本思想早在 20 世纪初就有了萌芽。1906 年，美国 E.E.Slick 发明了一种 Slick 轧机，该机便可视为摆动辗压的雏形。1929 年，英国 Massy 公司的创始人 H. F. Massy 首先提出了摆动辗压法的研究。随后，由于种种原因，摆动辗压法的研究陷入一种无人问津的窘境而一度停止。直到 20 世纪 60 年代中期，世界各国对消除公害、保护环境、节约能源加以重视，在这种背景下，Massy 公司又再度开始研究摆辗法，并于 1966 年制造和安装了世界第一台摆动辗压机。随后，各国在摆动辗压机的结构方面引进了一些独特而又新颖的构思，拓展了摆动辗压新工艺的应用范围。

📖 资料来源：李云江. 特种塑性成形. 北京：机械工业出版社，2008.

所谓摆动辗压是指上模的轴线与被辗压工件（放在下模）的轴线（称主轴线）倾斜一个小角度，模具一面绕主轴线旋转，一面对坯料进行压缩，这种连续累积的成形方法称为摆动辗压，简称摆辗。

摆动辗压件成形的基本原理如图 6.2 所示。

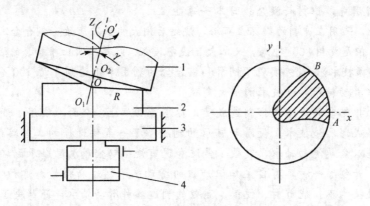

图 6.2　摆动辗压工作原理示意图
1—上模；2—毛坯；3—滑块；4—液压缸

摆动机构带动上面的上模 1 沿毛坯 2 表面连续摆动滚动，液压缸 4 不断推动滑块 3 把毛坯送进加压而达到整体成形，上模轴线 OO' 与机身轴线 Oz 的夹角 γ 称为摆角。可见，摆辗成形是连续局部成形。在摆辗成形过程中，上模母线相对于工件轴线作螺旋运动。若上模母线是一直线则工件上表面为一平面，若上模母线为一曲线，则工件表面也可相应获得一定的曲面形状，下模和一般锻压成形模具基本相同。为使上模简单，模具设计时希望复杂的一面放在下模内。

摆动辗压件成形的主要特点是：模具与工件局部接触，接触面积小，偏心加载，顺次加压、连续成形；单位压力小而且工件上下接触面上分布规律不同。

6.1.2　摆动辗压的特点

摆动辗压成形的特点如下。

1. 优点

（1）省力。因为摆动辗压是以局部变形代替一般锻压工艺的整体成形，因此摆辗所需变形力小，即所用的设备吨位小。视工件复杂程度不同，摆辗力为常规锻造力的 1/5～1/20。

（2）成形时不易开裂，产品质量好。采用摆辗成形时工件精度高，表面粗糙度低。若模具制造的精度高，而且进行了抛光，其垂直方向的尺寸精度可达 0.05～0.2mm，表面粗糙度可达 $Ra0.4～0.7\mu m$。由于摆动辗压过程是多次变形累计而成，所以变形比较均匀，工件侧面不易产生裂纹，辗压钢件时的极限变形比普通工艺方法增大 10%～15%。

（3）摆动辗压特别适合薄盘类零件成形摆动辗压特别适合压制薄饼、圆盘、汽车半轴的法兰、火车用勾舌头部等零件。这主要因为当锻件很薄时，由于摩擦力的影响，普通锻造方法所需要的压力可能等于模具材料的强度极限而造成无法加工。而采用摆动辗压成形的方法，由于模具和坯料之间由滑动摩擦变为滚动摩擦，摩擦系数大大降低，所以所需要的轴向压力比一般锻造方法要小得多，而且坯料越薄，差别越大。

（4）机器的噪声及振动小，改善工作环境，易实现机械化和自动化，降低劳动强度。

（5）设备投资少，制造周期短，见效快，占地面积小，基建费用低。

2. 缺点

（1）需要制坯。摆辗成形是偏心加载经多次累积变形使毛坯整体成形，毛坯的高径比不能太大。否则，不但效率低，而且也易产生"蘑菇头"形，造成折叠缺陷。

（2）摆辗机结构较为复杂，机架刚度要求较高。工作时，机架反复的受偏心载荷作用，所以其刚度要求较一般液压机高。同时，对于滚珠轴承式摆头，其轴承寿命也较短。

6.1.3 摆动辗压的适用范围

根据加工对象的不同，摆动辗压工艺主要用在以下几个方面：

（1）摆辗锻造。主要成形各种盘饼类、环类和带法兰的长轴类零件，如法兰、齿轮坯、铣刀坯、碟形弹簧坯、汽车后半轴、扬声器导磁体、各种伞齿轮和端面齿轮等。

（2）摆辗铆接。摆辗铆接是摆动辗压技术领域的一个分支，它与液压铆接、气动铆接相比，具有省力、无噪声、无冲击、铆接质量好等优点。它既可以用于固定铆接，也可以实现活动铆接。目前，摆动铆接已经广泛应用于五金、建筑、机械、电器等生产部门，是一种非常有前景的铆接新技术。

（3）粉末摆辗。粉末摆辗是以粉末烧结体做预制坯，经摆辗成形并提高制品的致密度以制造各种制品的新技术。粉末摆辗的基本特点是在辗压过程中，制品不仅产生几何形状的改变，而且同时也产生较大的体积变化。

（4）摆辗精冲。摆辗精冲是对板材轮流局部施力以达到小行程累积式连续冲裁的一种特殊的精密冲裁工艺。

此外，摆动辗压还可以用于翻边、缩口和挤压等工艺。摆动辗压所能完成的典型工艺如图 6.3 所示。

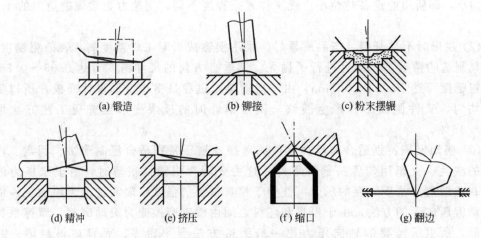

(a) 锻造　　　　　　(b) 铆接　　　　　　(c) 粉末摆辗

(d) 精冲　　　　(e) 挤压　　　　(f) 缩口　　　　(g) 翻边

图 6.3　摆动辗压所能完成的典型工艺

6.2　摆动辗压工艺参数的确定

6.2.1　接触面积率

工件与模具间的接触面积率是摆动辗压工艺中的一个极其重要的工艺参数，摆辗过程中的许多问题都与它有着密切的关系，其含义是指摆头与工件的接触面积与总变形面积的比值，通常以 λ 表示。到目前为止，世界上已有许多学者对它进行了理论推证和试验研究。由于求解结果比较复杂，一般均给出简化公式。应用较多的有波兰的马尔辛尼克和日本的久保胜司给出的简化公式。

马尔辛尼克给出的简化公式为

$$\lambda = 0.45\sqrt{\frac{S}{2R\tan\gamma}} \tag{6-1}$$

式中：S 为每转进给量(mm)；R 为工件变形半径(mm)；γ 为摆头倾角(°)。

久保胜司给出的简化公式为

$$\lambda = 0.63Q^{0.63} \tag{6-2}$$

式中：Q 为相对进给量，$Q = S/2R\tan\gamma$。

6.2.2　摆辗力

摆辗力是选取摆辗设备的主要参数之一。计算摆辗力的公式像计算接触面积率的公式一样都比较多，主要有以下几种：

马尔辛尼克给出的简化公式为

$$P = k\lambda\pi R^2\sigma_s(\text{N}) \tag{6-3}$$

式中：λ 为接触面积率；R 为工件最大半径(mm)；k 为模具限制系数，一般为 1.5～2.0；

σ_s 为材料的屈服极限（MPa）。

同时还给出了考虑材料加工硬化的摆辗力计算公式为

$$P = k\lambda\pi R^2 c\phi^n \qquad (6-4)$$

式中：c、n 为与材料有关的常数；ϕ 为轴向平均对数应变。

马尔辛尼克的公式形式简单，计算方便，在实际生产中应用较广，但 k 值的选取不易准确掌握，一般应由试验和经验确定。

6.2.3 每转进给量

每转进给量为摆头旋转一周坯料在机器主轴方向上的进给量，常以 S 表示。每转进给量的大小直接影响到设备的吨位、电动机的功率以及产品的质量等。若每转进给量过大，则接触面积增大，要求设备的吨位也随之增大，同时电动机的功率也相应增加；若每转进给量过小则生产力偏低，模具寿命短，且变形也不均匀。最小的 S 值按下式计算：

$$S_{\min} = \frac{H^2}{4R}\tan\gamma \qquad (6-5)$$

式中：$S_{\min}$ 为每转最小压下量（mm）；H 为辗压后工件的高度（mm）。

在设备吨位允许的情况下，应尽量增大 S 值，一般 S 的选取应使 $\lambda = 0.20 \sim 0.23$ 为宜。

6.2.4 摆头倾角

摆头倾角是指锥形摆头轴心线与机器主轴中心线的夹角，常以 γ 表示。摆头倾角的大小不仅直接影响着生产的效率，也影响着设备的吨位和产品的质量等。摆角过大，则金属横向流动较快，易产生蘑菇头形，下模成形不好；若摆角过小，则要求设备吨位大，失去了摆辗工艺省力的突出优点。

辗压方法不同，摆角 γ 的选法也不相同。冷辗时，由于变形抗力较大，一般选取较小的摆角，通常 $\gamma = 1° \sim 2°$；热辗时，由于变形抗力较冷辗时小十几倍，一般选取较大的摆角，γ 常取 $3° \sim 5°$；铆接时为了加快金属径向流动，γ 常取 $4° \sim 5°$。

6.2.5 摆头转速

摆头转速是指锥形上模摆头在驱动电动机的带动下每分钟的转数，常以 n 表示。它不仅影响到设备的生产率，还影响着电动机的功率。摆头转速越高，则生产力越高，同时电动机的功率也越大，反之，则结果相反。一般摆头的转数常取 $30 \sim 300 \text{r/min}$，目前国际上有增大转速的趋势。

6.2.6 压力能

要实现摆辗工艺必须要消耗一定的力量和的能量，也就是要选择一台合适的摆辗机，为此要进行摆头电动机功率的计算。这里仅介绍一种常用的计算方法，详细的可参见有关文献。

摆头电动机功率是摆动辗压设备的主要参数之一，摆头电动机功率计算如下：

$$P=127.5\times10^{-8}\frac{Fn}{\eta}\sqrt{DS\cos^{-1}\left(1-\frac{2s}{D\tan\gamma}\right)} \qquad (6-6)$$

式中：P 为摆头电动机功率(kW)；F 为设备的实际吨位(kN)；n 为摆头实际转数(r/min)；γ 为摆头倾角(°)；D 为工件最后直径(mm)；S 为工件每转进给量(mm)；η 为传动部分总功率。

该式适用于接触面积小于 1/4 圆的情况，是粗略的计算电动机功率的一种方法。

6.3　加载方式对金属流动的影响

在金属塑性成形过程中变形不均匀性是普遍存在的。不仅工艺参数，如坯料形状、加载方式等对变形都有影响，特别是加载方式(整体加载、局部加载)往往是决定坯料内部应力应变特征的分布。

局部加载是锻造成形过程中最为普遍的现象，绝大多数塑性成形工序都可以归结在局部加载范围。局部加载是指坯料的局部区域直接承受外部载荷或与模具相接触。局部加载的这一基本特性决定了虽然其不同工序各自的应力、应变状态、变形流动情况不尽相同，但由于它给出了使坯料成形为锻件最重要的外部能量形式，就必然使其各工序变形体内部的力学特性具有某些内在的联系和本质的规律性。深入研究沿加载方向上应力分布规律对于完善塑性成形理论及指导生产实践均具有重要意义。圆柱坯料开式摆碾是典型的局部加载成形工艺之一，因此，下面以此为例进行详细介绍。

6.3.1　圆柱摆动辗压模型

图 6.4 所示为高径比为 1.11 的圆柱坯的摆动辗压有限元模型，其中，上模和下模均设为刚体，坯料设为刚塑性线性硬化材料并采用四面体单元进行了网格划分，忽略变形中的温度效应。摆头的运动通过其绕机器主轴的公转和绕自身轴线的自转以及沿机器主轴向下平动的合成来实现，下模则保持静止状态。这样，该有限元模型的运动方式就可与实际的摆辗相一致。

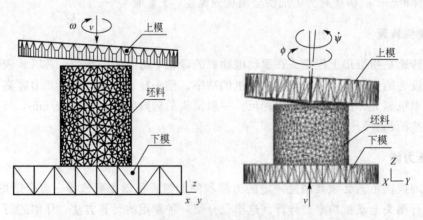

图 6.4　圆柱件摆辗工艺有限元模型

摆辗工艺参数包括：坯料尺寸为 $\phi45\text{mm}\times50\text{mm}$ ，每转送进量为 0.7mm，摩擦系数 m 为 0.1，材料为纯铅，摆头倾角 γ 为 $3°$，摆头转速 n 为 298r/min。在试验中，采用这样的工艺参数，工件外形为上下大、中间小的滑轮形。模拟结果与试验一致，下面通过分析不同横断面上的应力、应变情况，分析该工件的成形机理。该工件的压缩率为 23.5%，摆头摆动的转数为 16.77。图6.5所示为摆头运转8转时工件的外形以及下面将着重分析的横断面的位置。

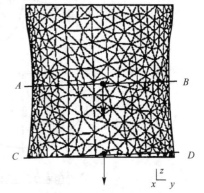

图6.5 横断面位置示意图
（*AB*—腰部；*CD*—底部）

根据模拟所得的不同区域内典型点处应力、应变速率的代数值，获得了不同部位的主应力 σ_1、σ_2、σ_3 以及主应变速率 $\dot{\varepsilon}_1$、$\dot{\varepsilon}_2$、$\dot{\varepsilon}_3$ 的排序和方向。摆头运转8转时，工件上表面、腰部和底部横断面的应力、应变速率状态如图6.6所示。

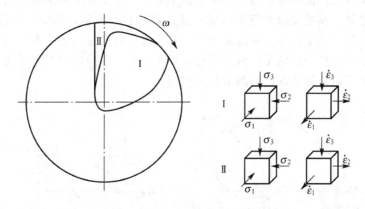

图6.6 工件上表面、腰部和底部横断面的应力、应变速率简图

6.3.2 应力、应变速率分析

1. 工件上表面的应力、应变速率状态分析

图6.6为工件上表面的应力、应变速率简图，主要塑性变形区的应变速率状态均为轴向缩短，径向和切向伸长，切向应变为第1主应变。其中，Ⅰ区为三向压应力区，Ⅱ区沿切向有很小的拉应力存在。变形最剧烈的部位在Ⅰ区入口端 $0.5R$ 处（R 为工件半径）。

2. 工件腰部横断面的应力、应变速率状态分析

图6.7为工件腰部横断面的应力、应变速率简图，Ⅰ区为双向拉应力区，即沿切向和径向均作用有很小的拉应力，切向的拉应力略大一些，因此，应变速率状态为切向伸长应变大于径向伸长应变。

Ⅱ区和Ⅲ区的应力状态为径向受拉、切向受压；应变速率状态为径向的伸长应变较大、切向伸长较小。与工件上表面相比，腰部变形区较小，等效应变速率的最大值出现在工件外缘处，其数值仅为上表面的 25%。

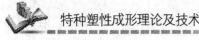

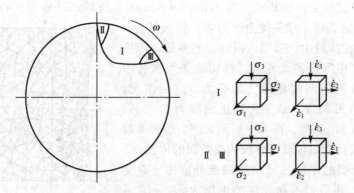

图 6.7　工件腰部横断面的应力、应变速率简图

3. 工件底部横断面的应力、应变速率状态分析

图 6.8 为工件底部横断面的应力、应变速率简图，与工件顶部的应力、应变速率分布有一定的相似之处。其主要塑性变形区的应变速率状态均为轴向缩短，径向和切向伸长，并且切向的伸长较大。Ⅰ区为三向压应力区，Ⅱ区沿切向有拉应力存在。与上表面不同的是，在工件与下模的接触区域中，沿工件外侧均作用有切向拉应力，这是由于Ⅰ区的变形较为剧烈，形成了对外侧Ⅱ区的金属的拉伸作用。

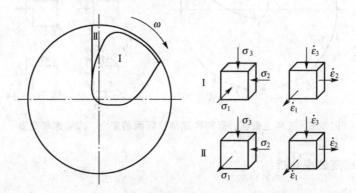

图 6.8　工件底部横断面的应力、应变速率简图

4. 各子午面分析

为分析工件内部金属的变形流动状态，取三个典型子午面，如图 6.9 所示。图中阴影区域为工件与上模的接触区，由于摆头在工件上表面沿顺时针方向辗过，所以图中 AB 子午面处于接触区出口端，CD 处于接触区中间，EF 处于接触区的入口端，箭头所指为剖视方向。

1）AB 子午面的应力、应变速率状态分析

在接触区出口端 AB 子午面上，塑性变形区的应变速率状态均为轴向缩短，径向和切向伸长，应力状态则在各个区域内有所不同。

图 6.10 所示给出了不同区内典型点处模拟所得的应力、应变速率数值，然后根据其代数值大小将应力排序为 σ_1，σ_2，σ_3。

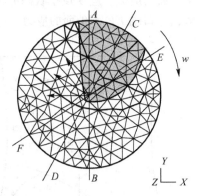

图 6.9　子午面位置示意图

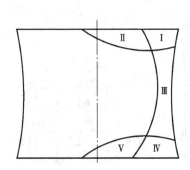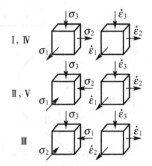

图 6.10　出口端 *AB* 子午面上的应力、应变速率简图

此时工件上、下端塑性变形区均较大，Ⅰ区、Ⅱ区、Ⅳ区和Ⅴ区都以切向伸长为主，径向伸长为辅，不同之处在于Ⅰ区和Ⅳ区沿切向受拉应力，Ⅱ区和Ⅴ区则处于三向压应力状态。Ⅴ区为径向伸长略大于切向伸长，这是由于Ⅲ区位于工件外侧，径向压应力非常小。工件下端Ⅳ区和Ⅴ区为变形最剧烈的部位，其切向和径向应变速率相近。由于工件上下端面从心部到边缘均为塑性变形区，而腰部的变形区仅局限于工件外缘的一个非常狭窄的区域，同时，腰部Ⅲ区的等效应变速率仅为上下端面的 30％ 左右，因此，工件上、下端部尺寸变化远大于腰部。

2）摆辗过程 *CD* 子午面应力、应变速率状态分析

利用与处理 *AB* 子午面相同的方法，可获得 $\omega \cdot t = 16\pi$ 时工件接触区中间 *CD* 子午面的应力、应变速率分布，如图 6.11 所示。其中，Ⅰ区和Ⅱ区的应力、应变速率状态相似，均受三向压应力；Ⅲ区沿切向和径向均作用有少量拉应力；Ⅳ区和Ⅴ区的状态相似，均沿切向受很小的拉应力，沿径向受压应力。各区变形均为切向的伸长应变大于径向。其中，Ⅳ区和Ⅴ区的材料变形最为强烈，应变速率较大，且径向应变速率约为切向应变速率的 60％，而处于工件腰部的Ⅲ区的应变速率则很小，其深度略大于出口端相应区域，但与上、下端的变形区相比仍很狭窄，说明工件腰部在接触区中间 *CD* 子午面上的变形量也小于上、下端。

3）*EF* 子午面的应力、应变速率状态分析

工件接触区入口端 *EF* 子午面的应力、应变速率状态如图 6.12 所示。

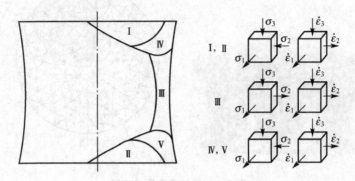

图 6.11　接触区中间 *CD* 子午面的应力、应变速率简图

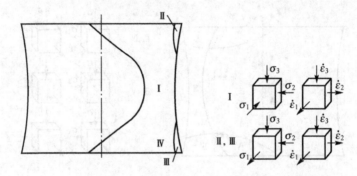

图 6.12　接触区入口端 *EF* 子午面的应力、应变速率简图

其中，大部分变形区受三向压应力（Ⅰ区），仅工件上下边缘部分沿切向作用有很小的拉应力（Ⅱ区和Ⅲ区），由图 6.13 可见，实际上Ⅱ区和Ⅲ区处于接触区外侧，由于接触区金属流动较剧烈，引起了外侧金属的少量变形。该断面上的应变速率状态均为轴向缩短，径向和切向伸长，且切向大于径向；变形最剧烈的位置在工件底部 0.75R 处（R 为相应部位的工件半径）。

由上述分析，可以获得摆辗成形过程中坯料的受力特征及变形规律：

（1）根据摆辗成形过程中载荷分布特征，可将坯料分为直接受力区和间接受力区两部分。当坯料较薄时，整个 A 区（直接受力区）金属受力情况大体相同，均处于塑性变形状态。而当坯料较高时，在实际生产中能够观察到蘑菇形变化，显然这是坯料上部塑性变形大，下部塑性变形小的缘故，此时，塑性变形主要表现为金属沿径向流动。

（2）利用应力应变规律的关键是局部塑性变形区的控制。因为，控制应力分布只是一个过程，最终要由变形获得合格的锻件。

（3）局部加载时沿加载方向应力的分布在影响加载时金属的变形流动中占主导地位。这一分布规律反映了压力加工领域中大多数成形工序坯料受力变形最一般的规律性，揭示出各工序之间内在和本质的联系及其不同工序产生变形流动不同结果的根本原因。

6.4 摆动辗压成形的模具

6.4.1 模具受力特点及材料

1. 模具受力特点

摆辗模具经常受到交变的偏心载荷作用，且中心处应力较大，与工件接触时间长，因此有如下特点：

(1) 热辗时模具中部受热时间长，温升高，可超过模具材料的回火温度，易被软化和压塌，使模具报废。

(2) 模具因受交变载荷作用，易产生疲劳破坏，特别是在凸台处易发生热疲劳而龟裂。

(3) 热辗时因多采用外部水冷，模具中心和表面温差较大，于是可产生较大热应力而使模具产生裂纹和断裂。

2. 模具材料

(1) 热辗模具材料。热辗模具材料有 5CrMnMo、5CrNiMo、3Cr2W8、3Cr2W8V、MA 和 D20 金属陶瓷材料及 GH135 高温合金。其中 MA 和 D20 材料制成的模具寿命可达 1 万～6 万件，后三种材料是制造热辗模具的好材料。

(2) 冷辗模具材料。冷辗模具材料主要有 Cr12MoV、Cr12、9CrSi 和 W18Cr4V 等。为提高冷辗模具寿命，锻造模块时要把碳化物充分打碎，同时注意热处理的质量，这样可大幅度提高模具寿命。

6.4.2 摆辗模具设计

根据锻压温度不同分为冷辗、温辗和热辗。然而模具设计的基本原理则是相同的，只是在温辗和热辗时要考虑热膨胀系数。模具设计步骤如下：

1. 锻件图的制定

(1) 确定机械加工余量和锻造公差。由于摆辗加工精度较高，加工余量和锻造公差可按曲柄压力机来选取。冷辗时可做到无余量辗压，锻造公差可取 0.03mm。

(2) 分模面的选择。摆辗模具有开式模和闭式模两类。由于摆辗件多为回转体，因此多数为闭式模。闭式模不需要切边工序；虽有纵向毛刺，但易去除；金属充满模腔容易；模具加工简单。但闭式模对坯料工序要求严格。闭式模分模面选在锻件最大轮廓尺寸的前端面，以便在锻件开模时不致固着在摆动凸模上。

(3) 锻模斜度。摆辗机均有致顶装置，而且顶料力较大，加之摆辗件高度较小，所以摆辗锻件斜度可取小一些，一般取 3°～5°。外壁斜度取小值，内壁斜度取大值。

(4) 锻件圆角半径。摆辗件圆角半径可参照机械压力机上模锻选取。

2. 摆辗模具结构设计

摆辗模具结构分为立式及卧式两种:

立式模具用在立式摆辗机上,它有摆动凸模和固定凹模组成。考虑到加工容易,锻件形状复杂的部分,特别是非回转体的部分,均在固定凹模中成形,而形状简单的部分放在摆动凸模内成形。

卧式模具用在卧式摆辗机上,适合辗压法兰、长轴类零件,工件取放比较方便。卧式模具由摆动凸模、活动凹模和固定凹模三部分组成。

摆辗模具结构还可分为整体式及镶块式两种。镶块式结构是将整体模具中最易磨损、最易损坏的部位如中心部分,用镶块取代,一旦模具磨损,只需要更换局部镶块即可,这样既可节省大量的贵重模具材料,又可节省大量的机械加工工时,使用方便,因而大幅度降低了模具成本。

3. 摆辗模膛设计

固定凹模模膛尺寸和形状均按锻件图上相应的尺寸和形状进行设计,而摆动凸模的中心线与机器主轴线相交一个摆角 γ,所以摆动凸模模膛尺寸和形状都要根据锻件图进行设计计算,这也是摆辗模具设计不同于一般锻模设计之处,具体特点如下:

(1) 首先要选好摆动模具的顶点,使其位于机器的回转中心上。即摆动模圆锥面的顶点 O 到模具安装面的距离 H 等于摆动中心到摆头模座地面的距离 H_1,即 $H=H_1$,如图 6.13 所示。这样位于基锥面(O)上的尺寸和锻件实际尺寸相一致,而其他面的尺寸,如 $H<H_1$ 时,所辗出的锻件直径尺寸就必然大于锻件图上相应的直径尺寸;当 $H>H_1$ 时,得到的锻件直径尺寸就一定小于锻件图上相应部位的尺寸。进行模具尺寸设计时,要根据不同位置对模具尺寸加以修正,以便得到合格的锻件尺寸。

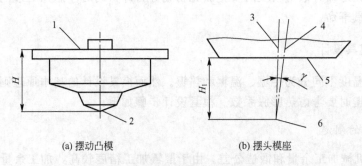

| (a) 摆动凸模 | (b) 摆头模座 |

图 6.13 摆动模具的安装位置

1—安装面;2—锥面顶点;3—凸模轴线;4—摆头中心线;5—模座地面;6—摆动中心

(2) 锻件图中锻件的轴线就是摆动模的轴线。锻件图上凡与轴线相垂直的各圆台阶平面,在摆动模中都必须设计成台阶式的圆锥面。其圆锥角均为 $180°-2\gamma$,如图 6.14 所示,γ 为摆角。锻件图中直径最小的回转平面的中心 O,在摆动模中要将其设计为圆锥面的顶点 O'。

圆锥母线长度等于各圆台平面的半径。圆锥底面的直径为

$$D_{mn}=D_{dn}\cos\gamma\pm2H_{dn}\sin\gamma \tag{6-7}$$

式中:D_{mn} 为摆动模圆锥底面的直径;D_{dn} 为锻件图中各圆台平面直径;H_{dn} 为锻件图中两相邻圆台平面间的高度;γ 为摆角。

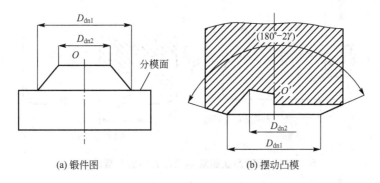

(a) 锻件图　　　　　　　　　(b) 摆动凸模

图 6.14　锻件图与摆动模对应关系

当锻件的平面在回转中心之上时，取"－"号，在回转中心之下时取"＋"号。当 $H_{dn}=0$ 时，$D_{mn}=D_{dn}\cos\gamma$。

（3）锻件图上的高度尺寸 H_{dn} 是摆动凸模型腔相应的深度尺寸 H_{mn}，如图 6.15 所示，即 $H_{dn}=H_{mn}$。

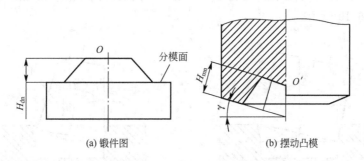

(a) 锻件图　　　　　　　　　(b) 摆动凸模

图 6.15　摆动凸模型腔深度的确定

（4）摆动凸模斜度与锻件斜度的关系，如图 6.16 所示，斜角在基面 O 之上，即

$$\beta_{omn}=\beta_{idn}-\gamma \tag{6-8}$$

$$\beta_{imn}=\beta_{odn}+\gamma \tag{6-9}$$

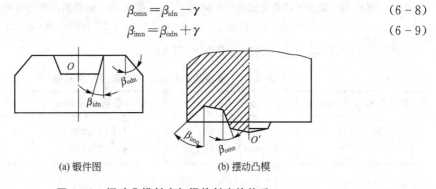

(a) 锻件图　　　　　　　　　(b) 摆动凸模

图 6.16　摆动凸模斜度与锻件斜度的关系

式中：β_{omn}、β_{imn} 为摆动凸模的外侧、内侧斜度；β_{odn}、β_{idn} 为锻件的外侧、内侧斜度；γ 为摆角。

（5）摆动凸模圆角半径和锻件图中圆角半径相等，即 $R_{mn}=R_{dn}$，但它的圆心要增加一个偏移量 e，如图 6.17 所示，e 按式(6-10)计算：

$$e=H_{dn}\sin\gamma \tag{6-10}$$

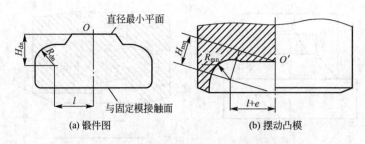

图 6.17　摆动凸模圆角半径及圆心偏移量的确定

(6) 摆动凸模与固定凹模间的间隙确定。摆动辗压多采用无飞边闭式辗压成形，摆动模应进入固定模中一小部分。这样既不会产生过大的纵向飞边，同时也便于安装。因此固定模与摆动模之间要有适当间隙。如间隙过大，则纵向飞边加厚，不易去除；间隙过小，热辗时摆动模易卡死。同时要考虑摆动凸模外部形状的不同，在固定凹模上应留有相应的锥角。如摆动凸模外形为圆柱形时，固定凹模与摆动凸模相对应部分应成斜度为 γ 的锥孔，如图 6.18 所示。当摆动模外形为 $180°-2\gamma$ 时，固定凹模与摆动模相配合部分做成 $\gamma/2$ 的锥孔，如图 6.19 所示。

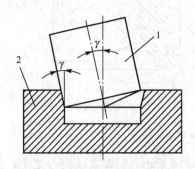

图 6.18　圆柱形凸模与凹模间的锥角
1—摆动凸模；2—凹模

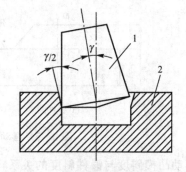

图 6.19　倒锥形凸模与凹模间的锥角
1—摆动凸模；2—凹模

摆动凸模与固定凹模间的配合间隙见表 6-1。

表 6-1　摆动凸模与固定凹模间的配合间隙

锻件公称直径/mm	间隙/mm	锻件公称直径/mm	间隙/mm
$\phi80\sim\phi120$	$0.20\sim0.40$	$\phi180\sim\phi280$	$0.65\sim0.95$
$\phi120\sim\phi180$	$0.40\sim0.65$	$\phi280\sim\phi390$	$0.95\sim1.20$

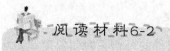

阅读材料6-2

国外摆辗技术的发展现状

英国早在 20 世纪 20 年代就开始从事摆辗研究工作，但直到 1966 年才制造和安装了一台 700kN 摆辗机，能加工直径 $\phi100\text{mm}$ 的工件。于 1972 年，又制造出供生产用的摆辗机。第二年，在此基础上建立了一条全自动的摆辗生产线。该生产线由振动送料装置、电感应加热器，150 型摆辗机、自动送料装置、切边机等五部分组成。该系统内有模具自动润滑、综合冷却系统和一个用电子控制的具有保护全部动作失效的保险装置。机器的定位和操作通过一个中心控制台来实现，可给出最佳变形速度和各种参数。这条自动生产线可加工 10lb(1lb＝0.45359237kg) 重的锻件，每小时生产 600 件，只需 2～3 人。模具材料为 UHB368，800℃ 进行温辗，模具寿命可达 10000 件，每套模具可返修 5 次。润滑是通过一系列喷嘴进行定时喷雾来实现的。英国马赛公司先后生产了 6 条 150 型摆辗生产线，其中，4 条生产线销到国外，2 条生产线在国内使用，用于生产各种汽车零件。

波兰第一台摆辗机问世比英国晚，但波兰在摆辗研究和实际应用方面均比英国发展得快。他们已先后制造了几百台摆辗机供应国内外市场，目前几乎大多数从事摆辗研究和生产的国家都从波兰进口过摆辗机。他们生产的摆辗机主要有 1600kN、2000kN 两种（型号 PXW-100、PXW-200）。该机特点是参数可调，对于不同产品可随意更换不同的摆辗轨迹。波兰用该机加工出各种形状复杂的零件，如带齿形的各种齿轮等。模具寿命可达 10000～30000 件。

瑞士早在 1969 年就研制了摆动铆接机。它们的特点是自动化、标准化程度高，可全部用电子控制，产品质量好，操作方便，备有各种附件。瑞士史密特公司于 1981 年在巴拿马博览会和汉诺威欧洲机床展览会上展出了该公司生产的带上、下料装置的全自动摆辗机(T-200 型)。后来瑞士华嘉有限公司又制造出 T-630 型摆辗机。

日本、美国、苏联等国家也都对摆动辗压研究工作很重视。日本现已有 300kN、1000kN、1200kN、1600kN、2000kN 和 2500kN 多种规格摆辗机。美国于 1973 年从波兰进口了摆辗机，以后又陆续进口了十几台，随后开始了大量的研究工作，底特律 VSI 公司用摆辗机为福特汽车公司生产汽车零件。前苏联从事摆辗研究工作较早，全苏锻压分会下设有局部加载塑性成形方法研究委员会。

➡ 资料来源：韩大华，赵立. 摆动辗压技术，江苏机械制造与自动化，2000.4.

 习 — 题

1. 简述摆动辗压的工作原理。
2. 解释下列术语的含义：
   接触面积率、摆头倾角、压力能。
3. 试列举摆动辗压的优缺点及适用范围。
4. 简述摆辗模具的受力特点。

第7章
板材成形

 本章教学要点

知识要点	掌握程度	相关知识
充液拉深	掌握充液拉深的原理及特点 熟悉充液拉深的工艺参数	充液拉深的工艺原理、特点及新技术 主要工艺参数的确定
内高压成形	掌握内高压成形的原理及特点 熟悉内高压成形的应用概况	内高压成形的原理及技术优势 内高压成形的发展趋势
聚氨酯成形、粘性介质成形	掌握两种柔性成形工艺的原理及特点 了解两种柔性成形的应用	两种柔性成形的作用方式及关键技术 柔性成形的应用实例
多点成形	掌握多点成形的原理及特点 了解多点成形的工艺过程	多点成形原理、特点及设备 多点成形的作用方式及缺陷形式
数控增量成形、激光成形、高强钢热成形	熟悉三种板材成形的原理 了解三种板材成形的工艺过程及应用领域	三种板材成形的工艺原理及特点 实施方式及典型应用实例

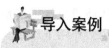

导入案例

开天辟地的新技术——无模胀球

自 1910 年美国建成世界第一个球罐以来，在 80 多年的时间里，世界各国建造球罐采用的工艺均是在压力机上利用模具把平板加工成双曲率球瓣，再由球瓣组焊成球罐。传统工艺需要大台面压力机和模具，制造工艺复杂，生产周期长，成本高，因此，在一定程度上限制了球罐的广泛应用。

针对上述问题，1985 年哈尔滨工业大学王仲仁教授发明了一种球罐建造的新方法——球形容器整体无模胀形工艺，并获得第 36 届尤里卡国际发明博览会金奖，受到了国内外学者专家的重视，被认为是球罐建造工艺的重点变革。美国机械工程师杂志 1990 年 7 月报道了第 18 届北美加工研究会(NAMRC)上的 5 项新成果，无模胀球被列为其中之首。该工艺自问世以来，经过多年的研究，该技术推广应用于球形水塔制造，特别是球形液化气储存罐的制造和众多球形建筑装饰的研制。无模胀球的实例如图 7.1 所示，该技术先后获得国家发明四等奖及国家科技进步二等奖。

(a) 北京奥林匹克中心的不锈钢抛光球(直径4m)　　　(b) 200m³液化石油气储罐(直径7.1m)

图 7.1　无模胀球的实例

资料来源：王仲仁. 研究生指导与学位论文写作实例分析. 北京：高等教育出版社，2008.

7.1 充 液 拉 深

7.1.1 原理及特点

板料成形在汽车、飞机、仪表等制造业中，有着广泛的应用。随着航空航天工业的高速发展，对零部件提出了轻量化、高精度、低消耗的要求，使得铝镁合金等轻质合金板料得到了广泛应用。但是，这些材料塑性低、成形性能差成为其加工成形的瓶颈。与传统成形工艺相比，板料液压成形技术因工艺柔性高，既能保证质量，又可降低成本和缩短试制周期，且一次变形量大等优点使其成为铝镁合金等难成形轻质板材零件提高成形极限的有效途径之一。

板材的液压成形可分为两种，即充液拉深成形和液体凸模拉深。液体凸模拉深工艺是以高压液体代替刚性凸模作为传力介质，使板坯在高压液体传力介质的压力作用下屈服变形，进入凹模，最终贴靠凹模实现金属板材零件的成形。

充液拉深成形工艺则正好相反，采用液体作为传力介质代替刚性凹模传递载荷，使坯料在传力介质压力的作用下贴靠凸模，以实现金属板材零件的成形。

1. 工艺原理

充液拉深成形的工艺原理如图 7.2 所示，其基本成形过程如图 7.3 所示。先启动液压系统，使流体介质充满液压腔至凹模面，将板料放置在凹模面上，如图 7.3（a）所示，启动压边控制，合模并由压边圈向板料施加压边力，如图 7.3（b）所示；将凸模压入凹模时，通过自然增压或液压系统在液压室内建立起压力，将板料紧紧压贴在凸模上。充液拉深过程中凸模与板材之间建立起有益的"摩擦保持效果"，在板料与凸模间产生很大的单位面积摩擦力，从而减小了板材所受的径向拉应力，这个摩擦力将负担一部分甚至全部成形力直至成形结束，如图 7.3（c）、（d）所示。法兰区液体由于液室压力的作用，强行从凹模面与板料之间溢出，形成流体润滑状态，降低了板坯法兰部分与凹模之间的摩擦，使法兰区的板料容易流入到凹模中。充液拉深工艺提高了板材的成形极限，最终成形件表面质量好、精度高。

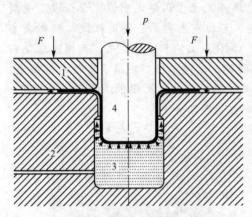

图 7.2 充液拉深示意图
1—压边圈；2—凹模；3—液压室；4—凸模

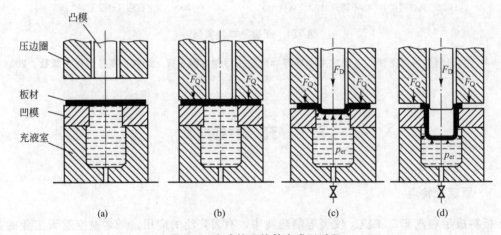

图 7.3 充液拉深的基本成形过程

图 7.4（a）所示是液压力润滑拉深法。成形过程中高压液体从凹模与板坯之间流出，形成了流体润滑效果。该工艺方法大幅地减小了板料法兰区与凹模面之间的摩擦阻力，但缺点是液室压力不易控制。图 7.4（b）所示为法兰密封拉深法，充液室液体无法稳定溢出，不能得到流体润滑效果，该工艺方法的优点是用溢流阀可任意控制液室压力。

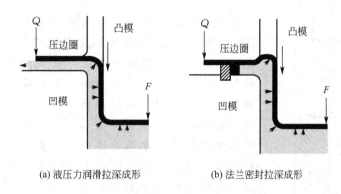

(a) 液压力润滑拉深成形   (b) 法兰密封拉深成形

图7.4 不同形式充液拉深成形示意图

2. 工艺特点

与传统拉深成形相比，充液拉深成形工艺具有以下特点。

(1) 由于反向液压的作用，使板料与凸模紧紧贴合，产生"摩擦保持效果"，缓和了板料在凸模圆角处的径向应力，提高了传力区的承载能力，从而提高了成形极限。

(2) 成形件满足轻量化要求。强度高，材料利用率高，回弹小，残余应力低。节省工序，减少了拉深次数，一般只需一个拉深道次，减少了中间成形工序及退火等耗能工序。

(3) 尺寸精度高，表面质量好。液体从坯料与凹模上表面间溢出形成流体润滑，利于坯料进入凹模，零件的外表面不与刚性凹模接触，在油压保护作用下，零件的表面不易划伤，表面质量好，尤其适合表面质量要求高的板材零件成形。

(4) 成本低。可单道次成形形状复杂的零件，而传统冲压成形则需多道次拉深才能实现，减少了多工序所需的模具，降低了生产成本。

充液拉深成形的不足在于其专用设备比一般冲床复杂、昂贵。由于充液需要时间，每分钟的冲压次数较少、生产率低。所以，充液拉深适用于生产批量不大，质量要求较高的深筒形、锥形、抛物线形等复杂曲面零件的成形。

3. 充液拉深新技术

充液拉深技术不断发展并日益成熟，出现了很多新的工艺方法。常规充液拉深成形时，过大的液室压力会导致零件成形初期悬空区的起皱与破裂，因此，靠单纯增大液室压力来增强摩擦保持效果，增大成形极限的效果是有限的。由此，在充液拉深基础上又发展了正反加压充液拉深成形技术，就是在成形坯料上表面施加液压力，在双面流体润滑效果及摩擦保持效果的联合作用下，降低拉深成形危险断面(传力区)的径向拉应力，从而进一步提高板材的相对承载能力，增大难成形材料零件的可成形性。

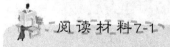阅读材料7-1

正反加压充液拉深成形技术

正反加压充液拉深成形原理是在成形坯料悬空区的上表面施加液压来配合刚性凸模

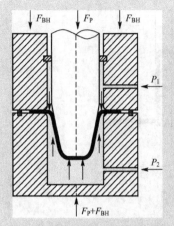

**图7.5 正反加压充液拉深成形
原理示意图**

进行充液拉深，图7.5为原理示意图。板坯上表面的压力可以部分甚至全部抵消充液室压力导致的反胀。这种拉深工艺尤其适合于成形过程中具有较大悬空区的锥形件等成形，允许施加更大的液室压力，显著地增强板料与凸模间的摩擦保持效果，抑制减薄，提高成形极限。其特点是由于正向压力的存在，改善了变形区受力情况，降低了传力区的负荷，从而增大了允许的变形程度。另外，由于板材上下两个表面都有液体，有很好的润滑状态，减小了法兰区的摩擦阻力，这也是促使变形程度提高的一个重要因素。正反两向液压力、摩擦保持效果及流体润滑效果三者共同作用，减小零件变形区的径向拉应力，缓解板坯危险区的过度减薄，从而提高成形极限。

正反加压充液拉深成形的工艺过程为：①把切好的板坯放置在凹模面上，准确定位；②凸模下行至坯料上表面，压边圈下行合模，加压边力；③向充液室及板料上表面小液室同时加注液体并保压；④凸模开始下行冲压，同时调节板坯上、下两面的液压力，使其与凸模行程相配合；⑤凸模与压边圈上行起模，取出零件。

正反加压充液拉深成形尤其适合于铝合金等难成形材料零件的成形，增大了允许的变形程度，更有效地抑制减薄，提高成形极限，为复杂板材零件成形加工提供了新的途径。

▣ 资料来源：徐照. 5A06铝合金筒形件双向加压拉深成形研究. 哈尔滨工业大学工学硕士论文，2010.

同时出现的还有径向加压充液拉深技术，工艺原理如图7.6所示。

这种方法是在通过对板坯法兰区施加径向压力，推动法兰流入凹模，减小直壁区的拉力，使传力区壁厚的减薄得到缓解。在径向加压充液拉深过程中，由于径向液压与充液室液压相互独立控制，可根据材料性能、零件形状和成形极限通过增大径向压力来辅助零件的拉深成形。避免大高径比曲面零件成形初期，因充液室压力过大导致悬空区的破裂，从而进一步提高零件的成形极限。图7.7所示是采用该技术成形的5A06防锈铝合金大高径

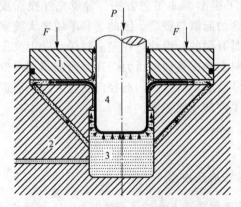

图7.6 径向加压充液拉深原理示意图
1—压边圈；2—凹模；3—充液室；4—凸模

图7.7 拉深比2.8的铝合金球底筒形件

比球底筒形件，拉深比达到 2.8。

应用充液拉深成形技术制造的零件类型有筒形件、锥形件、抛物线形件、盒形件及复杂型面件等，涉及材料包括碳钢、高强钢、不锈钢和铝合金等，板材厚度为 0.2～3.2mm。对于低碳钢筒形件，最大拉深比达到 2.6；对于不锈钢筒形件，最大拉深比达到 2.7；铝合金最大拉深比达到 2.5。

美国俄亥俄州立大学对平底圆筒件的充液拉深进行了系统研究，图 7.8 所示为不同高度和直径的杯形件，并对边缘起皱的形成和预防进行了分析，如图 7.9 所示。丹麦学者应用板料液压成形技术制出拉深比 3.11 的深筒形件和拉深比 2.6 的圆锥形件，如图 7.10，图 7.11 所示。韩国学者用充液拉深技术成形出汽车上使用的油箱覆盖件，如图 7.12 所示，并在生产中得以应用。

图 7.8　不同尺寸的圆杯形件

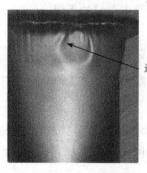

图 7.9　边缘起皱拉深　　　　　　　　**图 7.10　平底深筒形件**

图 7.11　圆锥形深筒形件　　　　　　**图 7.12　液压成形的汽车覆盖件**

7.1.2 主要工艺参数

充液拉深成形的主要工艺参数包括临界充液室压力 p_{cr}、拉深力 F_D、压边力 F_Q 等。

1. 充液室压力

充液室压力的大小对成形有很大影响,当液室压力减小时成形极限随之减小;当液室压力升高时成形极限随之增大。但液室压力并不是越大越好,如压力过大,就会引起凸模圆角处的反胀,从而产生开裂缺陷。同时,过高的液室压力要增加设备吨位,使整体经济效益下降。

2. 拉深力

充液拉深的拉深力由普通拉深的拉深力 F_1 和充液室压力的反作用力 F_2 组成:

普通拉深的拉深力 F_1 为

$$F_1 = \pi d t \sigma_b K \tag{7-1}$$

式中:d 为零件直径(mm);t 为板材厚度(mm);K 为拉深比。

充液室压力的反作用力 F_2 为

$$F_2 = Ap \tag{7-2}$$

式中:A 为零件投影面积(mm^2);P 为充液室压力。

3. 压边力

充液拉深的压边力不仅具有普通拉深的压边功能,对液室压力的建立有很大影响。如充液拉深的压边力过小,不能建立起很大的液压,会产生开裂失效,同时也有可能产生起皱失效。反之,如压边力过大,会导致板料在凹模圆角处反向胀裂。根据实际情况反复对压边力进行调整。有时也采用刚性压边的方式,压边间隙一般取 1.1 倍的板厚。

4. 凹模圆角半径

随着凹模圆角半径的增加,成形极限也增大,当凹模圆角半径大于 13 倍板厚以上时,成形极限达到最大值,以后圆角半径再增加,对成形极限的影响已经不大了。

5. 凸模圆角半径

对钢材来说,随着凸模圆角半径的增加,成形极限也增大。但圆角半径超过 3mm 以后,由于支配成形极限的已不再是凸模圆角处的破坏而是凹模圆角处的破坏,所以,凸模圆角半径的继续增大已不起作用。

7.1.3 发展趋势和展望

充液拉深技术随着工业上大量形状复杂结构件的应用而迅速发展,一些新的成形工艺不断出现,大大扩展了充液拉深工艺的范围。这些新工艺的出现,提高了生产效率,改善了板料的成形性能。充液拉深主要的发展趋势有:

(1)主动径向加压液力成形,除充液室内液体压力作用外,在板料法兰区径向独立施加液压,拉深成形过程中辅助推动板料向凹模腔内流动,可进一步提高零件成形极限,实现更深、更复杂零件的成形。

(2)正反加压液力成形,在成形坯料的上表面施加液压来配合充液拉深,可部分甚至全部抵消液室压力导致的反胀,尤其适合成形过程中具有较大悬空区的锥形件等成形,允许施加更大的液室压力,抑制减薄,提高成形极限。

（3）预胀液力成形，先预胀、再拉深，实现应变硬化以达到提高大型零件整体刚度的目的，可因此省去加强筋板，适合大吉普车和商用车的顶盖成形。

（4）热态液力成形，将材料的温热性能与充液拉深的技术优势结合起来，可使铝合金及镁合金等成形性能差的轻体材料成形能力得到提高，促进其在航空航天领域的应用。

（5）差温充液拉深技术，该工艺根据板坯不同区域的变形情况，在各区域设置不同的温度以形成温差，与充液拉深流体润滑、摩擦保持效果的外在因素相结合，提高直壁区板坯的相对承载能力，使成形极限得到提高。

（6）低塑性材料的液力成形。高性能铝合金、镁合金和超高强度钢等材料强度高、塑性低，如铝合金、镁合金板材厚向异性指数小、硬化指数低，与钢相比，更易产生破裂和起皱的倾向，普通冲压工艺往往需要多道工序，工艺烦琐。液力成形技术可弥补低塑性材料成形性能方面的不足，从而节省工序、提高效率。

（7）与普通拉深工艺复合，提高效率。普通拉深成形出零件的大部分形状，再用液压成形加工出局部需要的特殊形状；或者先充液拉深成形出零件，再用普通成形工艺，如带孔坯料翻边时先拉深，然后液室压力卸载进行翻边，获得较高的直壁部位。

7.2　内高压成形

在航空、航天和汽车工业等领域，减轻结构质量以节约运行中的能量是人们长期追求的目标，也是现代先进制造技术发展的趋势之一。结构轻量化有两条主要途径：一是材料途径，采用铝合金、镁合金、钛合金和复合材料等轻质材料；二是结构途径，对于承受弯扭载荷为主的结构，采用空心变断面构件，即可减轻质量又可充分利用材料的强度和刚度。内高压成形正是在这样的背景下开发出来的一种减重、节材、节能，具有广泛应用前景的空心轻体结构件的新型先进制造技术。

7.2.1　原理及特点

内高压成形的基本原理是以管材作坯料，通过管材内部施加液体压力和轴向加力补料把管坯压入到模具型腔使其成形为所需工件。适用于制造沿构件轴线有变化的圆形、矩形断面或异型断面空心构件，内高压成形可一次整体成形沿构件轴线断面有变化的复杂结构件。

内高压成形的基本工艺过程是先将管坯放入下模，闭合上模后在管坯内充满液体，然后高压系统通过冲头向管坯内加压，在加压的同时，管端的冲头与内压按一定匹配关系向内送料使管坯成形，如图 7.13 所示。从断面看，是由管坯的圆断面成形为矩形断面、异型断面或大的圆断面。

与传统加工工艺相比，内高压成形的主要优点有：

（1）节省原材料，提高材料利用率，减轻零件质量。由于采用空心结构代替实心结构，节约了原实心零件中心部分的材料，同时显著地减轻了零件质量。如阶梯轴类零件可以减重 40%～50%，个别零件可达 75%。

（2）加工道次少，产品精度高。对于阶梯轴，不仅免去了中心孔的加工，外表面各阶梯也仅需要进行精加工。大部分内高压成形件不需要后续组装焊接，从而消除了焊接变形及弹复对零件精度的影响。

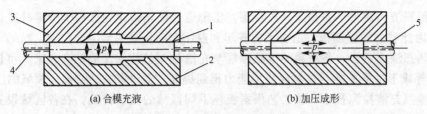

图 7.13　内高压成形原理

1—管坯；2—下模；3—上模；4，5—冲头

(3) 减少零件和模具数量，生产成本低。由于内高压成形工艺属于一次成形，极大地减少了生产用模的数量。如用内高压成形工艺制造副车架时，零件数量由 6 个减少到 1 个，成形模具仅需一套，而冲压件大多需要多套模具，模具费用平均降低 20%～30%。

(4) 提高强度与刚度，尤其疲劳强度。由于省去了焊接工艺，零件的强度、刚度与疲劳强度均得到明显提高。以散热器支架为例，垂直方向提高 39%，水平方向提高 50%。

对于承受以扭转载荷为主的轴类零件，采用空心结构最明显的特点就是减轻质量，不仅可以保证动力传输能力，且很大程度上减轻了整体的质量，这对于航空航天工业来说非常重要，例如卫星和火箭，减轻质量的直接效果就是可以增加有效载荷。

减轻质量的另一个效益就是节约能源，对于轿车，每减轻质量 10%，油耗可降低 8%～10%。另外，采用空心结构，使轴的转动惯量降低，输出功率增大，使得发动机的整体性能提高，带来低油耗高性能的双重效应。

对于图 7.14(a) 所示的空心阶梯轴，质量是 9.6kg，抗扭强度相同的条件下，采用实心结构的质量是 25.3kg，空心与实心相比减重 62%。图 7.14(b) 所示的空心曲轴，质量是 1.2kg，在相同的抗扭断面模量下，采用实心结构的质量是 2.8kg，空心比实心减重 57%。

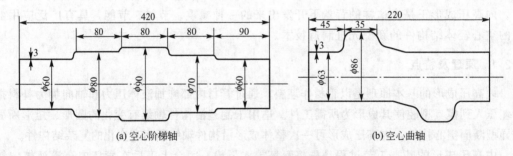

图 7.14　空心轴示意图

7.2.2　主要工艺参数

内高压成形的主要工艺参数包括初始屈服压力、开裂压力、整形压力、轴向进给力、合模力和补料量，本节给出这些参数的计算公式，方便实际应用中初步选择这些工艺参数。

1. 初始屈服压力

初始屈服压力是指管材开始发生塑性变形所需的内压。假设管材为承受内压作用的圆柱壳体，处于平面应力状态，由 Tresca 屈服准则求得无轴向力作用时的初始屈服压力计算公式为

$$p_s = \frac{2t}{d}\sigma_s \qquad\qquad (7-3)$$

式中：p_s 为初始屈服压力（MPa）；σ_s 为材料屈服强度（MPa）；t 为管材壁厚（mm）；d 为管材直径（mm）。

2. 开裂压力

开裂压力可由式(7-4)估算，即

$$p_b = \frac{2t}{d}\sigma_b \qquad\qquad (7-4)$$

式中：p_b 为开裂压力（MPa）；σ_b 为材料的抗拉强度（MPa）。

3. 整形压力

内高压成形后期工件大部分已成形，这时需要更高的压力成形断面过渡圆角和保证尺寸精度，这一阶段称为整形，如图7.15所示。由于整形是内高压成形的最后阶段，因此，整形压力又称成形压力。整形阶段无轴向进给，整形所需压力可用式(7-5)估算，即

$$p_c = \frac{t}{r_c}\sigma_s \qquad\qquad (7-5)$$

式中：p_c 为整形压力（MPa）；r_c 为工件断面最小过渡圆角半径（mm）；t 为过渡圆角处的平均厚度（mm）；σ_s 为整形时材料流动应力（MPa）。

对于硬化材料，需要根据应变硬化公式求得，作为一种估算，可以用材料屈服强度和抗拉强度平均值的简化算法求得。

整形压力随着圆角半径减小而增加，也就是说，圆角半径越小，成形压力越高，需要的合模压力机吨位越大。因此，从降低设备吨位和模具成本的角度，在满足使用要求的情况下，过渡圆角半径应该尽量大。一般圆角半径 $r_c = (4\sim10)t$，整形压力为 $(1/4\sim1/10)$ 材料的屈服强度。

4. 轴向进给力

轴向进给力 F_a 由三部分构成，冲头上的高压液体反力 F_p、摩擦力 F_μ 及保持管材塑性变形所需的力 F_t，如图7.16所示，它是选择水平缸能力的主要工艺参数。假设管材与模具接触的正压力等于内压，F_a 由式(7-6)计算，即

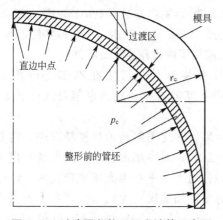

图7.15　过渡圆角整形压力计算示意图

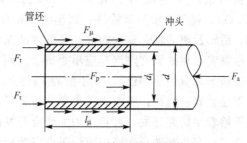

图7.16　轴向进给力的构成

$$F_a=(F_p+F_\mu+F_t)\times10^{-3} \tag{7-6}$$

$$F_p=\pi\frac{d_i^2}{4}p_i$$

$$F_\mu=\pi dl_\mu p_i\mu$$

$$F_t=\pi dt\sigma_s$$

式中：F_a 为轴向进给力（kN）；d_i 为管材内径（mm）；l_μ 为管材与模具的接触长度（mm）；μ 为摩擦系数。

在构成轴向进给力的三部分中，液体反力占绝大部分，其次是管材与模具之间的摩擦力，最小的力是塑性变形抗力，作为实际应用的估算，可采用式（7-7）估算，即

$$F_a=(1.2\sim1.5)F_p \tag{7-7}$$

5. 合模力

合模力是在成形过程中使模具闭合不产生缝隙所需要的力，计算合模力主要是为了确定合模压力机能力，合模力计算如式（7-8）所示，即

$$F_c=A_p p_c\times10^{-3} \tag{7-8}$$

式中：F_c 为合模力（kN）；p_c 为整形压力（MPa）；A_p 为工件在水平面上的投影面积（mm²），对于轴向为曲线的零件，投影面积 A_p 为宽度与轴线在水平面上投影长度之积。

除了上述单一的工艺参数外，内高压成形最重要的关键参数就是加载路径。在内高压成形中轴向补料量与内压的关系称为加载路径，只有采用合理的加载路径，才能获得合格的零件。

在实际成形过程中，由于加载路径选取不当，常出现破裂和起皱等缺陷，加载路径影响零件断面的形状、厚度分布和最终的成形尺寸。不同加载路径对成形件壁厚分布的影响也不同。所以，加载路径是管件液压成形中的关键参数，如何优化和调整加载路径是管件液压成形中的技术核心，采用优化的加载路径，可以有效地实现成形区的补料，从而获得更小的壁厚减薄率和相对均匀的壁厚分布，提高内高压成形的成形极限。

7.2.3 研究及应用概况

德国于 20 世纪 70 年代末开始内高压成形技术的基础研究，并于 90 年代初开始在工业生产中采用内高压技术制造汽车轻体构件。德国戴姆勒-奔驰汽车公司（DAIMLER BENZ）于 1993 年建立其内高压成形车间，大众（VW）公司某分厂 2000 年生产 B6/B4 七种零件，共 200 万件内高压件。宝马公司（BMW）已在其几个车型上应用了内高压成形的零件。

德国某汽车零配件公司年产 350 万件排气系统管件。目前在汽车上应用的有（图 7.17）：排气系统异型管件；副车架、底盘构件；车身框架、座椅框架及散热器支架；前轴、后轴及驱动轴；安全构件；装配式凸轮轴。

根据美国钢铁研究院汽车应用委员会的调查结果，在北美制造的典型轿车中，空心轻体件在轿车总量的比例已从 15 年前的 10% 上升到 16%，而中型面包车、大吉普和皮卡车的比例还要高。因此，美国有关大学、研究机构和公司十分重视内高压成形技术，已于几年前开始着手研究开发，近年来加大研究开发的力度。如美国三大汽车公司和十大钢铁公司成立"汽车与钢铁合作液力成形工业资源组织"（Auto/Steel Partnership Hydroforming Industry Resource Group），加快内高压成形新技术产业化。美国克莱斯勒汽车公司于

1990 年首先开发内高压技术生产了仪表盘支梁。美国最大的通用汽车公司已用内高压成形技术制造了副车架、散热器支架、下梁和车顶托梁等空心轻体件，GM 公司制造了世界最大的长度为 12m 卡车纵梁，图 7.18 所示为该公司生产的铝合金车体构件。福特(Ford)公司在底盘零件、车身框架、排气系统等结构件中得到应用。据一项调查表明，估计到 2005 年北美生产的典型车型中将有 50%零件采用内高压成形技术制造。

图 7.17　内高压零件在轿车上的应用

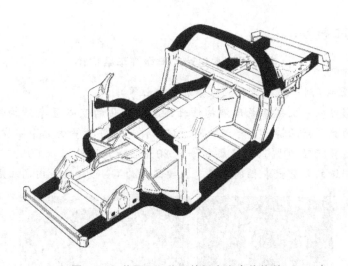

图 7.18　美国 GM 公司的铝合金车体构件

　　哈尔滨工业大学液力成形研究中心是国内首家系统开展内高压成形研究的单位，已成功研制出的铝合金双台阶管件、变径管，如图 7.19 所示。图 7.20 所示为用于轿车底盘零件后轴纵臂，该零件轴线为曲线，三个典型断面的形状。传统工艺制造此零件需 9 道冲压工序，采用内高压成形工艺，需要 3 道工序：弯曲、内高压成形、端部切割；发明了组合式空心凸轮轴内高压成形的制造方法，攻克了高压源和预成形等关键技术，为实现该技术在国内的应用奠定了技术基础。

　　在设备研制方面，该课题组 1999 年研制成功了国内首台内高压成形机，随后又研制成功了具有先进伺服控制系统的 3150kN 内高压成形机。在该机上对镁合金等轻质金属开展了热态液力成形研究，研制出了一套最高温度达到 300℃、压力达 100MPa 的热态液力成形装置。除了前述提到的典型零件，该中心还对一些较新的研究方向进行了探索，如外压成形，拼焊管成形等。

(a) 铝合金双台阶管件　　20mm　　　　　　　　(b) 铝合金变径管　　50mm

图 7.19　典型的航空用铝合金变径管件

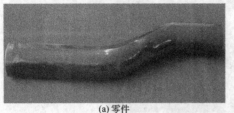

(a) 零件　　　　　　　　　　　　　　　　(b) 典型断面

图 7.20　轿车后轴纵臂内高压件

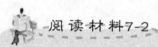

阅读材料7-2

内高压技术生产的典型汽车结构件

1. 底盘类零件(副车架、后轴、纵梁和保险杠等)

内高压成形可以一次整体成形沿构件轴线断面变化的空心复杂结构件。图 7.21 是用内高压成形的典型产品轿车副车架。对于该零件,零件数量由 6 个减少到 1 个,内高压件比冲压件质量减轻 30%,生产成本降低 20%,模具造价降低 60%。副车架是目前用内高压成形制造的具有代表性的产品,主要工序为 CNC 弯曲、内高压成形和冲孔。

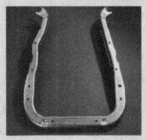

图 7.21　两种副车架

2. 车体构件(仪表盘支梁、散热器支架、座椅框、上边梁和顶梁等)

图 7.22 所示为用内高压成形制造的各种复杂车体结构件。在汽车上应用结构件还有顶棚支梁、边梁、车窗框、纵臂和车身框架等。目前,最大内高压结构件是美国通用公司制造的长度 12m 的卡车纵梁。Volvo 大吉普铝合金纵梁长度达到 5m,铝管直径达到 100mm。

3. 发动机与驱动系统(凸轮轴和驱动轴等)

将有中心孔的凸轮装配在钢管上,然后在钢管内施加内压使其胀器与凸轮相连成为一体,用于北美和欧洲的轿车、轻型卡车,如图 7.23 所示。

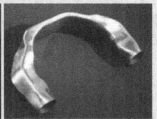

图 7.22　各种结构件

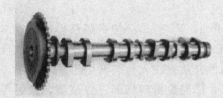

(a) 微型发动机　　　　　　　　　　　　　　(b) 柴油发动机

图 7.23　发动机凸轮轴

4. 转向和悬挂系统（控制臂和转向杆等）

图 7.24 所示为哈尔滨工业大学采用内高压成形工艺试制的国产某轿车转向节臂，该件最大断面周长与最小断面周长相差 1.75 倍，通过采用合理预成形坯获得出合格的零件。

(a) 转向节臂　　　　　　　　　　　　(b) 转向节臂内高压件

图 7.24　轿车转向节臂

5. 排气管件和歧管

将管材弯曲后，在某一部位用内高压成形出枝权，然后再与法兰焊接，制造发动机歧管和排气管件。图 7.25 所示是典型的发动机歧管，与铸件比，寿命提高了 2.5 倍，质量减轻 25%，研制周期缩短 60%。

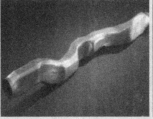

图 7.25　排气歧管

資料来源：林俊峰. 空心曲轴内高压成形机理研究. 哈尔滨工业大学工学博士学位论文，2007.

内高压成形技术近十多年来在汽车工业得到广泛应用，汽车、飞机等运输工具对减轻重量和降低成本的需求又促进了内高压成形技术的不断改进，使该技术得到迅速发展，未来主要的发展方向是：超高压成形、新成形工艺及热态内压成形等。

7.3 粘性介质成形

7.3.1 原理及特点

粘性介质压力成形（Viscous pressure forming，VPF）是一种板料软模成形技术，尤其适于汽车、航空航天等领域多品种、小批量难成形材料，如铝合金、镁合金、钛合金及高温合金和复合材料等成形。在成形过程中，粘性介质被注入板料两侧形成压力场，同时调节压边力的大小和分布使板料按要求顺序成形，以避免板料局部过分减薄，最终得到符合要求的零件。

与常规的刚性凸、凹模成形相比，不仅节约了大部分模具费用，且成形零件尺寸精度高，厚度分布更均匀。实际生产中成品率大大提高，完全达到设计要求，原理如图 7.26 所示。

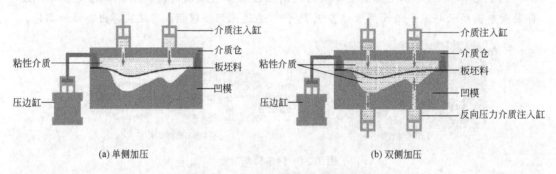

图 7.26　粘性介质压力成形原理图

粘性介质压力成形与其他软模成形的主要不同点在于所采用的传力介质是一种半固态、可流动且具有应变速率敏感性的物质。成形过程中，粘性介质的变形抗力可以自适应于板料的变形，因此，模腔内压力场是非均匀变化的。这非常有利于板料成形性能的提高。另一个特点是在成形过程中，粘性介质可同时注入板料的两侧，这样，反向压力的存在可减少微裂纹的产生并改善板料的应力状态，同样也有利于提高板料的成形性。

与常规刚性模具成形相比，粘性介质压力成形工艺消除了成形时对零件表面的划伤。尤其是在成形复杂型面零件时，常规成形容易造成板料局部撕裂或不能贴模，而粘性介质压力成形工艺则可以避免破坏且成形件尺寸精度高。与以水或油为传力介质的液压相比，粘性介质压力成形对密封的要求较低，因此，压边力可得到很好的控制，进而得到壁厚分布更为均匀的零件。与聚氨酯或橡皮成形相比，粘性介质在压力下有很好的流动性，可充填小角度和复杂曲面，因此，得到的零件贴模性好。

粘性介质压力成形工艺具有以下优点：

(1) 可使用简单通用的模具结构；

（2）低的厚度减薄率和更均匀的壁厚分布；

（3）高尺寸精度，低回弹和残余应力；

（4）更小值的表面粗糙度；

（5）无腐蚀、无污染，对人体无害；

（6）粘性介质可重复使用。

7.3.2 成形工艺设计

粘性介质压力成形工艺与现有的板料软模冲压成形方法的根本区别在于选用半固态、可流动并具有高粘度和速率敏感性的物质（粘性介质）作为成形的传力介质。可以在板料两侧同时注入粘性介质，使板料在正向压力和反向压力同时作用下成形。粘性介质压力成形尤其适于航空航天领域多品种、小批量及产品更新换代快的生产特点，易于加工塑性差、表面质量难于保证的材料，如铝合金、钛合金、高温合金以及其他高强度难成形材料。

1. 成形顺序性

实现板料变形顺序的控制是粘性介质压力成形区别于其他现有软模成形方法的特点之一。这一特点可根据成形件的形状特征和选用材料的成形性，通过实时控制压边部分各点压边力的大小及板料两侧介质的注入和排出以调节法兰处材料的流入，达到控制板料成形部位的目的。这使得粘性介质压力成形可以控制板料的变形、调节板料各点的减薄，因而可以满足对等厚度性越来越高的要求。顺序成形包含有两种方式：一是在同一工序中板料件的不同部位按照要求依次成形，这一方式实质上体现了实时控制的概念；二是在不同工序中板料件的不同部位或相同部位按照要求逐工序成形，直至最终完全贴模成形。板料顺序成形的实现离不开对成形压边力的控制，所以，合理确定压边力对板料成形性影响特别重要，这也是粘性介质压力成形的关键之一。

2. 粘性介质

粘性介质压力成形工艺采用的传力介质具有半固态性质，相对于液压成形，粘性介质的半固态特性十分有利于密封，这使得可以较好地控制粘性介质的注入压力和压边力，实现板料成形过程的控制，提高板料成形性。而在压力的作用下，粘性介质又具有很好的流动性，这样在成形过程中，对复杂形状零件的成形可实现完全合理包络，因而成形零件的型面贴合度好、形状尺寸精度高。

另外，粘性介质本身的粘度对板料成形也有很大影响。边界层是粘性流动中固体壁面附近粘性起主导作用的流体薄层，在成形过程中对板料的粘附作用主要表现在边界层上。通过粘性作用，流体质点之间存在内摩擦阻力牵制着边界层的流体运动，这一内摩擦作用反过来又作用于板料壁面，从而影响着板料的成形，合理地利用这一现象可以提高板料的成形性。

由于粘性介质具有应变速率敏感性，在成形过程中板坯料与粘性介质接触部位的应变速率保持着相对应的增大或减小的变化规律，介质的变形既受板料变形状态的影响又反作用于板料的变形，减缓了板料的局部过分减薄。这种实时的"自适应"作用机制，增加了板料变形的均匀性。

3. 反向压力

由成形原理中还可以看出，当板料两侧均有介质作用时，也即板料在成形过程中同时存在着正向和反向压力，则反向压力的存在改善了板料的应力应变状态，提高了板料的成形性。且反向压力的存在也有利于成形过程中微裂纹的焊合，从而能减缓破裂的产生。

4. 表面质量

由于是软模成形且粘性介质对板料表面无任何腐蚀作用，所以，成形零件表面质量好，且成形后的零件也不需专门的清洁处理工序。另外，粘性介质对环境没有污染，并可反复使用。

综上所述，相对于常规成形，粘性介质压力成形属于半模成形，从而大大减少了模具制造和修模的时间。较之于以橡胶材料为成形过程软凸模的成形，粘性介质可以更好地在压力腔内形成高压，能很好地填充小角度和复杂型面，可避免由于窄长零件在局部由于成形压力不够而不能完全贴模的现象。

7.3.3 应用及发展

粘性介质压力成形工艺有利于提高板材成形性能，因此，适用于难变形材料及形状复杂零件的成形。在粘性介质压力成形中，通过工艺参数的优化有利于难成形零件的成形，采用合理分布的压边力就是方法之一。粘性介质压力成形里的压边力不仅要防止法兰起皱，还要阻止粘性介质泄漏。压边力过小，零件法兰起皱，粘性介质容易泄漏，模具腔内压力达不到成形要求；压边力过大，阻碍法兰部分材料的流动，容易使零件产生裂纹。因此，粘性介质压力成形过程中需要充分考虑压边力的影响。

国外学者根据粘性介质压力成形特点推导了模具腔内粘性介质压力与压边力及其他作用力之间的关系，认为在压边力较低时可以增加粘性介质注入速度提高模具腔内压力，因而有利于材料流入到模具腔内。通过使用多点压边设计，研究了压边力分布及大小对板材成形的影响，如图 7.27 所示，圆圈表示破裂位置。对于几何形状特殊的零件，优化压边板厚度、压边缸的数量及位置等参数能获得所需的压边力分布。

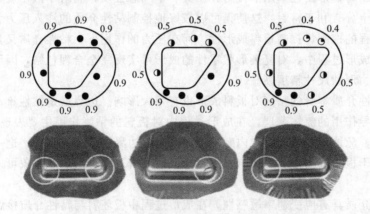

图 7.27 不同压边力模式下板材的成形状态

针对小半径薄壁波纹零件，采用粘性介质压力成形工艺，通过优化粘性介质压力与压边力之间的关系，成功地成形出符合要求的波纹零件，如图 7.28 所示，并确定了坯料完全贴模的条件。通过对铝合金回转体阶梯形试验和数值分析，确定了零件产生法兰起皱、顶端破裂以及无缺陷时的压边力的范围。

(a) 高温合金　　　　　　　　　　　　　(b) 不锈钢

图 7.28　薄壁波纹零件

粘性介质压力成形技术吸取了液压和橡皮成形的优点，又克服了它们的多种不足，十分有利于复杂零件的成形，为高强度、低塑性难变形板材复杂形状、高尺寸精度和表面质量的构件的成形制造提供了新的先进制造技术。

7.4　聚氨酯成形

7.4.1　原理及特点

聚氨酯是聚氨基甲酸酯的简称，英文名称是 polyurethane，是一种新兴的有机高分子材料，被誉为"第五大塑料"，因其卓越的性能而被广泛应用于国民经济众多领域。应用领域涉及建筑、汽车、轻工、纺织、石化、冶金、电子、国防、医疗、机械等行业。

聚氨酯橡胶是聚氨酯基甲酸酯橡胶的简称。聚氨酯橡胶是一种橙黄色的弹性体，具有较高的透明度。它是一种性能介于橡胶和塑料之间的弹性体，与环氧树脂一样是一种高分子材料。它具有强度与硬度较高、耐磨、耐油、耐老化、抗撕裂以及流动性良好等优点。因此，聚氨酯橡胶已经被人们认为是一种新型的软模模具材料。

聚氨酯成形的原理与工艺与橡皮成形一样，只是用聚氨酯代替了天然橡胶。它是利用聚氨酯在加压时的高粘性流体性质，把它作为凸模或凹模的一种成形方法。

聚氨酯的优点在于：

(1) 硬度高，弹性大；

(2) 抗拉强度与负荷能力强；

(3) 抗疲劳性好，耐油性与抗老化性高，寿命长；

(4) 容易机械加工。

聚氨酯成形的产品已在汽车、航空航天、电工电子、医疗卫生、市政工程等行业得到了非常广泛的应用，聚氨酯成形与传统刚性模具相比较，具有以下特点：

(1) 某些外形复杂且不规则的金属合金构件一般很难加工，且机加工性能不好；用聚氨酯软模成形，能够使材料具有良好的成形性，有较好的强度、耐高温性。

(2) 用刚性冲模拉深曲面形状零件时，坯料上存在不与凸模接触的自由表面区，应力状态为一拉一压，容易起皱；用聚氨酯成形时该自由表面区为双向拉应力，从根本上消除了诱发起皱的缺陷。

(3) 聚氨酯成形能够在减少产品质量和降低成本的同时提高产品的完整性，并改善产品的强度和刚性等性能。同时在满足上述要求的条件下，能够采用常规的材料进行成形。

（4）采用聚氨酯成形能够将以前需要多个冲压件组装而成的制品单件一次成形，大大降低了生产工序和劳动强度，同时也节省了材料、模具、设备、设计、加工等各方面的综合成本，生产工序和装配组件数量的减少也提高了产品的尺寸稳定性，同时提高了装配效率。

聚氨酯成形的这些优点促进了该技术的迅速发展，并在模具行业中发挥了更大的优势。

7.4.2 聚氨酯特性与分类

聚氨酯是由低聚物多元醇（聚醚二醇、聚酯二醇或聚烯经二醇及含磷、氯、氟的聚醚二醇等）、多异氰酸酯和扩链剂在有催化剂存在的条件下进行反应的产物。其制品的加工方法主要有浇注型、热塑型和混炼型三种。聚氨酯根据所用原料的不同，可分为聚酯型聚氨酯橡胶（AU）和聚醚型聚氨酯橡胶（EU）两大类。

聚氨酯橡胶分子的结构特点不仅决定了它具有宝贵的综合物理、力学性能，而且还可以通过改变其原料的组分和相对分子质量及原料酯比来调节其弹性、耐寒性及模量、硬度和机械强度等各项性能。

由于聚氨酯的物理、力学性能很好，所以，通常多用于一些性能要求高的制品，如耐磨制品、高强度耐油制品、高硬度和高模量制品等。聚氨酯广泛地应用在机械工业、汽车制造业、石油工业、采矿业、电器及仪表工业、皮革与制鞋工业、建筑工业以及医疗卫生和体育用品制造等领域。在汽车及机械零部件中，可用聚氨酯制造高频制动的缓冲元件、各种防振橡胶零件、橡胶弹簧、联轴器、纺织机械的零部件；在耐油制品中可制作印刷胶辊、密封件、燃油容器、油封等；在条件苛刻的摩擦环境中可用作各种输送管道和研磨设备的衬里、筛板、滤网、鞋底、摩擦传动胶轮、轴衬和轴套、制动垫块、自行车轮胎等。该橡胶还可用作新型冷压冲裁模、弯曲模的材料，以替代加工周期长、成本高的钢制凹模。

利用其结构中的异氰酸酯基与水作用后放出 CO_2 的机理，可制得只有水重量 1/30 的泡沫橡胶，且具有良好的力学性能，用于绝缘、隔热、隔声、防振，其效果甚佳。该橡胶还可以作为功能橡胶制造人工心脏部件、血管、人造皮肤等以及各种输液管、修补材料、牙科材料等。

从分子结构上看，聚氨酯弹性体是一种嵌段聚合物，低聚物多元醇构成软段，二异氰酸酯及扩链剂构成硬段，软段和硬段构成重复结构单元。除含有氨基甲酸酯基团，聚氨酯弹性体中还含有醚、酯等基团。由于存在大量极性基团，聚氨酯分子内及分子间可形成氢键，软段和硬段相区可形成微观相分离，因而即使是线型聚氨酯分子也可通过氢键形成物理交联。聚氨酯弹性体具有优异的耐磨性和韧性，以"耐磨橡胶"著称。由于聚氨酯的原料种类多，可调节原料的品种及配比合成不同性能范围的制品，使得聚氨酯弹性体适合于许多应用领域。聚氨酯弹性体的产量在聚氨酯制品中所占比重虽然不大，但其品种之繁多、应用领域之广泛都是其他品种所不可比拟的。

聚氨酯具有以下优点：

（1）硬度较高的聚氨酯能产生较高的单位压力与剪切力。因此，这种橡胶可以用作薄料冲裁模。

（2）硬度较低的聚氨酯具有较好的流动性。邵氏硬度为 70A 的聚氨酯橡胶与天然橡胶的力学性能相近，流动性能较好，另一方面在压缩应力较大的情况下，仍能够产生较大的单位压力。此外，聚氨酯橡胶在压缩应变很大的情况下引起的永久变形很小。

（3）耐磨、耐油、耐老化以及抗撕裂性能较好。聚氨酯的耐磨性能特别好，为普通橡胶的 5～10 倍，故有"耐磨橡胶"之称；耐油性为普通橡胶的 5～6 倍，耐大气老化性能也特别好，因此，用于冲压、钣金工艺装备的使用寿命远远大于天然橡胶。此外抗撕裂性能较好，作为薄料冲裁模的凹模更为合适。

（4）可进行表面无损成形。由于在成形过程中聚氨酯与坯料之间错动较小，零件表面一般不会滑动。所以，可对电镀的、喷漆的、有浮雕的、多层组合的及有包覆层的坯料进行无损成形，从而提高这类零件的表面质量与劳动生产率。

（5）聚氨酯成形模具结构简单，制造容易。这种模具一般由一个钢制凸模与一个安装聚氨酯橡胶模垫的容框所组成。前者可采用软钢制造，后者结构简单，制造周期短，成本低且模具安装方便。

（6）切削性能较好。较硬的聚氨酯可以与金属一样进行各种机械加工，如锯、钻、车（在车床加工时，需采用前角较大、很锋利的车刀进行加工）、铣与磨等，所以，这种材料便于加工成各种形状的模具零件。

此外，聚氨酯成形模所成形的零件回弹量小，且可降低材料的极限弯曲半径；另外，一套模具可成形尺寸不同或厚度不同的零件。

由于具有以上特性，近年来聚氨酯已用于冲压、钣金成形。其中，聚氨酯冲裁成功地解决了薄板（厚度小于 0.2mm）冲裁件的质量和模具的寿命这些关键性问题。聚氨酯成形模具（包括弯曲模、拉深模、翻边模、胀形模及局部成形模等）属于半钢模的结构形式，显著地简化了模具的结构，从而降低了制造模具成本，缩短了制造模具周期。

7.4.3　典型成形工艺

1. 冲裁

聚氨酯冲裁为了得到足够的冲裁力，必须留有足够的料边长度，在冲裁边缘为直线或曲率半径较大且聚氨酯给出压力不高时，一般可按式（7-9）估算，即

$$L = 2h + (20 \sim 30)t_0 \tag{7-9}$$

式中：L 为料边长度；h 为凹模高度；t_0 为料厚。

如果料厚小于 1.5mm 时，冲裁断面比较光洁；超过 1.5mm 时，冲裁断面明显粗糙。另外，与金属冲裁模相比，冲裁的结果是塌角虽然增大，但毛刺几乎没有。冲圆孔时取孔间距不小于 10～20 倍料厚，与板边距离取 10 倍料厚或大于孔径之半。除了平板冲裁外，聚氨酯还可以更简便、有效地对管类零件的侧壁上冲孔。

2. 弯曲

用聚氨酯作凹模的 V 形弯曲，板料从最初平板状态开始就承受背压并逐渐贴靠在凸模上。这样，板料不容易产生窜动偏斜，可保证位置准确。另外，改变了金属模弯曲时的受力状态，所以，弯曲件几乎没有回弹和翘曲，且没有划伤、没有冲击痕迹。

弯边时应注意保证最小边宽，因为过小的边宽会使压力不足，无法成形。对小于最小边宽的弯边工作，可以采用辅助工具来增大弯边的压力。另外，在成形具有 V 形突起的制

件时，用内压成形很难得到小圆角半径，应改用外压成形为宜，如图 7.29 所示。

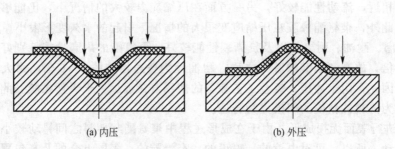

(a) 内压　　　　　　　　　　　(b) 外压

图 7.29　内压与外压成形

凸模材料可采用合成树脂、铝合金、锌合金、铸铁和钢；在自制容框凹模时，可以采用如图 7.30 的退让槽，这样既可延长聚氨酯寿命，又可减少回弹。

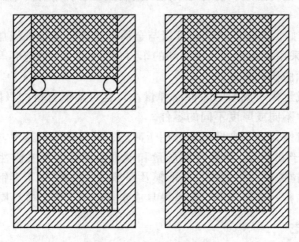

图 7.30　容框的退让槽

3. 拉深

拉深时用聚氨酯作为凹模使用，仅需制作一刚性凸模便可以进行生产，方法简便。但由于没有压力，所以，只适于浅拉深。对于复杂件、拉深比较高的零件可采用一些专用聚氨酯成形的设备。拉深时板料接触金属压边一面可以涂润滑剂，而接触聚氨酯的一面要保持干燥和清洁。

4. 胀形

胀形是聚氨酯成形的典型工艺之一。虽然其胀形的内压力不如液压力均匀，但工装比液压胀形简单方便，所以，在小件生产中得到广泛应用。图 7.31 所示为一个五通接头的成形模具。先在管坯内装上聚氨酯棒，然后放入凹模，凹模由三瓣拼块组成，外形带锥度与外套

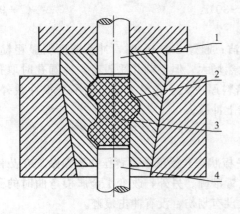

图 7.31　接头的聚氨酯胀形
1—上凸模；2—工件；3—聚氨酯棒；4—下凸模

相配合。聚氨酯棒受到上下凸模压缩后径向胀大，使管坯成形。在成形过程中，材料从轴向得到补充，材料补充的速度应与径向变形相协调，补充过慢，零件变薄严重，甚至破裂；补充过快，容易造成起皱。因此，聚氨酯棒的外形尺寸与管坯之间的相互关系就十分重要。

7.5 多点成形

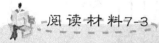 阅读材料7-3

做勇攀世界装备制造业巅峰的人——李明哲教授

1990年李明哲教授在日本日立研究所从事博士后研究工作期间，就开始了对无模成形的基本理论与技术的深入研究；1992年把这种成形方法起名为"板材多点成形法"，并在基础研究、设备开发与实际应用方面都取得了显著进展。这期间，日本曾多次许以高薪，希望他留在日本长期从事这项技术的研究和开发。但强烈的民族情感却驱使他把这一世界顶尖技术带回中国。1993年他一回国，就开始了有关无模多点成形技术的更深层次研究与产业化工作：在吉林大学组建了无模成形技术开发中心，随后又组建了产学研实体——长春瑞光科技有限公司，先后承担并完成了与无模多点成形技术相关的很多国家和省部级科研项目，其中国家重点科技攻关计划、863高技术计划、自然科学基金等国家级项目就有十多项，取得了一系列具有自主知识产权和技术水平达到国际领先的成果，共申请了16项发明专利，现已形成无模多点成形技术的"专利池"。与此同时，在实用化方面，开发成功了具有独立知识产权的世界第一台商品化的板材多点成形压力机，并完成了产品的系列化，从而得到国内外同行专家的高度认可。现在，系列无模多点成形装备已应用于高速列车、飞机、船舶、建筑、医学等多个领域，取得了显著的经济效益与社会效益，并实现了中国制造的高技术装备出口到韩国等发达国家。

据了解，目前国外与无模多点成形相关的研究主要集中在日本、美国和韩国，日本自20世纪70年代起，曾有很多研究机构与企业投入巨资开发过相关技术，但现仍处于实验室研究阶段，距商品化及产业化还有一定的距离。韩国有一个国家级研究机构的项目负责人，在十多年前看到李明哲的研究成果后，一直跟踪这一技术，并通过本国的政府部门与多家企业的资助投入了大笔经费，先后开发了两台试验装置，但至今没有获得成功。现在国内外只有李明哲和他的团队真正实现了无模多点成形装备的商品化与产业化，建立了完整的多点数字化成形技术体系。

为此，在刚刚获得国家科技进步二等奖后，李明哲教授又获国家发明创业奖特等奖，并被授予当代发明家称号也就不足为奇。

资料来源：http://www.cinn.cn/wzgk/wy/205072.shtml.

7.5.1 原理及特点

多点成形属于板料曲面无模成形范畴，是将传统的模具离散化，采用一系列离散的、规则排列的、高度可调的小冲头来替代传统模具的凸、凹模。成形中通过调节构成模具小冲头的高度，即可实现模具型面的变化。因此，使用多点成形工艺可采用一套模具成形出不同型面的板材工件，从而大大节省了模具设计与制造费用，加速了产品的更新换代，提高了生产效率和精度。图7.32为板材多点成形的原理示意图。

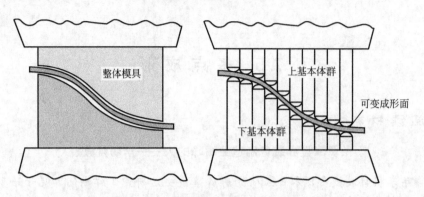

图7.32 板材多点成形原理示意图

多点成形相对于其他成形工艺具有更高的柔性，因为它仅使用一套型面可调节的离散模具就可成形出具有不同型面的工件。

多点成形方法与传统模具成形方法的主要区别就是它具有"柔性"特点，即可控制各基本体单元的高度。利用这个特点，既可在成形前也可在成形过程中改变基本体的相对位移状态，从而不仅实现了无模成形，还可改变被成形件的变形路径及受力状态，达到不同的成形结果。多点成形设备的这种柔性加工特点，比传统模具成形能为工件提供更多的变形路径，从而能够实现如分段成形、多道成形、闭环成形等诸多特色加工工艺。

多点成形的技术特点：

（1）不用模具成形。取代了传统的整体模具，节省了模具设计、制造、调试和保存所需费用，显著地缩短产品生产周期，降低了生产成本，提高了产品的竞争力。

（2）改善了钣金加工条件。随意改变板材的变形路径和受力状态，提高材料成形能力，实现难加工材料的塑性变形，扩大了板材加工范围。

（3）减少了回弹。采用反复成形新技术，消除材料内部的残余应力，保证工件的成形精度。

（4）无缺陷成形。利用弹性垫新技术，增大了板料的受力面积，将集中载荷变为均布载荷。消除压痕、皱纹等不良缺陷，工件表面质量能得到很好的保证。

（5）降低新设备投资。采用分段成形新技术，连续逐次成形大于设备工作台尺寸的工件，实现了小设备成形大型零件。

图7.33 2000kN多点成形模具

（6）易于实现自动化。曲面造型、压力机控制、工件测试等整个过程，都可全部采用计算机技术，实现了CAD/CAM/CAE一体化生产。

图7.33所示为吉林大学设计制造的2000kN多点成形模具。模具的成形面积为840mm×600mm。一侧模具由560(28×20)个冲头组成，该多点成形机的冲头可通过计算机控制自动调节，现已应用于高速机车头部的蒙皮成形中。

韩国科技大学 Park 提出了一种将多点模具和充液拉深成形相结合的工艺。如图 7.34 所示，板材的一侧直接与多点模具接触，另一侧为弹性垫和其下注满的液体。当多点模具向下运动，板材和弹性垫发生变形。液体在流动的同时还向弹性垫施加均匀的压力，弹性垫又将液压均匀的施加给板材，液体的压力通过动力单元来控制。荷兰艾恩德霍芬工业大学 Boers 等将多点成形和传统的橡胶垫成形相结合而提出了一种新的成形方法，如图 7.35 所示。

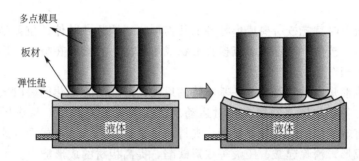

图 7.34　多点成形与充液成形相结合的工艺

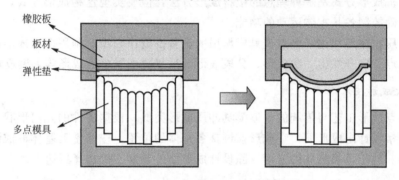

图 7.35　多点成形与橡胶垫成形相结合的工艺

为了对该工艺进行研究，Boers 还制造了一个成形压力为 50t，尺寸为 20mm×30mm 的小模具。Walczyk 和 Kleespies 等采用多点模具对复合材料板进行加热增量成形，其原理如图 7.36 所示。为了对复合材料的变形进行控制，多点模具的形状在变形过程中逐渐变化并最终成为设计型面。成形中加热使用红外热源辐射，由内部真空通过外部隔膜对复合材料施加压力，使复合材料板及弹性垫板贴模成形工件。

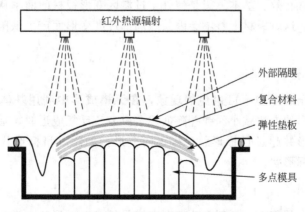

图 7.36　多点模具进行复合材料板加热增量成形的简图

但上述几种多点成形方法还处于实验室研究阶段，并没有实际的应用。

7.5.2 成形方式及工艺过程

根据多点成形技术的特点，李明哲教授提出了多点模具、多点压机、半多点模具及半多点压机四种有代表性的成形方式，其中，多点模具与多点压机成形是最基本的成形方式。

多点模具成形时首先按所要成形零件的几何形状，调整各基体的位置坐标，构造出无模成形面。然后，按这一固定的多点模具形状成形板材；成形面在板材成形过程中保持不变，各基体间无相对运动。

多点压机成形是通过实时控制各基本体的运动，形成随时变化的瞬时成形面。因其成形面不断变化，各基本体之间存在相对运动。在这种成形方式中，从成形开始到成形结束，上、下所有基本体始终与板材接触，夹持板材进行成形。这种成形方式能实现板材的最优变形路径成形，消除起皱、压痕等成形缺陷，提高板材的成形能力。

无模压机成形方式是一种理想的板材成形方法，但要实现这种成形方式，压力机必须具有实时精确控制各基本体运动的功能。

与多点压机成形相比，多点模具成形用的设备投资比较小。利用多点成形的成形面柔性可变的特点，已开发出一次成形、分段成形、反复成形及多道成形等无模成形工艺。

1. 一次成形技术

这种多点成形工艺与传统的整体模具冲压成形类似，根据零件的几何形状并考虑材料的回弹等因素设计出成形面，在成形前调整各基体的位置，按调整后基体群成形面一次完成零件成形。对于薄板类件的变形，除设计成形面外还需正确选择压边力。

2. 分段成形技术

分段成形利用多点成形的基体群成形面可变的特点，对于尺寸大于设备成形范围的零件，逐段、分区域连续成形，从而实现小设备成形大尺寸、大变形量的零件。这种成形方式中，板材分成三个区：已成形区、过渡成形区及未成形区。这几个区域在变形过程中是相互影响的，过渡区中成形面的几何形状对分段成形效果具有决定性作用，过渡区设计是分段成形最关键的技术问题。采用一种主要基于几何的过渡区设计方法，实践证明这种方法不仅简单，且非常有效。基本思想是使处于过渡区变形板材的曲率从已变形区到未变形区之间的变化均匀，这时板材上将不会因某些局部过度变形而产生缺陷，变形区间的衔接也会平滑。

3. 反复成形技术

回弹是板材冲压成形中不可避免的现象，在无模成形中利用基体群成形面可变的特点，可采用反复成形的方法减小回弹并降低残余应力。反复成形时，首先使变形超过目标形状，然后反向变形并超过目标形状，再正向变形，如此以目标形状为中心循环反复成形，直至收敛于目标形状。

4. 多道成形技术

对于变形量很大的零件，可逐次改变多点模具的成形面形状，进行多道次成形。其基本思想是将一个较大的目标变形量分成多步，逐渐实现。通过多道次成形，将一步步的小变形，最终累积到所需的大变形。

通过设计每一道次成形面形状，可以改变板材的变形路径，使各部分变形尽量均匀，使板材沿着近似的最佳路径成形，从而消除起皱等成形缺陷，提高板材的成形能力。因此，多道次成形也可看成是一种近似的多点压机成形。

当成形件上出现轻微的皱纹或皱折时即认为达到了板材的成形极限，板材的成形能力可由达到成形极限时的变形量来反映，多道次成形时板材的成形能力得到提高。

2002年哈尔滨工业大学王仲仁教授为了解决大型风洞收缩段形体的制造困难问题，发明了多点"三明治"成形工艺(Multi-Point Sandwich Forming, MPSF)。该工艺不仅能显著减小制造时间及费用，还能成形出质量高的工件。

多点"三明治"成形是一种模具形面可调整的板材柔性成形新工艺。多点"三明治"成形的下模由离散的多点模具和金属护板组成，上模是规则排列的聚氨酯板，因其在成形过程中有类似三明治的结构，于是称之为多点"三明治"成形，如图7.37所示。

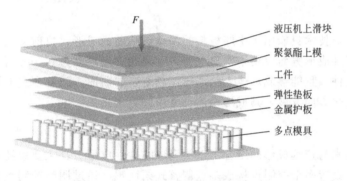

图 7.37　多点"三明治"成形原理

该工艺与传统的多点模具成形相比，相邻冲头之间有一定距离而非紧密排布，且冲头阵列的四周也没有金属框架进行支持。在成形过程中金属护板起到使离散模具连续的作用，它可以重复使用，即成形不同的工件可以使用同一个护板。由于金属护板直接和多点模具的冲头接触，因此，不可避免会出现压痕，为了让压痕不传播到所要成形的工件表面，在护板和板材中间放置弹性垫板。该工艺与传统的多点成形工艺相比，只需要在一侧采用多点模具，因而成形相同尺寸工件所需的冲头数量少，从而使其模具调节所用时间和模具制造费用都减少。在整个成形过程中，工件的上、下表面始终与聚氨酯橡胶接触，因此，所得工件表面质量好，无划痕等缺陷。

7.5.3　应用与发展

随着航空航天、海运、高速铁路、化工等行业的发展，对三维曲面板件的需求也在不断地增加，传统的板料成形方法已不能适应这种发展的要求，三维曲面板件的生产需要更加先进的制造技术。因此，多点成形技术正在向大型化、精密化及连续化方向发展。

1. 大型化

多点成形作为一种柔性制造新技术，特别适用于三维板件的多品种小批量生产及新产品的试制，所加工的零件尺寸越大，其优越性越突出。已开发的鸟巢工程用多点成形装备的一次成形尺寸为 1350mm×1350mm，成形面积接近 $2m^2$，而分段成形件的长度达 10m，如图 7.38 所示。

图 7.38　鸟巢整体结构

随着多点成形技术的推广与普及，设备的一次成形尺寸也在逐渐变大，甚至可达到 $10m^2$ 左右。

2. 精密化

以前多点成形技术只能用于中厚板料的简单形状曲面成形，目前多点成形技术已在薄板成形与复杂工件成形方面取得了明显进展，已经能够用厚度为 0.5mm 甚至 0.3mm 的板料成形曲面类工件，且能够成形像人脸那样比较复杂的曲面。随着多点成形技术的逐渐成熟，正在向精细化方面发展，其成形精度也将得到更大提高。

3. 连续化

多点调形技术与连续成形的结合可以实现连续柔性成形。其主要思路如下：在可随意弯曲的成形辊上设置多个控制点构成多点调整式柔性辊，通过调整控制点形成所需要的成形辊形状，再结合柔性辊的旋转从而实现工件的连续进给与塑性变形，进行工件的无模、高效、连续、柔性成形。基于这种新的成形原理，已经开发出柔性卷板成形装置，且实现了多种三维曲面的连续柔性成形，如图 7.39 所示。连续柔性成形技术具有很多突出的技术特点，有很好的应用前景。

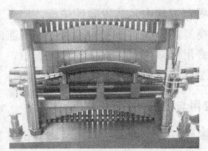

(a) 球形件　　　　　　　　　　　　(b) 马鞍形件

图 7.39　三维曲面成形

风洞的收缩段是连接稳定段和试验段之间的一段光滑过渡的管道，它可以使稳定段的气流均匀的加速后进入试验段。为了保证收缩段形体的光滑过渡，收缩段必须由不同的曲面组成。图 7.40 所示为采用多点"三明治"成形工艺制造的大型低速增压风洞收缩段形体前半部分，其一端为直径 1.3×10^4 mm 的圆形断面，另一端为八角形结构，中间为过渡曲面。

对于此类大型收缩形体往往要由几百块弧形板组成，如用压制法成形势必需要很多模具，因此，模具加工时间会很长和成本会很高；如采用手工锤击成形的方法，成形出来的工件精度低且加工时间长。因此，使用多点成形方法可在不用更换模具的条件下，通过调节冲头高度成形出不同曲率的工件，减少了制造时间，降低了制造成本，非常适于类似风洞收缩段形体的大型曲面结构的制造。

图 7.40 风洞的收缩段形体的前半部分

7.6 数控增量成形

板料增量成形是 21 世纪市场向多元化、个性化方向发展的背景下诞生的，是适应零件单件或小批量生产的一种柔性加工方法。在批量生产向个性化生产转变的今天，要想在竞争日趋激烈的国际市场中占领一席之地，产品的小批量多样化发展趋势演变成一种新的经济形式——小批量多品种灵活市场经济形式。为了适应这种灵活的市场需求，必须构筑板料的增量成形法等柔性加工生产系统。

近年来，板料增量成形工艺得到国际社会的普遍关注，许多国家，如日本、美国、俄罗斯、加拿大等国学者纷纷参与其中，探索不同的加工工艺和各式各样的工艺试验，并用数值模拟方法进行理论验证和指导，取得了丰硕成果，为推动增量成形技术的发展做出了突出的贡献。

7.6.1 原理及特点

1. 工艺原理

增量成形是近年来发展起来的一种新型特种塑性成形技术。板料增量成形是采用简单工具对板料进行逐次塑性加工的一种工艺，不需要专用的模具就可成形较为复杂的零件，是一种柔性的塑性加工方法。通常是在 CNC(Computer Numerically Controlled)数控机床上进行，根据板料成形过程的要求，编制出数控机床的控制程序，利用数控机床的进给系统来控制带有球头的柱状工具，使板料按照给定的轨迹逐步成形，最终达到坯料所要求的形状，因此，也被称为逐点增量成形。

在进行增量成形之前，首先将板料用压板在机床上压紧，底部留有一定的空间以容纳板料的变形，将数控机床的切削刀具换成成形球头，如图 7.41(a)所示。准备完成后，使成形球头按照一定的顺序向板料施加作用力。一般来说，这种作用方式有以下两种：

(1)逐点作用方式。即成形球头在一点压向板料，使之产生一定的变形后再抬起，然后移动到下一点再压下板料，如此循环使板料逐次产生一定的变形，这些变形的累积就使板料产生了一定的整体变形，如图 7.41(b)所示。

(2)连续轨迹作用方式。即成形球头在一点压向板料，使之产生一定的变形，然后按一定的轨迹运动，在整个运动过程中板料连续变形，待完成一条路径的变形运动后，将成形球头抬起，移向下一条轨迹的起点，重复以上的运动，如图 7.41(c) 所示。

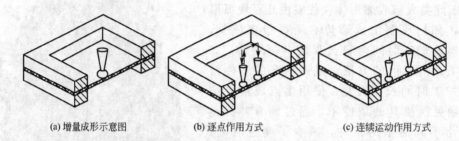

(a) 增量成形示意图　　　(b) 逐点作用方式　　　(c) 连续运动作用方式

图 7.41　数控增量成形原理示意图

这两种增量成形的基本原理是相同的，即都是靠逐次变形的累积产生整体的变形，这也是增量成形名称的来历。然而，两种成形方式的不同使得变形的累积方式有所差异。在逐点作用过程中，成形载荷总是正交于或近似正交于板料的中面。由于成形球头的半径远小于板料的横向尺寸，所以，板料每次产生的变形仅发生在球头的周围。在连续轨迹作用方式下，成形球头以正交的方式压入板料，然后沿板料横向运动，所以，变形主要发生在球头运动轨迹的前侧。无论用以上何种方式成形，其结果总是使板料的厚度减薄，表面积增大。在板料成形工艺中属"胀形"类，但它与通常的液压胀形及凸模整体胀形有本质不同。板料增量成形属累积胀形，由于每个道次的变形互相影响，所以，这种累积变形并不是简单的叠加。典型的走刀轨迹，如图 7.42 所示，刀间距和进给量对加工过程中突起程度的影响对比如图 7.43 所示。

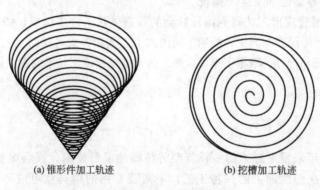

(a) 锥形件加工轨迹　　　　　　(b) 挖槽加工轨迹

图 7.42　典型的走刀轨迹

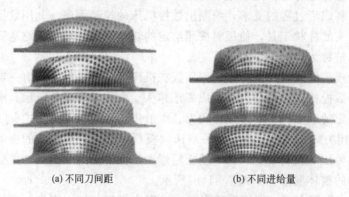

(a) 不同刀间距　　　　　　(b) 不同进给量

图 7.43　加工过程中突起程度比较

2. 成形特点

（1）增量成形是一种柔性制造工艺。无需专用模具，适合于多品种、小批量或单件产品的生产和新产品试制。

（2）增量成形的工艺特点是能够逐点控制板料的变形程度，因而能够充分利用板料的可成形性。

（3）不同成形轨迹对板料变形的影响程度不同，合理地制定成形轨迹是增量成形工艺的关键所在。

7.6.2 研究及应用概况

俄罗斯、美国和日本均采用数控增量压弯成形技术制造了用在航空航天器上的网格式整体壁板。其中，俄罗斯在这方面的研究和应用居于领先地位，已经实现了增量压弯成形的自适应控制技术，通过在线检测系统测量工件的变形情况，将有关信息反馈到设备控制系统，由控制系统基于有关的工艺知识库确定下一步的工艺参数，并控制设备自动完成有关成形工序，使零件的外形尺寸达到要求的精度。

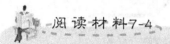
阅读材料7-4

增量成形技术的研究及发展趋势

日本在增量拉深成形方面的研究开始的也较早。1996年，井关日出男试做了柔性的逐次胀出装置，该装置虽然是手动的，但可以控制6个方向的运动，在该装置上装上铝板，利用球形或圆柱形工具对铝板进行逐次胀出成形。同年，北泽君义把数控车床改装成为数控增量成形机，采用棒状工具，用厚度分别为1mm和0.6mm的硬铝板进行逐次成形，虽然没用模具，但也用薄板成形了各种筒形零件，如图7.44所示。

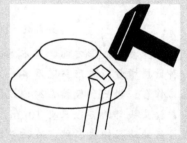

图7.44 锤击逐次成形工艺示意图

2009年，德国人Taleb Araghi B等提出了另一种突破了单点增量成形极限的新工艺：拉深、增量成形复合工艺，拉深、增量成形复合工艺和制出的零件如图7.45

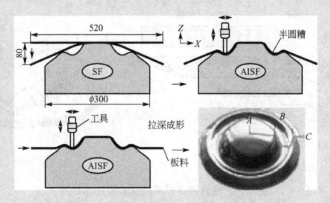

图7.45 拉深、增量成形复合工艺和零件

所示，先对板料进行传统的拉深成形，最后一步用增量成形法成形出零件上的环槽，这样就成形出了底部带深环槽的复杂零件。

德国人 Bambach M 等研究了用多道次增量成形和热处理相结合来提高锥台类零件几何精度的方法，他们认为既然弹性变形引起的回弹是影响零件几何精度的重要因素，那么，一个零件采用单点增量成形法和多道次成形法成形后，通过比较弹性变形的大小和弹性变形量的极值，就可判断所得零件几何精度的高低；他们采用 CATIA V5 版软件模拟了单点成形和三种不同路径的多道次成形零件，结果表明：多道次成形减少了零件的回弹，提高了零件的几何精度，并且增量步数越多，每步位移越小，每步压下量越小时，零件的几何精度越准确；接着又讨论了热处理工艺对零件几何精度的影响，研究结果表明：多道次成形和去应力退火是提高零件几何精度的措施之一。同年，德国人 MeierH 等提出了提高零件几何精度的另一种方法：用两个机器人控制的无模增量成形新技术，如图 7.46 所示。

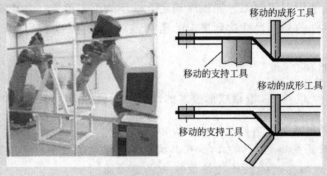

图 7.46　机器人控制的无模增量成形过程和制件

在增量微成形方面，日本 Saotome 等研究具有代表性。图 7.47 所示是其研制出的一种数控增量微成形系统及其采用增量法成形的微型汽车壳体件。该系统由高定位精度的工作台、锤头和数控系统以及驱动系统组成。系统的工作原理是在工作梁上装有一锤头，锤头头部的直径只有 10μm，锤头的移动靠压电陶瓷来驱动，冲头沿着计算机程序设计好的路径锤击工件。在冲头的锤击下，金属板料发生微小弯曲和胀形变形，在逐步锤击循环后，最终成形出所需的工件形状。该套系统被安装在真空室内，成形过程中

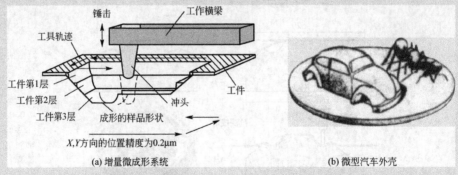

图 7.47　增量微成形系统及微型汽车外壳

借助扫描电子显微镜来观察。使用这个系统，用厚度只有 $10\mu m$ 的箔材，在不使用模具的情况下成功地制作出了长 $600\mu m$、宽 $400\mu m$、高 $100\mu m$ 的三维立体微型汽车模型，尺寸大小与蚂蚁相当。

资料来源：张庆丰等. 板料增量成形的研究进展. 锻压技术，2010，35(2).

7.7 激 光 成 形

7.7.1 成形原理

金属板料的激光弯曲成形是通过激光束加热金属板料产生的热应力梯度来弯曲变形的。如图 7.48 所示。在激光照射的区域与未照射到的区域形成了极不均匀的温度场，这样，产生的热应力就会强迫金属材料发生不均匀的变形。当金属内部的热应力超过材料的屈服极限时，材料就会发生塑性变形。整个变形过程可分为加热和冷却两个阶段。激光照射到的区域经历了从固态到液态再从液态到固态的过程，加热区的冷却可采用空冷也可采用液体或气体冷却，冷却的目的是为了控制金属的变形。

根据激光成形过程中的工艺条件和成形温度分布的不同，可将成形机理分为温度梯度、屈曲、增厚和弹性膨胀等方面，如图 7.49 所示。

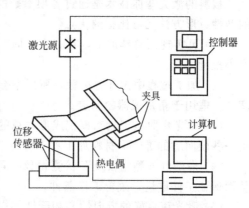

图 7.48　板材激光弯曲原理示意图

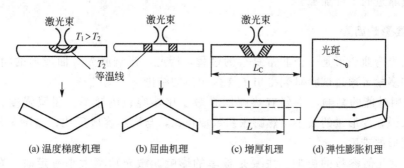

(a) 温度梯度机理　　(b) 屈曲机理　　(c) 增厚机理　　(d) 弹性膨胀机理

图 7.49　激光弯曲成形机理

温度梯度机理：当金属板料的一侧受到激光的照射时，在照射区域的厚度方向会产生很大的温度梯度。由于温度的不同，在靠近光源的区域金属材料容易受热产生膨胀变形，使板料弯向反向区域，但弯曲量很小，在背向光源的区域由于没有受到激光的照射温度变化不大，而受热膨胀区域会受到周围区域的约束而产生压应变。在冷却时，热量流向周围的材料，变形区的材料收缩，它们会对压缩区的材料产生拉应力，但是变形区的材料难以恢复原来的形状，从而使板料弯向靠近光源的方向。

屈曲机理：如果加热区过大，材料的热导率高且厚度过小时，在板料厚度方向上的温度梯度就会很小，由于周围材料的约束会使加热区板料产生压应力，当压应力超过材料的屈服应力时，加热区的材料产生局部失稳，产生弯曲。在进行冷却时，周围材料对变形区的约束力减小，从而使板料产生更大的弯曲变形。

增厚机理：加热区的材料受热膨胀后，由于受到周围材料的约束，所以，在厚度方向上材料就会产生较高的内部压应力使材料堆积，就会使材料厚度方向增加而长度或宽度减少，在冷却过程中，加热区的材料不能恢复从而产生增厚。通过选择正确的加热路径，可实现零件的加工。

弹性膨胀机理：当激光仅照射一个局部区域时，在板料加热区导致的热膨胀要比温度梯度机理大。同时热膨胀表现在局部，会使板料产生纯的弹性变形使板料产生小的弯曲。但是，这种弯曲是有限的，因此，可通过对邻近区域进行点或块的照射方式来增大变形。

7.7.2　工艺特点

板料的激光弯曲技术是通过各项参数的优化来精确控制板材的弯曲程度，它具有传统的塑性成形方法无可比拟的优点：

（1）可实现无模具加工，具有生产周期短，柔性大的优点，因此，特别适于大型单件及小批量生产。

（2）加工过程中无外力接触，所以不会出现回弹和由此带来的诸多问题，因而加工精度高，适用于精密仪器的制造。

（3）激光弯曲属于热态累积成形，总的变形量由激光束的多次扫描累积而成，这就使得一些硬而脆的难变形材料加工易于进行，可用于许多特种合金和铸铁件的弯曲变形。

（4）借助红外测温仪及形状测量仪，可在数控激光加工机上实现全过程的闭环控制，从而保证工件质量，改善工作条件。

（5）激光束良好的方向性和相干性使得激光弯曲技术能够应用受结构限制、传统工具无法接触或靠近的工件加工。

7.7.3　主要影响因素

板料激光弯曲成形是一个非常复杂的过程，因此，影响激光弯曲成形的因素也较多。国内外的许多学者通过试验研究得出了许多相似的结论：

（1）材料性能的影响，主要有热膨胀系数、比热容、热导率、屈服强度、弹性模量等。一般来说，变形量的大小与热膨胀系数成正比，与比热容成反比，会随其他参数的增加而加大变形的难度。

（2）板材几何参数的影响，主要是板厚的影响。激光功率大小一定时，在板比较薄时，激光照射区与板背面的温度梯度比较大，成形比较容易，但随着板厚的增加，温度梯度的变化逐渐变小，周围材料的阻力限制了材料的变形，因此，弯曲变得越来越困难。

（3）激光加工工艺参数的影响，主要有激光的输出功率、光斑的大小、扫描的速度等。这些因素都会影响到板料与激光束之间的能量交换，季忠博士后采用了遗传算法对成形工艺参数进行了优化，建立了矩形板激光弯曲成形工艺参数的优化设计系统。由于一次扫描板料的弯曲角度比较小，通常采用在同一路径下重复扫描的方法来增大弯曲变形量。

激光成形的典型工件实例照片如图 7.50 所示。

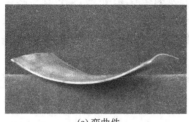
(a) 弯曲件

(b) 成形件

图 7.50　激光成形的典型工件

7.8　高强钢热成形

先进汽车轻量化材料——高强钢

　　汽车减重一个重要手段是采用高强度钢板来代替原先使用的软钢板（屈服强度270MPa以下），采用高强度钢板后，其屈服强度的下限为275～460MPa。由于强度提高，按等强度转换原则，钢板的厚度就可减少，自然可以降低钢材用量。

　　据北美汽车行业协会统计，一辆普通轿车（相当于普通桑塔纳车级别）软钢用量和所用各种材料总量从 1977 年至 2004 年的变化很大，高强钢和铝合金用量呈逐年增加趋势。在这 20 多年内单车的软钢用量下降 600kg，车身总重下降了 400kg。日本近年来高强钢板使用率也超过 40%，在 ULSAB-AVC（超轻钢车身先进概念车）中白车身上使用各类高强钢板达到 100%，从而使汽车白车身减重 20%，不仅成本显著降低，并符合2004 年安全法规。

　　传统汽车制造中最常使用的是低碳钢，其抗拉强度为 200～300MPa，有良好的成形性，以及生产成本低。而高强钢 HSS（High Strength Steel），例如，低合金高强钢（HS-LA）利用合金元素提高钢的强度，使钢的强度达到 500MPa。与传统高强钢相比，先进高强钢具有较低的屈强比、较好的应变分布能力、较高的应变硬化特性。同时，先进高强钢 AHSS（Advanced High Strength Steel）的力学性能更加均匀，因而其回弹量的波动小，这类钢具有更好的减重潜能、碰撞吸收能、高的疲劳强度、低的平面各向异性和更高的疲劳寿命等优点，因此，采用这类钢具有更多的降低板厚、减薄规格的可能性。

　　资料来源：International iron and steel institute. Advanced high strength steel（AHSS）application guidelines，2006.

7.8.1　高强钢的力学性能

　　国际钢铁协会将高强钢分为传统高强钢（Conventional high strength steels，HSS）和先进高强钢（Advanced high strength steels，AHSS）。传统高强度钢为单一铁素体组织，包括有微合金钢、碳锰钢、各向同性钢、高强度 IF 钢和低合金高强度钢等几种类型。先进高强度钢为多相组织,包括双相钢、复相钢、相变诱发塑性钢和马氏体钢等。由于采用了以相变强化为主的复合强化方法,基体的强度和综合性能得到了有效提高。先进高强钢是基于传统高强钢提出来的概念,一般来说抗拉强度在 700MPa 以上的钢就称为先进高强钢。钢材的力学性能主要体现在其塑性和强度,AHSS 的研究也基于 HSS 朝两个方向发展:一个方向是强度基本不变,提高其塑性性能;另一个方向则是塑性基本不变而提高其强度。塑性提高的钢种有双相钢(DP),相变诱发塑性钢(TRIP);强度提高的钢种有复相钢(CP)、马氏体钢(MS)等。

1. 应变硬化指数和厚向异性指数

金属成形性能受应变硬化指数 n 值的影响很大,n 值是决定最大拉深程度的一个关键因素。成形极限曲线的高度与应变硬化指数 n 值成正比,应变硬化指数 n 值越高,应变越均匀。对高强度钢而言,应变硬化指数 n 值随着屈服强度的增加而减少,因此,限制了一些高强度钢的应用。图 7.51 所示是低合金高强钢、双相钢和应变硬化钢的硬化指数随应变的变化关系。

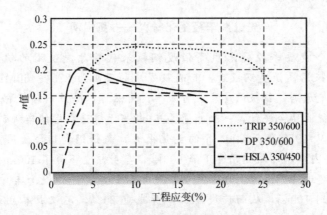

图 7.51   硬化指数 n 值与应变的关系

在 5%～15% 应变范围,低合金高强钢 HSLA350/450 应变硬化指数 n 值为基本不变。对于双相钢(DP),在应变小于 7% 时,具有更高的 n 值。较高的初始应变硬化指数 n 值有助于限制局部应变的产生和大梯度变形的生成。降低变形梯度可减少金属板材的局部变薄。以双相钢 DP350/600 来替代低合金高强钢 HSLA350/450,使其最大变薄率从 25% 降至 20%。与双相钢(DP)在较低应变值下 n 值增加不同,相变诱发塑性钢(TRIP)在高应变值会持续产生新的岛状马氏体,这些新的马氏体能保持较高的应变硬化指数 n 值。

所以,HLSA 钢的 n 值为 0.14,基本为常数;DP 钢当应变小于 7% 时,n 值较大,应变大于 7% 时与 HLSA 钢相近;TRIP 钢当应变大时保持较高的 n 值为 0.25;TWIP 钢当应变在 30%～50% 范围内 n 值为 0.4。

厚向异性指数 r 值是指板料宽度方向应变与厚度方向应变之比。如果 r 值大于 1,板料平面方向比板厚方向容易变形,能够提高板料的杯突值和扩孔值;如果 r 值小于 1,板料的塑性成形性能较差。抗拉极限强度超过 450MPa 的高强钢和热轧制钢的 r 值接近于 1。因此,屈服强度相近的普通高强度钢和先进高强度钢变形方式受 r 值的影响规律基本相同。

2. 高强钢的应力应变曲线

图 7.52 所示分别为低合金高强钢(HSLA)、双相钢(DP)、相变诱发塑性钢(TRIP)及复相钢(CP)的真实应力应变曲线与低碳钢的比较。

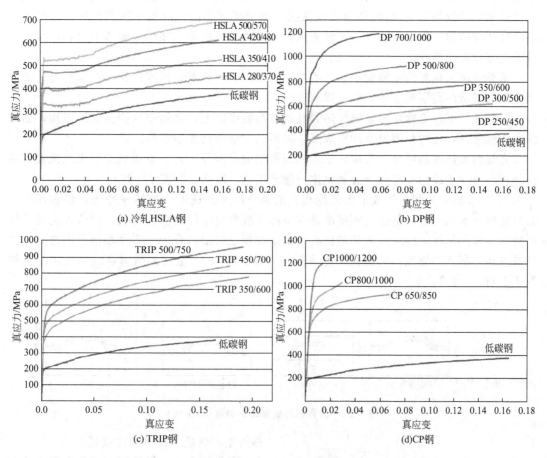

图 7.52　不同钢种的真实应力应变曲线与低碳钢的比较

为了表明材料具有应变速率敏感性的特点,在应变速率 $10^{-3}/s \sim 10^{3}/s$ 内的进行了中等应变速率的试验测试。作为参考,典型冲压过程中观察应变速率接近 $10^{1}/s$ 时的情况,结果表明,屈服强度极限和抗拉强度极限随着应变速率的增大而增加。当应变速率达到 $10^{1}/s$ 时,屈服强度极限和抗拉强度极限将随着应变速率每增加一个数量级增加 $16 \sim 20MPa$,这些屈服强度和抗拉强度的增长小于低强度钢。这就意味着在实际钢板成形过程中,屈服强度和抗拉强度发挥的作用比传统静态应力分析报告中发挥的作用要大。

7.8.2　工艺特点及实例

先进高强度钢随着强度性能的提高,其成形性能大为降低。在成形过程中极易产生开裂等现象,限制先进高强钢应用的主要问题是室温塑性差和成形极限低,在室温下几乎无法成形稍微复杂的构件,因此,需要采用热成形方法来实现先进高强钢板的成形。

热冲压成形就是利用金属在高温状态下,其塑性和延展性迅速增加,屈服强度迅速下降的特点，通过模具使零部件成形的方法，成形后的冷却过程相当于对材料进行了一次形变热处理，使组织性能得到了强化。与板料冷冲压相比，板料的热冲压成形具有塑性好、成形极限高、易于成形、成形后强度提高等优点。并采用加热的液体介质代替刚性凹模传递载荷，使板材在传力介质的压力作用下贴靠凸模以实现成形。由于背压的作用，产生有益"摩擦保持效果"，在凸模圆角处及法兰区形成流体润滑，降低了不利摩擦，提高了变形危险区和传力区的承载能力，可显著地提高零件成形极限，减少中间成形过程，可一次成形出复杂薄壳零件。

常温时高强钢板的变形量小，所需冲压力大，容易开裂，回弹严重，冷成形工艺难以满足复杂形状的高强钢零件的制造要求。

高温条件下，也就是把金属加热到其再结晶温度以上，金属塑性会显著地增加，屈服强度大幅降低，此时利用模具冲压成形，可得到复杂的高强钢零件。

高强钢板热成形可分为直接热成形和间接热成形两种工艺。直接热成形工艺流程：落料→加热→冲压成形和淬火→去氧化皮→激光切边、割孔，如图 1.4 所示。

图 7.53 所示为间接热成形工艺流程：落料→冷压预成形→加热→冲压成形和淬火→去氧化皮→激光切边、割孔。间接法是在室温下成形出零件的大体形状，可节省高温下保压时间，减少能耗。热成形工艺的核心技术是在保压定型过程中，零件在模具内淬火，这样既可获得很高的强度，又避免了冷成形的回弹，图 7.54 是用高强钢热成形工艺制造的汽车 B 柱。

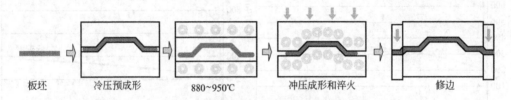

板坯　　冷压预成形　　880~950℃　　冲压成形和淬火　　修边

图 7.53　高强钢热成形工艺流程(间接法)

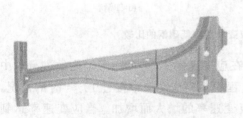

图 7.54　热成形工艺制造的高强钢 B 柱

高强钢板热成形技术的优点是：

(1) 变形抗力小、塑性好、成形极限高、改善冲压成形性；

(2) 控制回弹，提高零件尺寸精度；

(3) 降低压力机吨位要求；

(4) 变形抗力低，减小了模具的单位压力；

(5) 生产周期短。

高强钢板热成形技术的缺点是：

(1) 设备投资大，试验线投资 200 万～300 万欧元，生产线投资 600 万～800 万欧元；

(2) 模具设计和加工复杂，一般需要制作两套模具，第一套供调试，第二套供实际生产；

(3) 制造成本高，维护、保养成本高。

7.8.3　主要技术条件

高强钢热成形工艺是通过塑性变形和组织转变获得具有高性能的马氏体钢零件，其关键在于控制冷却速度和加热温度。

1. 主要技术参数

(1)冷却速度。冷却速度对成形后的组织影响很大，通过调节冷却速度，获得尽量多的马氏体组织并细化晶粒。

(2)保压冷却时间。马氏体转变是在不断降温条件下完成的，冷却时间根据具体材料确定。

(3)加热温度。应达到奥氏体化温度，使材料在奥氏体状态下成形。在不同加热温度下，高强钢的成形性能有很大差别，适宜的温度下，高强钢可以成形出复杂的板料零件。

(4)加热时间。时间太短加热不均匀，时间太长则晶粒会长大，增加其脆性，这对板料冲压是十分有害的。

(5)压边力。压边力对成形后回弹的影响很大，合适的压边力范围应以零件既不起皱，又不致使零件侧壁和口部产生显著变薄为原则。

2. 实施方式

1)加热设备

大多数热成形工艺中需要加热模具和板料，加热设备包括炉子、加热板、环形炉、电加热装置、传热流体、感应加热器及红外加热器。对于少量模具，可用手工喷灯火焰加热，对于可迅速处理的小模具可用靠近成形设备的炉子加热。

2)加热方法

(1)电加热：用电加热装置常用来加热模具。某些模具用电阻加热，低压、大电流通过导电卡子进入模具。或采用电热管环绕模具进行加热，并配以温度控制系统以保证模具的温度恒定。

(2)辐射加热：用辐射来加热模具和工件，辐射加热特别适用于工件快速加热及应用快动压力机的场合。此外，使用该种加热方法要用石棉布盖在工件上以使热量损失最小。

(3)红外加热：最普通的方法是用一组红外线灯。红外加热的主要优点是只加热模具和工件而不加热周围区域，加热费用少，工作场地温度低，危险较小。

(4)气体加热：通常气体加热具有一定的优越性，因为安装设备简单，燃料费用一般也低，喷嘴接触模具，使得火焰接触模具表面。

(5)流体加热：传热流体用于加热工作台板、坯料以及其他成形模具，用此法加热迅速，温度好控制。传热流体是天然的或人工合成的可耐高温的热油，通常在模具内的通道里循环，流动易于实现，且它通过工具或模具内的导管循环。商业上现有传热流体的设备，包括汽化发生器、循环机构和温度控制系统。

3)温度控制

热成形工艺中的温度控制很重要。对于少数零件成形，接触式高温计或温度敏感棒能较好地用于温度测量。有时也用一些特殊彩色粉笔，在达到一定温度时金属表面的粉笔道变白。

对于大多数的热成形工艺，主要采用自动温度控制器。辐射加热和红外加热比其他的方法加热难控制。有一种红外灯带有一种控制器，在工具或工件达到所希望的温度时能扩大或缩小这个灯的加热功能；另一种红外加热的温度控制是由专门的辐射计组成，这种辐射计只对被加热表面热辐射敏感。

对于气体加热，为保持所希望的温度，一般通过调节电磁阀门使气体加热系统的控制器降低或升高火焰。

4）润滑及润滑剂

润滑在热成形中比在冷成形中更为重要，因为模具及零件划伤概率随温度的提高而增加。为了减少坯料与压边圈及模具之间的摩擦，利于金属流动，防止粘模，并保证良好的零件外观质量，必须采用润滑剂。热成形常用的润滑剂有二硫化钼、石墨及特殊专用润滑剂。

5）成形模具

由于高强钢的成形力较低碳钢有大幅度提高，所以，为了提高模具寿命，高强钢成形模具一般需进行表面处理以提高其硬度和耐磨性，尤其对于屈服应力大于 350MPa 的板材，进行表面处理之前需对模具基体表面进行渗氮处理，提高其硬度和耐磨性。

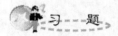 习 题

1. 结合图 7.8～图 7.11 说明充液拉深成形的工艺特点及优势。

2. 写出内高压成形主要工艺参数（初始屈服压力、开裂压力、整形压力、轴向进给力、合模力和补料量等）的表达式。

3. 粘性介质成形的原理及特点是什么？

4. 聚氨酯的特性及典型成形工艺是什么？

5. 多点成形的工艺特征及发展趋势是什么？

6. 数控增量成形的工艺原理是什么？

7. 激光成形的特点及主要影响因素是什么？

8. 简述高强钢热成形的工艺流程。

第8章

拼焊成形

知识要点	掌握程度	相关知识
拼焊成形的原理及特点	掌握拼焊成形的原理及优缺点	板材成形和管材成形塑性变形规律
拼焊成形种类	了解拼焊成形的提出背景 掌握拼焊成形的种类	汽车轻量化的概念 材料轻量化和结构轻量化的区别
拼焊成形的工艺特点及常见缺陷	掌握拼焊成形的工艺特点 了解拼焊板和拼焊管成形时常见的缺陷形式及控制措施	拼焊成形应力应变规律 焊缝移动，成形极限，塑性失稳
拼焊成形常用的焊接技术	熟悉拼焊成形时常采用的焊接方法及各自的优缺点	激光焊、电阻焊、电子束焊

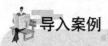导入案例

激光拼焊技术在宝钢的研究和应用

随着生活水平的不断提高和改善，人们越来越多使用轿车作为交通工具。轿车在给人们带来方便的同时，也带来了许多问题。其中，对能源的大量消耗便是需要关注的问题之一，而能源危机一直是困扰人类的一大全球问题。轿车车身越重，对能源的消耗便越多。因此，汽车工业一直致力于在不降低轿车结构稳定性的同时减轻车身质量。为了满足这一要求，许多新技术便不断出现。在诸多新技术的使用和发展过程中，拼焊技术便是其中之一，满足了在提高汽车结构安全性的同时降低车重的特定要求。

随着激光技术的发展，激光加工在工业中得到了大量的运用，以钢铁和汽车行业为例，激光加工技术在冷轧钢板的连续生产轧制和轿车生产等各方面得到了大力推广。而在介于钢厂与汽车厂之间的配套加工厂，近年来激光拼焊技术得到了运用。激光拼焊技术即可将经不同表面处理、不同钢种、不同厚度的两块或多块钢板通过激光焊接方法，自由组合使之成为一个毛坯件，汽车厂直接使用此毛坯件冲压成零部件。因其具有自由组合，类似裁缝的性质，可将不同的钢板进行拼接，故此项技术一推出，便将此类钢板称为拼焊板（Tailor Welded Blanks）。在1993—1997年期间，由35家钢厂和汽车厂联合发起的超轻型车体 ULSAB（Ultra Light Auto Steel Body）项目中，对在白车身结构件中使用激光拼焊技术便加以大力推广。激光拼焊技术已经被广泛运用在纵梁、保险杠、门内板、地板、立柱等结构件中。目前，诸如通用公司、大众公司、福特公司、丰田公司、本田公司等大型汽车公司都已经在他们的新车型设计中运用此项新技术。激光拼焊实例如图8.1、图8.2所示。

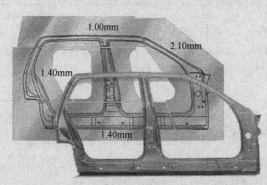

图 8.1　车身侧围板采用激光拼焊板

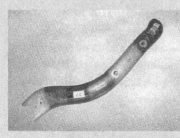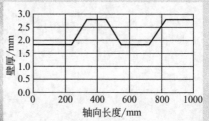

图 8.2　BMW PL2 地盘后轴纵臂

资料来源：http://baike.sososteel.com/doc/view/56950.html.

8.1 拼焊成形原理及特点

8.1.1 拼焊成形的基本原理

拼焊成形是指将不同厚度、形状、成分、性能以及不同表面涂层的坯料拼焊在一起形成成形前的毛坯，然后在模具中加压成形出所需零件形状。利用拼焊板（管）进行冲压（内高压），成形的特点是在零件的不同部位可以获得不同的使用性能，从而达到减轻构件的质量、加强构件局部抗腐蚀能力、提高强度和刚度的目的，拼焊成形的原理如图8.3所示。

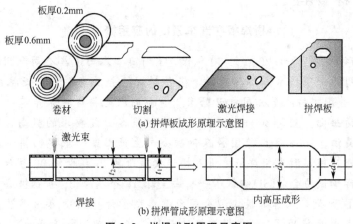

图 8.3 拼焊成形原理示意图

8.1.2 拼焊成形的特点

拼焊成形的特点是可以在零件的不同部位获得不同的使用性能，具体优点如下：

（1）由于在变形前已将各部件焊接在一起，可以基本消除焊接残余变形，提高构件整体精度和质量；

（2）在成形前进行拼焊或在轧制过程中焊接，焊接工艺简捷；

（3）零件整体化，减少装配数量，简化安装程序；

（4）改善部件抗冲击能力，焊接件的抗冲击能力比组装件好；

（5）减轻部件质量，降低材料成本，充分发挥材料作用。

然而，由于拼焊板（管）壁厚或材质的不同引起板料的不均匀变形给冲压成形工艺带来一系列问题，如起皱条件改变、压边圈需要改型、焊缝发生不均匀偏移等。

8.2 拼焊成形提出及应用

8.2.1 拼焊成形的提出

拼焊成形是近10年来兴起的一项成形技术，在汽车工业得到广泛应用，并成为衡量汽车制造技术先进性的标志。

以前，现实生产中要想得到不同性能要求的成形件，最常见的方法是先将不同坯料冲压成若干零件后，再点焊或铆焊成一整体零件，这很容易产生焊接变形和焊接残余应力，产品整体刚度不好，质量难以保证。为了改善整体零件的质量和性能，生产中采用整板成形法(one-sheet forming)，零件质量明显提高，但整个部件都用同样贵重的材料，既是浪费，又增加重量，已基本被放弃。如果采用拼焊板成形技术，则可避免这些问题，产品整体质量得到提高，拼焊成形就是在这种背景下提出的。

8.2.2 拼焊成形的应用

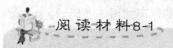 阅读材料8-1

拼焊板在汽车领域的应用概况

拼焊板成形最早起源于20世纪60年代，当时日本本田汽车公司利用边角小料做车身侧内板而采用的一项技术。但其后的十多年拼焊板并没有得到广泛推广。随后的20世纪70年代，美国福特汽车公司也开始采用自制的激光拼焊板做车身冲压件，但尚未形成规模化和商业化。直到80年代，随着社会对汽车性能要求的提高，拼焊板才受到越来越广泛的关注。1985年，德国蒂森钢铁公司生产出第一批宽幅拼焊板，并成功地用于Audi100车底板，激光拼焊板才进入快速发展阶段。20世纪90年代，美国钢铁协会(AISI)和国际钢铁协会(IISI)组织了一项由全球18个国家35家钢铁公司参加的超轻钢车身(ULSAB)计划，由保时捷工程公司负责车型设计。1998年3月生产出第一辆样车，在这个样车上共采用了16个拼焊板冲压件，车身零件数量减少20%，质量减轻25%。此后，拼焊板的年需求量迅猛增加。

目前，由拼焊板生产的汽车零部件已经成功地用于车身构件、外覆盖件、内覆盖件、A立柱、B立柱、车门内板、底板、车轮支架、减振器支架、横梁等车身部位。图8.4所示为拼焊板在整车上的应用情况。

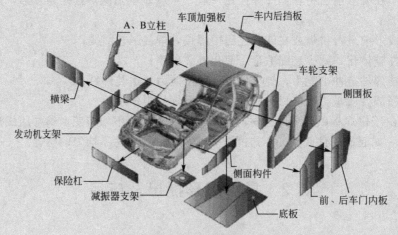

图 8.4　激光拼焊板在整车上的应用

资料来源：王春燕. 激光拼焊板制轿车整体侧围内板成形关键技术的研究. 吉林大学博士论文，2008.

拼焊结构真正意义上第一次在汽车车身的应用，是在20世纪80年代初。此次拼焊板结构的设计像催化剂一样促使这种先进板件制造方式在现代汽车制造业中迅速发展，真正推动拼焊板结构研究与发展的驱动力是来自于铝材料的竞争。随着人们对燃油消耗和排放要求的不断提高，市场和法规都需求一种轻型材料来替代钢铁材料以减轻汽车质量，从而铝材料因其低密度特性得到极大的重视，对钢铁在汽车上的应用构成了巨大的挑战。因此，钢铁公司需要寻找一种新型的钢铁结构来保持它的市场份额，而拼焊板无疑是最理想的结构。拼焊板结构允许车身零件采用不等厚板，在应力集中区域采用厚断面板，如铰链处和定位点处。这种在冲压成形前就布置不同钢铁材料或厚度的能力避免了传统结构中需要增加加强板、进行点焊等后续步骤。除了能够减轻质量和零件整合的优势外，拼焊板结构还具有提高材料利用率、减少模具数目和提高结构性能等优点。

随着成形技术的完善，1998年3月，ULSAB计划更是将拼焊板结构推向了世人瞩目的焦点。保时捷工程服务公司联合世界范围内的35家汽车钢铁企业制造出了一辆50%以上白车身零件是由拼焊板结构组成的汽车，车身零件包括由简单3块阶梯断面组合的大跨度地板，也有复杂的包括5块母材的多材料侧围板。ULSAB计划不仅提供了拼焊板商用的珍贵信息，而且在汽车厂商材料选择中提升了它们自身的形象。

1999年，基本上北美汽车公司制造的所有汽车车身上都或多或少地用上了拼焊板结构，且有逐渐上升的势态。其中，包括有2000 Lincoln LS上的减振器支座、2000 General Motors系列车型上的车身侧围内板和1999 Ford Focus上的B立柱。德国蒂森克虏伯公司从1985年开始生产汽车用拼焊板，1999年共拥有24条拼焊板生产线，2004年共生产59万t，位居世界第一位。目前，蒂森克虏伯公司新开发了带卷拼焊生产技术，它可以将不同厚度、不同钢种和不同涂层的成卷带钢拼焊起来，用于汽车零部件的加工。韩国浦项于2003年开始生产拼焊板，最初的年产能力为170万片；2004年10月，产能扩大到360万片；2005年，浦项光阳厂新的激光拼焊设备投产，年终产量达到670万片。日本JFE于2003年在日本率先从蒂森克虏伯引进激光拼焊板生产设备，于2004年开始生产，年产量为200万片。

我国对激光拼焊板生产的研究和应用中，以宝钢对此反应最为积极。宝钢从1991年就开始对拼焊板技术进行跟踪研究。1999年宝钢技术中心引进激光拼焊试验装置，对激光拼焊板技术进行研究，完成多家汽车厂部分零件的工艺研究，且进行了试冲试验，达到实际车身零件对激光拼焊板的要求。2004年宝钢钢铁股份有限公司与阿赛洛（Arcelor）公司联合投资成立了合资公司专门大规模生产激光拼焊板，以满足国内汽车厂对于激光拼焊板的需求。国内部分汽车生产企业如上海大众、一汽大众、上海通用等公司近期也相继采用了拼焊板技术，如图8.5所示。

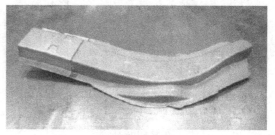

(a) 某轿车的前门内板　　　　　　　　　　　　(b) 某轿车的后边梁

图8.5　激光拼焊板冲压成形的国产轿车零件

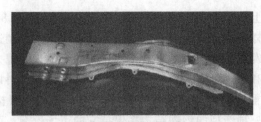

(c)某轿车的前纵梁加强版

图 8.5(续)

　　然而，国内对该项技术的应用与研究尚处于起步阶段，自主设计制造的能力较弱，一些汽车车身的重要零件还需要用国外进口的拼焊板进行冲压，所以成形模具亦依赖进口。

8.3　拼焊板成形工艺

8.3.1　焊缝的移动问题

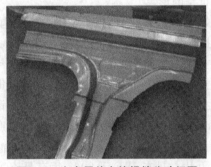

图 8.6　汽车零件中的焊缝移动问题

　　如图 8.6 所示，拼焊板成形过程中焊缝的移动问题是影响拼焊板成形性能的一个主要问题，焊缝的移动主要因为焊缝两侧基体金属变形不均造成的。

　　控制焊缝移动，可以抑制较薄或者较弱侧金属的局部塑性变形，增加厚侧或强侧金属流入凹模中的比例，从而提高拼焊板的冲压成形性。焊缝移动主要取决于边界条件（压边力、板料轮廓形状、焊缝位置等），而摩擦（包括焊缝的摩擦）、焊缝的几何形状和力学性能影响相对较小。研究结果表明：薄板所占比例越大，焊缝移动量越大，如图 8.7 所示。拼焊板的厚度比、强度比越大，焊缝移动量越大，如图 8.8 所示。焊缝移动可引起不均匀变形，导致局部严重减薄甚至发生开裂，如图 8.9 所示。控制焊缝移动可以抑制薄侧或弱侧金属的局部塑性变形，增加厚侧或强侧金属流入凹模中的比例，提高拼焊板的冲压成形性能。

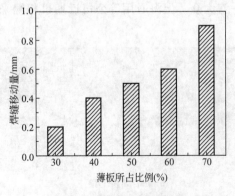

图 8.7　薄板占比例的影响

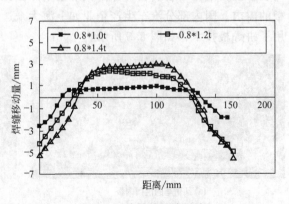

图 8.8　壁厚差异的影响

抑制焊缝的移动通常可以采用改变模具压边力法、合理布置拉深筋法、夹持焊缝法等方法。拉深筋控制方法主要考虑在薄侧材料处施加较高的拉深筋，在厚侧板料部分施加较低的拉深筋，以控制薄侧板料的流入，从而抑制焊缝移动；压边力控制方法是指在薄侧材料施加较大的压边力或采用较小的压边间隙，在厚侧材料施加较小的压边力或采用较大的压边间隙，也可达到控制薄侧材料流入、抑制焊缝移动的目的；焊缝夹紧方法则需要在现有模具上增加特定的部件，从而对焊缝实施夹紧，控制其移动，以利于设计和成形。

例如有学者提出"阶梯压边圈＋拉深筋"控制焊缝移动的工艺方案。试验表明该工艺方案能够抑制薄侧母材的破裂趋势，提高拼焊板

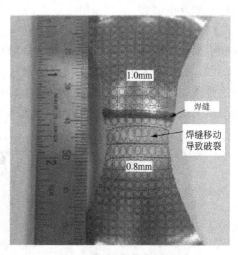

图 8.9 焊缝移动引起的开裂

的冲压成形性能，使焊缝移动量由原来的 30mm 降低为 9mm，如图 8.10 所示。成形件的最大减薄率发生在焊缝附近的厚侧母材，其减薄率为 23%，而靠近焊缝区域薄侧母材的减薄率为 4%～12%，这种方法有效地减小了焊缝移动量，提高了拼焊板的成形性能。Kinsey 等人提出在冲压成形过程中，采用液压夹紧的方法可控制焊缝移动，提高差厚拼焊板的拉深成形性能，如图 8.11 所示。这种成形装置把液压缸嵌入凸模和凹模中，在拉深过程中夹紧焊缝，可按需要设置一组或多组液压缸夹持焊缝来控制其移动。采用此焊缝夹持装置对汽车门内板零件的冲压成形试验结果表明：该方法不仅能有效抑制拼焊板成形过程中开裂的发生，而且使厚、薄两侧母材的变形更加均匀，明显减小了焊缝的移动量，并保证了焊缝在成形零件上的最终位置，从而提高了拼焊板的成形能力和零件质量。但由于引进了夹紧装置，模具的复杂程度和制造成本都相应提高。

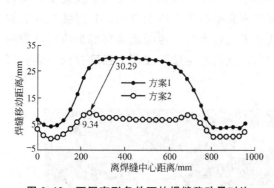

图 8.10 不同变形条件下的焊缝移动量对比

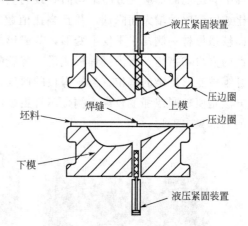

图 8.11 液压控制装置示意图

8.3.2 成形极限

目前，主要用抗破裂性作为评定板料冲压成形性能的指标。破裂可分为以下几种情况，图 8.12 所示是实际车身零件成形时发生破裂的例子，均为典型的在焊缝处和低强度

板材一侧发生破裂。

（1）胀形时的α破裂，这种破裂产生的主要原因是板料所受的拉应力超过材料强度极限而引起的。图 8.12(a)所示是因为焊缝处的塑性降低而导致的破裂。

（2）β破裂。当板料的伸长变形超过了板料的局部延伸率时，就会导致板料产生破裂，把这种破裂形式称为β破裂。图 8.12(b)所示拼焊的两板强度相差较大，从而，因低强度板一侧的变形集中而导致焊缝与低强度母材相邻处发生破裂。

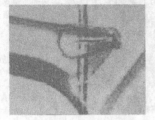
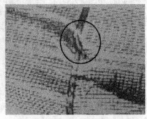

(a) 胀形时焊缝处破裂　　　　(b) 低强度母材侧破裂　　　　(c) 弯曲时焊缝处破裂

图 8.12　实际车身零件成形时的破裂示例

（3）弯曲破裂。弯曲变形时，当弯曲变形区的外层材料中拉应力过大时，就会引起材料破裂。如图 8.12(c)所示，若弯曲圆角半径过小，则在焊缝处易因弯曲变形时外层受拉而导致开裂。

一般而言，拼焊板成形时失效位置总是发生在较弱金属一侧，如图 8.13(a)所示，或焊缝界面，裂纹总是垂直于主应变方向，如图 8.13(b)所示。影响成形极限的因素主要有焊缝位置、强度比（强度较高板材与强度较低板材的屈服强度之比）和厚度比（厚板与薄板的厚度之比）。在弱侧母材占较大比例的情况下，焊缝离板料中心越远，其成形性能越好，整体成形性能越接近于弱侧母材；在焊缝处于板料中心或强侧母材占较大比例时，变形过程中会出现局部应变分布不均而导致弱侧母材破裂失效的现象；拼焊板的成形能力随强度比或厚度比的增大而降低，并且当比值超过某个极限时，变形主要集中在较弱母材一侧，而较强母材一侧几乎不发生变形，其成形能力得不到发挥。部分学者提出了提高变形均匀性的方法和措施。指出拼焊板成形时焊缝的方向不宜平行于主应变方向，且焊接位置应避开零件变形复杂的部位。当拼焊板的厚度比或强度比较大时，控制此类拼焊板成形过程的方法是使较厚或强度较高一侧金属有更多的变形，从而避免壁厚较薄、强度较低一侧金属的局部集中变形。

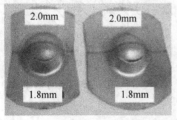
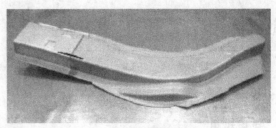

(a) 薄板破裂　　　　　　　　　　　　(b) 弯曲破裂

图 8.13　破裂位置

8.3.3 起皱问题

在采用不同种类板材拼接时，由于在激光拼焊板中存在有低强度板材区、焊缝区以及高强度板材区三种部位，因此其冲压成形性能与单种板材相比有明显的不同，易形成板料的破裂和起皱等缺陷。

（1）由于拼焊板两母板存在强度差和厚度差，在弯曲成形时会因焊缝移动在近焊区造成开裂，同时会产生较明显的回弹，如图 8.14 所示为纵梁类成形时的破裂与回弹。

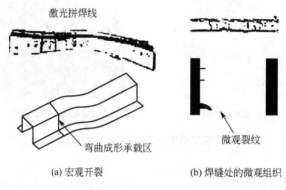

(a) 宏观开裂　　　　　　　　　(b) 焊缝处的微观组织

图 8.14　轿车纵梁件采用拼焊板弯曲成形时的开裂

（2）起皱是所有板料成形的共性问题，但由于拼焊板的特殊性，对这个问题的研究又不同于单一金属板料的情况。如图 8.15 所示为车门内板成形时的起皱。图 8.15(a)中是原来的结构系分别在安装铰链一侧的上、下部局部加强，工艺烦琐；图 8.15(b)中改为采用拼焊板的一体化、轻量化设计，即在板坯的左侧采用厚板与母板拼焊，之后再冲压成形。对于车门内板的复杂形状的拉深成形，在成形过程中由于其与焊缝相垂直的方向上承受交替作用的拉应力与压应力，结果会在强度较低的母材一侧造成变形集中，致使薄板一侧发生起皱。如图 8.16 所示，图 8.16(a)表示未发生起皱的零件形状，图 8.16(b)表示变形初期发生起皱严重的地方与产品形状。

因此，在采用激光拼焊板进行车身覆盖件设计时，必须考虑所用板材强度的匹配。另外，在设计模具时，也应考虑抑制起皱，若在板焊缝附近取比厚板大的间隙时，则会因薄板一侧发生失稳而易起皱。

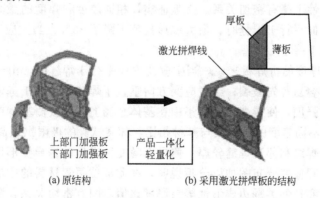

(a) 原结构　　　　　　　　　(b) 采用激光拼焊板的结构

图 8.15　采用激光拼焊板的车门内板

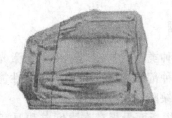

(a) 未发生起皱的产品　　　　　　　(b) 发生起皱的产品形状

图 8.16　用拼焊板成形车门内板时易发生起皱

8.3.4　成形的其他问题

拼焊板成形中存在的其他问题主要有在硬度比较大的焊缝区域出现的修边、卷边等问题，以及所有板料成形中都存在的回弹问题。拼焊板成形的研究取得了一定的成果，但还不够完善，如在拼焊板成形中对焊缝移动的控制，目前，主要是针对某一成形工艺来控制焊缝的移动，有关焊缝位置和形状对焊缝移动影响的研究还不够深入，而这正是影响焊缝移动的重要因素。对于复杂零件，拼焊板的各个坯料如何排放与零件性能的要求有很大关系。因而如何综合考虑板材性能、焊缝位置、焊缝形状与焊缝移动量的关系还有待于进一步研究，只有解决了这些问题才有可能广泛推广拼焊板的应用。

8.3.5　影响成形质量的主要因素

1. 母材厚度差对成形性能的影响

(1) 对于等厚度、等强度材料，失效总是发生在焊缝界面，裂纹总是垂直于主应变方向，这与焊缝延伸性下降有密切关系。文献证实，相同厚度和强度的激光拼焊板与单一板相比，当主应变方向平行于焊缝时，最大成形高度下降了30%；当主应变方向与焊缝垂直时，最大成形高度下降了10%。

(2) 对于不同厚度的拼焊板来说，当主应变方向平行于焊缝时，由于焊缝处的韧性比基体金属差，焊缝容易首先破裂；当主应变方向垂直于焊缝时，由于基体金属的抗拉强度低于焊缝处的抗拉强度，使得变形主要集中在基体金属上，薄板侧基体首先发生破裂。

(3) 同强度、不同厚度的拼焊板与基材相比，杯突试验的极限拱顶高下降43%。这种明显的变化是由于焊缝和邻近焊缝较厚一侧局部畸变所产生的诱导变形所造成的，此种现象可用拱顶部位工程应变分布图加以分析说明，在此部位两侧材料的主应变方向发生了变化。最大成形高度和拉伸类翻边成形性等与厚度比值之间有密切关系，随着比值的增大而降低，并且当这个比值超过极限值时，较厚侧板将不发生变形。当焊缝垂直于拉伸方向时，焊缝离开板料中心位置越远，其成形极限高度值越大，而当焊缝靠近冲模时开始下降。这种变化趋势是薄板占较大比例的情况下，拼焊板的性能越来越接近于母材；而当焊缝处在板材中心或厚板占较大比例时，变形过程中可能发生局部应力分布不均而导致失稳或破裂。

2. 不同力学性能搭配的拼焊板对成形性能的影响

拼焊板一般都是由不同力学性能的板料组焊而成的，不同的材料性能决定了不同的成形性能。如何使变形协调进行是影响拼焊板成形的重要因素，因为不同的材料具有不同的弹性模量 k 值和硬化指数 n 值，而这两个参数极大的影响着板料的成形性能。

在成形过程中，由于坯料各部分具有不同变形性能，也就有着不同的变形效果。在强度较高的一侧材料不容易产生屈服，发生塑性变形，而强度较弱的一侧则较早地进入塑性变形状态并较早的产生塑性流动。这样的结果是，较弱的材料过早的出现变薄和产生破裂的趋势，而强度较高的材料则可能还没有进入塑性变形。所以，选择合理的强度搭配有利于拼焊板的成形。

8.4　拼焊管成形工艺

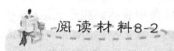 阅读材料8-2

拼焊管内高压成形技术的产生

拼焊管内高压成形的概念最早出现在 2003 年。在德国斯图加特举行的第三届内高压成形国际会议上（3rd Internatinal Conference on hydroforming），有学者提出激光焊管工艺可以用于将拼焊板制成拼焊管材，如图 8.17 所示，然后再加压成形，形成了拼焊管内高压成形的雏形。同年哈尔滨工业大学苑世剑教授在分析内高压成形的发展趋势时指出可先将不同厚度或不同材质的管坯焊接成整体，然后再高压成形出所需的零件形状，即拼焊管内高压成形，可以进一步减轻结构质量，提高零件整体尺寸精度，形成了真正意义上的拼焊管内高压成形。

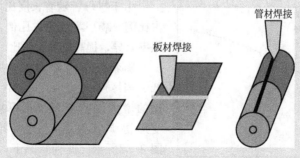

图 8.17　激光焊管工艺

资料来源：W. Weil. From the Blank to Laser – Welded Hydroformde Tube. 3rd International Conference on Hydroforming, Sttugart, Germany, 2003.

8.4.1 成形极限问题

拼焊管成形时其极限胀形压力受焊缝位置和拼焊管壁厚差异的影响较大。随着厚壁管占比例的增大，开裂压力升高，如图 8.18 所示；随着拼焊管壁厚差异的增大，开裂压力呈线性下降，如图 8.19 所示。

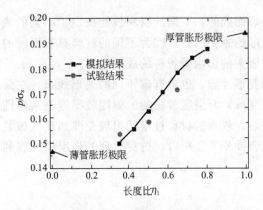

图 8.18　焊缝位置对开裂压力的影响（$\eta_t = 1.6$）　　图 8.19　厚度比对开裂压力的影响（$\eta_l = 0.5$）

壁厚差异拼焊管内高压胀形时，薄壁管和厚壁管的膨胀率存在差异，为定量表述壁厚差异拼焊管内高压胀形时薄壁管、厚壁管在变形程度上的差异，将薄壁管达到胀形极限（即管坯胀形至破裂）时，厚壁管的最大膨胀率（δ_k）与薄壁管的极限膨胀率（δ_n）之比定义为变形协调比，记为 c，则 $c = \delta_k / \delta_n$，如图 8.20 所示；当 $c = 1$ 时，表示两者的最大膨胀率相等。

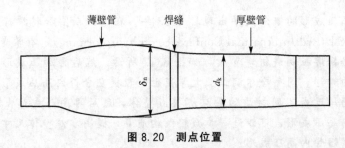

图 8.20　测点位置

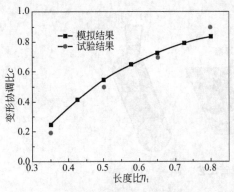

图 8.21　焊缝位置对变形
协调比的影响（$\eta_t = 1.6$）

由于拼焊管随着长度比增大，即增大厚壁管占比例或减小薄壁管占比例，可降低两管间的膨胀率差异，提高变形协调比，如图 8.21 所示。

随着壁厚差异增大，厚壁管的膨胀率降低。当厚度比 $\eta_t < 1.6$ 时，变形协调比随厚度比的增大缓慢降低。当厚度比 $\eta_t > 1.6$ 之后，变形协调比随厚度比的增大急剧下降，如图 8.22 所示。此种状态下，两管相连区域的变形条件非常恶劣，易发生过渡减薄甚至开裂等缺陷。因此，实际应用中应尽量避免厚度比大于 1.6。

8.4.2 焊缝移动问题

拼焊管成形时，焊缝发生移动，移动方向为：由薄壁管一侧移向厚壁管一侧，如图 8.23 所示。

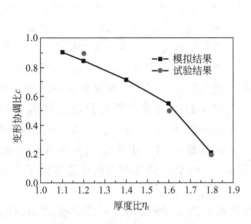

图 8.22 厚度比对变形协调比的影响($\eta_l = 0.5$)

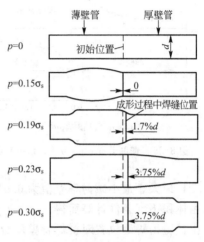

图 8.23 焊缝移动方向示意图

焊缝位置和拼焊管壁厚差异影响焊缝移动量大小。随着厚度比增大，焊缝移动量急剧增大，焊缝移动量与厚度比基本呈线性关系，焊缝位置对焊缝移动量影响不大，如图 8.24 所示。

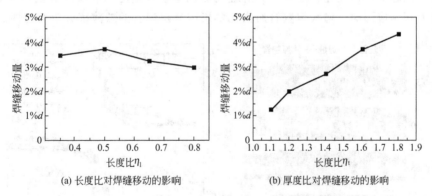

(a) 长度比对焊缝移动的影响   (b) 厚度比对焊缝移动的影响

图 8.24 焊缝位置和厚度差异对焊缝移动的影响

8.4.3 壁厚分布问题

考虑到直接用成形结束后的壁厚值来描述壁厚分布，因薄壁管和厚壁管的初始壁厚不同，很难直接对比得到两者之间的壁厚变化差异。故成形前后的壁厚变化量与初始壁厚的比值来表征各处的壁厚分布，称之为减薄率。减薄率的计算公式为：减薄率 $= (t - t_0)/t_0$。式中，t 为成形后的壁厚，t_0 为初始壁厚。利用减薄率来表征成形件各处的壁厚分布的优点是：减薄率是壁厚变化的相对值，可非常直观的比较出不同初始壁厚管坯的壁厚变化情况。

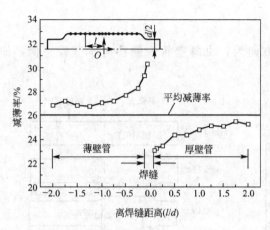

图 8.25　壁厚分布($\eta_1 = 0.5$，$\eta_t = 1.6$)

图 8.25 所示为由试验得到的长度比 $\eta_1 =$ 0.5、厚度比 $\eta_t = 1.6$ 的拼焊管内高压成形后的壁厚分布结果。可见虽然薄壁管和厚壁管有相同的胀形量，但胀形区内减薄率分布并不均匀。薄壁管的减薄率始终大于厚壁管的减薄率。沿轴向两管的减薄率各自呈单调变化趋势。胀形区内，随着离焊缝距离的增加薄壁管的减薄率降低，厚壁管的减薄率增大。减薄率最大的点出现在薄壁管靠近焊缝一端，最大减薄率为 30.5%；减薄率最小的点出现在厚壁管靠近焊缝一端，最小减薄率为 23.1%。最大、最小减薄率分居焊缝两侧，拼焊管减薄率在焊缝附近发生突变，最大、最小减薄率差值为 6.6%。图 8.25 中平均减薄率为假设管坯处于平面应变状态由体积不变条件计算而得。

由试验得焊缝位置对拼焊管壁厚分布的影响如图 8.26 所示。对于薄壁管而言随着长度比增大，薄壁管各区域的减薄率略有增大，但减薄率波动幅度由 3.2% 降到 2.5%。厚壁管靠近焊缝区域和远离焊缝区域的减薄率呈不同的变化趋势：随着长度比增大，厚壁管靠近焊缝区域的减薄率增大，而远离焊缝区域的减薄率略有降低，减薄率波动幅度由 2.5% 降为 1.2%。由图 8.26 还可以看出长度比改变时焊缝两侧薄壁管和厚壁管的减薄率有相同的变化趋势，但变化幅度不大，焊缝两侧减薄率差值也基本保持不变。可见壁厚差异拼焊管内高压成形时，增大厚壁管所占比例可提高拼焊管的减薄率分布均匀性。

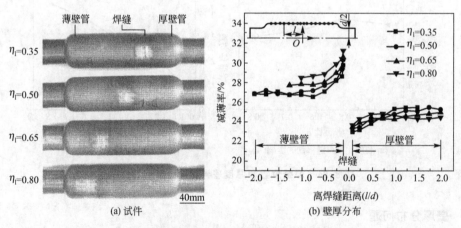

图 8.26　焊缝位置对壁厚分布的影响

壁厚差异对拼焊管壁厚分布的影响如图 8.27 所示。可见随着壁厚差异增大，薄壁管的减薄率增大，厚壁管的减薄率降低，越靠近焊缝区域受影响越大。如图 8.27 所示，当厚度比由 1.2 增大到 1.8 时，靠近焊缝处减薄率的变化量为 4.5%，而远离焊缝端的减薄率的变化量仅为 1%。由图 8.27 还可以看出厚度比改变时焊缝两侧薄壁管和厚壁管的减薄率呈相反的变化趋势，随着壁厚差异增大薄壁管和厚壁管的减薄率差值越来越大，当厚度比为1.2时，最大最小减薄率差值仅为2.5%，当厚度比增大到1.8时，最大最小减薄率差值达9%。说明差厚拼焊管内高压成形时，壁厚差异越大拼焊管的减薄率分布均匀性越差。

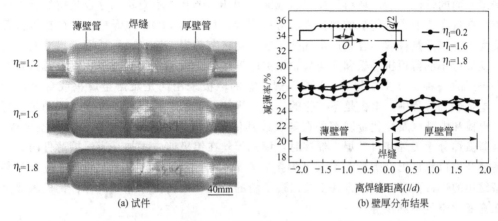

(a) 试件　　　　　　　　　　(b) 壁厚分布结果

图8.27　壁厚差异对壁厚分布的影响($\eta_t = 0.5$)

8.5　拼焊成形的焊接技术

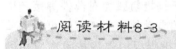

高效化焊接的发展与现状

人类社会的发展离不开科技，近200年的工业进步更加快了人类社会发展的脚步。而现代制造技术更是代表了工业发展水平，焊接是制造业的基础之一。焊接的身影无处不在，小到我们的家用电器、随身携带的手机，大到我们乘坐的交通工具、万吨级的轮船。随着国家大型工程项目及重点工程建设计划的制订与实施，如探月工程、三峡大坝、大飞机项目等，越来越多的装备采用新材料、大厚度结构进行制造与生产。焊接科学与技术也在跟随着时代的要求不断革新——高效化焊接，因其拥有"高效率、高质量、低成本、低消耗"等特点，成为现代焊接技术发展的主要方向。焊接是指通过物理化学过程，使分离的材料产生原子或分子间的作用力而连接在一起。

焊接自古有之，中国商朝制造的铁刃铜钺就是铁与铜的铸焊件。到了2002年，我国国内使用钢材已超过2亿t，其中，一半以上是采用焊接的方式进行加工的。我国的大型工程西气东输、南水北调、汽车制造、高铁建设等飞速发展，要求生产效率也要与之相适应，高效化焊接也越来越受到人们的关注。焊接方法众多，针对各种焊接环境及焊接条件的不同又可细分为不同焊接方法，应用最为广泛仍然是利用阳极、阴极之间放电产热的电弧焊。如何在保证焊接质量的前提下提高焊接效率一直是焊接人追求的目标。

➥　资料来源：http://www.hitwh.edu.cn/news/news_show.asp?id=5508.

8.5.1 概述

与普通的冲压用板材相比，拼焊板不只是多了一道焊缝，板材的不同组合给同一块坯料带来不同的性能，造成坯料性能、承载能力和几何形状的不对称，这也是拼焊板的一大特点。在汽车工业中，传统的焊接方法有电阻焊、MIG、TIG、点焊等，但存在焊接后变形量大、焊缝质量较差、容易产生气孔、热影响区宽等焊接缺点，不适用于尺寸精度要求高、变形量小的薄板拼焊板和变速齿轮轴类的焊接。钨极氢弧焊的特点：钨极氢弧焊是气体保护焊的一种，英文缩写为"TIG"焊，它的电极采用的是难熔金属钨或含钨的合金棒。电弧燃烧过程中，电极是不熔化的，故易维持恒定的电弧长度，焊接过程稳定。焊接时，电极和电弧区及熔化金属都处在氢气或其他惰性气体的保护之中，使之与空气隔离，钨极氢弧焊分手工焊和自动焊。焊接时，填充焊丝在钨极前方添加。当焊接薄件时，一般不需要开坡口和加填充焊丝。为满足焊接 0.8mm 以下的薄板的需要，并为适应新材料和新型结构的焊接要求，焊接方法上又出现了新的形式，如钨极脉冲氢弧焊、钨极氢弧点焊或在充氢的空气中焊接等。

钨极氢弧焊的优点有：①保护作用好，焊缝金属纯净；②焊接过程稳定；③焊缝成形好；④具有清除氧化膜的功能；⑤焊接过程便于自动化；⑥焊接铝板时能够获得成形良好的焊缝接头。

钨极氢弧焊缺点有：①需要特殊的引弧措施；②对工件清理要求高；③生产率较低。

钨极氢弧焊容易得到高质量的焊缝，而且特别适宜与薄件和精密零件的焊接，尤其是它焊铝板时可获得成形良好的焊缝接头。但如没有夹具的手工钨极氢弧焊对薄件焊接产生的弯曲变形和角度变形都较大，不能达到使用要求。带夹具的自动钨极氢弧焊则可得到质量较好的焊缝。但是由于生产效率较低，所以钨极氢弧焊在拼焊板的焊接技术中应用的较少。

目前拼焊板试验研究所采用的焊接方法有电阻焊、等离子弧焊、滚压电阻焊、电子束焊、激光焊等，生产中应用较广的焊接方法主要有滚压电阻焊、电子束焊、激光焊。

8.5.2 滚压电阻焊

滚压电阻焊(Mash Seam Welding，MSW)是电阻焊的一种，也就是电阻焊中的缝焊。它是用一对滚盘电极代替点焊的圆柱形电极，与工件作相对运动，从而产生一个个熔核相互搭叠的密封焊缝的焊接方法。滚压电阻焊可分为连续、断续和步进三种焊接方式。其中断续滚压焊广泛应用于 1.5mm 以下的各种钢、高温合金和钛合金焊接，具有热影响区宽度较小，工件变形小，焊接质量好等优点，但是熔核在失压的条件下结晶，易产生缩孔、裂纹、表面过热等缺陷。步进式滚压电阻焊多用于铝、镁合金的缝焊，也适合于高温合金的焊接。

拼焊板采用滚压电阻焊的特点：

(1)焊接性受到材料本身的物理、力学性能的影响。材料的导电、导热性越好，焊接区所需的热量越多，焊接区的加热越困难。故材料的高温和常温强度是决定焊接区金属塑性变形程度与飞溅倾向大小的重要因素之一。

(2)焊接参数对拼焊板成形性影响大，如焊接电流、压力、材料的搭边，材料的线膨胀系数、对热的敏感性，材料的熔点等对焊接成形性都有影响。

（3）电极容易磨损，需要频繁维修，导致生产效率下降。

（4）焊接时，在材料表面易产生凹凸不平和材料表面严重氧化，需要大面积的再处理，但是在车身拼焊板中使用的钢板多为镀锌钢板，表面镀层改变了钢板的焊接特性，锌层熔点低且接触电阻大，在滚压电阻焊时造成接触面积增大、焊接电流密度下降、电极过热变形，从而导致未熔合、裂纹、缩孔等缺点，严重影响了拼焊板的成形能力。此外，滚压电阻焊工艺将使镀锌保护层破坏，使损伤的镀锌层区易锈蚀。

8.5.3　电子束焊

电子束焊（Electron Beam Welding，EBW）是利用真空电子枪中产生的高能强流电子的动能转变为热能，使被焊金属迅速熔化和蒸发，具有功率密度高、热效率高、穿透能力强、精确、快速、保护效果好、焊缝的热影响区窄，残余应力小、变形小（尤其对薄板）、电子束焊接参数能够被精密控制，焊接时的参数的重复性及稳定性好，保护效果好等优点。

拼焊板采用电子束焊的特点是：

（1）电子束焊要求在真空条件下完成，由此可得到较纯净的焊缝金属，而且在真空条件下重熔时焊缝的杂质含量低，从而焊缝的韧性和塑性得到提高，有利于拼焊件成形。但是真空室的尺寸限制了电子束焊无法对大的拼焊件施焊。

（2）由于薄板的导热性差，电子束焊时局部加热强烈，易导致金属表面过热，从而将镀层破坏。

（3）用电子束焊拼焊铝合金板时易生成气孔，因为铝合金板表面的氧化膜主要是铝镁氧化物，容易吸收大量水分，是焊缝中气孔的主要来源，而电子束焊快速焊接时，热输入量小，氢来不及从熔池中逸出就生成气孔。

（4）设备比较复杂、费用比较昂贵。焊接前对接头加工、装配要求严格，以保证接头位置准确，间隙小而且均匀。电子束易受杂散电磁场的干扰，影响焊接质量。焊接时产生X射线，因此需要严加防护以保证操作人员的健康和安全。

8.5.4　激光焊

激光焊（Laser Beam Welding，LBW）应用于汽车拼焊板具有焊缝很窄、热影响区小、外形美观、变形率小、焊接速度快等优点。在拼焊板中采用 CO_2 激光焊和 Nd：YAG 激光焊。在拼焊板的早期生产中，大多数采用滚压焊，随着激光焊接逐渐取代不连续的点焊、铆接，使车身的刚度和紧固性得到进一步的提高。

激光焊的特点是：

（1）由于激光焊用于车身拼焊时不需要搭边，可减少许多原来需要采取密封措施的地方，使防腐性和防锈性得到改善，大大简化车身结构。

（2）在焊接镀锌车身时，由于焊缝窄，对基体金属和镀层损坏小，而焊缝附近的锌对于暴露的焊缝金属起到适当的保护作用，故满足焊缝防腐蚀的要求。

（3）激光焊自动化程度较高，能够通过计算机控制来调节激光与材料的相互作用，从而优化焊接接头的综合性能。激光器与光导纤维组合使用使激光焊接系统更加方便和灵活。通过视窗、透镜以及光导纤维，不仅可以实现远程位置与多工作台的激光焊接，提高生产效率，而且有利于拼焊板实现非线形焊接，如 U 形。

（4）由于激光焊热量输入低且稳定、能量密度高、冷却速度快，所以可以得到微细的焊缝组织，提高了接头性能和冲压成形性能。

（5）与滚压电阻焊相比，激光焊不要电极，故降低成本；与电子束焊相比，不要真空设备，而且保护气可以选择，也体现了成本的降低。另外，采用激光焊拼焊薄钢板时，由于焊接加热速度快，焊缝冷却速度也快，若能获得细密的组织结构，可以在一定程度上提高接头的韧性，这对提高拼焊板的成形性能无疑是非常有利的。

通过对三种焊接工艺优缺点的简述，可以看出激光焊应用于拼焊板中具有明显优势。三种焊接工艺的焊接性能比较见表 8-1。

表 8-1 三种焊接工艺的焊接性能比较

焊接方法	焊缝宽度 b/mm	热影响区宽度 b/mm	焊缝表面	焊缝余高 h/mm
MSW	＞0.3	＞0.8	完全氧化	＞10％板厚
EBW	＜1.5	＜4.0	轻微氧化	无
LBW	＜1.0	＜1.0	无或轻微氧化	无

焊接方法	抗腐蚀性	冲压成形性能	焊接效率	适应性	成本
MSW	较低	中	高	差	中
EBW	好	好	中	中	高
LBW	优	好	中	好	高

1. 简述拼焊成形的原理及特点。
2. 结合图 8.4 列举拼焊板在汽车上的应用部件。
3. 分析影响拼焊板成形质量的主要因素。
4. 拼焊成形常见的缺陷形式及控制措施有哪些？
5. 拼焊成形常用的焊接方法有哪些？对其进行比较。

第9章

旋压成形

 本章教学要点

知识要点	掌握程度	相关知识
旋压成形原理及特点	掌握旋压成形的原理及工艺 熟悉旋压成形的变形特征及受力状态	旋压成形的工艺原理、特点及设备 旋压成形规律及受力分析
旋压工艺分类及材料	掌握旋压成形的工艺分类 熟悉旋压成形的材料	按旋压成形特征进行分类 有色金属和钢材
典型旋压成形技术	熟悉典型旋压成形技术特点 了解典型旋压成形工艺过程	典型旋压成形的技术特点、作用方式及工艺过程
新型旋压成形工艺	掌握新型旋压成形的原理 了解新型旋压成形的工艺	分形旋压、张力旋压成形工艺的原理及特点

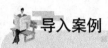导入案例

国内最大吨位旋压设备通过验收

2009 年 6 月 25 日，首都航天机械公司专家一行六人对中国航天科技集团公司长征机械厂生产的 CZ3000/2CNC 数控旋压机进行预验收评审。

该设备是由长征机械厂特种装备部技术总监王立志设计研发的大吨位旋压加工机床，可完成铝合金、不锈钢、锆无氧铜等材料的筒形、锥形、半球形及其他曲母线零件，并可满足用户特定的产品工艺要求等。该冷、热旋一体的强、普结合旋压成形设备总重 110t，单轮最大旋压力 400kN，最大加工直径 3m，整机具有稳定性好、操作维护方便、运行安全可靠等特点，在设备上首次应用了产品在线跟踪测量系统、SpinCAD 及基于 UG 平台自主开发的 CAD/CAM 图形编程软件等高端配套技术。

该项目自立项到研制成功历时一年半。按照技术协议要求，首都航天机械公司专家们对设备性能参数、配套资料技术文件进行审查，同时在现场对设备精度参数进行复测，对操作人员进行现场培训，认为设备各项指标均符合技术协议的要求，并签订了预验收报告，设备可以出厂交付。专家对该设备给予了充分的肯定和高度的评价。CZ3000/2CNC 数控旋压机研制成功改写了我国自主研发大吨位高端旋压设备依靠进口的历史。

该数控旋压机床是金属成形技术领域中技术难度较大的无屑、冷态成形新的工艺装备，中国航天科技集团公司长征机械厂是国内目前从事旋压设备研制和旋压工艺研究的主要厂家之一，其实力位居全国前列，该设备的成功研制填补了国内生产多功能、大吨位旋压设备的空白，为日后中国航天科技集团公司长征机械厂引领国内旋压综合技术的发展潮流奠定了坚实的基础。

▤ 资料来源：张万泉. 中国航天科技集团. 锻压技术，2009，34(4).

9.1 旋压成形原理及特点

9.1.1 成形原理

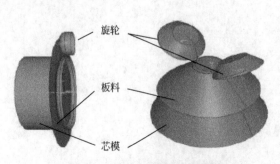

图 9.1 旋压工艺原理示意图

旋压是用于成形薄壁回转体零件成形的一种金属压力加工方法。综合了锻造、挤压、拉深、弯曲、环压、横扎和滚压等工艺特点的少无切削加工的先进工艺，是借助于旋轮或杆棒等工具作进给动力，加压与随芯模沿同一轴线旋转金属毛坯，使其产生连续的局部塑性变形而成为所需的空心回转体零件，如图 9.1 所示。

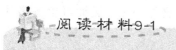

阅读材料9-1

旋压件的典型形状

旋压产品形状各式各样，如图 9.2 所示，通过旋压可完成成形、缩径、收口、封底、翻边、卷边、压筋等各种工作。

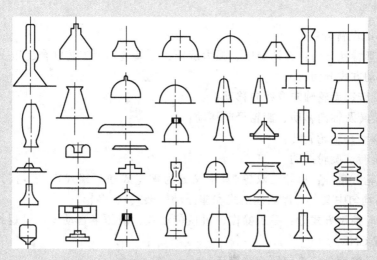

图9.2 旋压件的典型形状

旋压工艺作为塑性加工的一个重要分支，具有柔性好、成本低等优点，适合加工多种金属材料，是一种经济、快速成形薄壁回转体零件的方法。不仅在兵器、航空、航天、民用等金属精密加工技术领域占有重要地位，而且在化工、机械制造、电子及轻工业等领域也得到了广泛应用。军用领域如导弹壳体、封头、喷管、头罩、雷达舱、炮管、鱼雷外壳等，飞机副油箱、头罩、发动机机匣等；民用领域如冶金行业各种管材、汽车轮毂、带轮、齿轮等，化工行业的化肥罐、储气罐、高压容器等，轻工产品中的洗衣机零件、灭火器零件、乐器、灯罩、压力锅、各种气瓶等，还有通信行业的雷达屏、阴极管、阴极辊等。

→ 资料来源：赵琳瑜，韩冬，张立武. 典型零件旋压成形技术应用发展. 航天制造技术，2007，(2).

9.1.2 工艺特点及设备

1. 工艺特点

旋压成形有如下显著特点：

(1) 在旋压过程中，旋轮(或钢球)对坯料逐点压下，单位压力可达 2500～3500MPa，适于加工高强度难变形材料，且所需总变形力较小，从而使功率消耗降低；

(2) 坯料的金属晶粒在变形力的作用下，沿变形区滑移面错移；

(3) 强力旋压可使制品达到较高的尺寸精度和较小的表面粗糙度值；

(4) 制品范围广；

（5）同一台旋压机可进行旋压、接缝、卷边、缩颈、精整等加工，因而可生产多种产品；

（6）坯料来源广，可采用空心的冲压件、挤压件、铸件、焊接件、机加工的锻件和轧制件以及圆板作坯料；

（7）旋压是一种少无切削工艺，因此，材料利用率高、省工时、成本低。

2. 设备种类

旋压成形的设备分类：

（1）按成形特性分为：普通旋压、强力旋压、与其他加工工艺联合旋压。

（2）按运动方式分为：

① 主轴旋转、旋轮轴向及径向移动；

② 主轴旋转及轴向移动、旋轮径向移动；

③ 主轴移动、旋轮旋转；

④ 主轴旋转、旋轮摆动。

（3）按旋轮数量分：单轮、双轮（其中又分为鞍座式和框架式）、三轮（其中又分均匀和不均匀，不均匀中又分为浮动框架式和非浮动框架式）、多轮。

（4）按旋轮控制方式分：手工操作、机械传动式、液压半自动式、录返控制式、数字控制式（NC 或 CNC）。

（5）按旋压温度分：冷旋压、热旋压。

影响旋压变形过程的各种工艺因素，统称为旋压变形的工艺参数。这些工艺参数直接决定着材料在旋压时的变形过程，也影响着旋压件的质量、旋压力的大小和生产效率。

9.1.3 变形及受力分析

旋压成形的工艺参数中，旋压力的分析计算对于选择旋压机及设计工装，对于确定工艺参数和深入理解旋压过程都具有重要意义。旋压力是指旋轮直接施加于筒坯的作用力。旋压过程中，作用在旋轮与筒坯接触区的旋压力可分解为三个分力：即作用方向与工件圆周相切的切向分力 F_t，作用方向为垂直于工件旋转轴线的径向分力 F_r 和平行芯模轴线的轴向分力 F_z，如图 9.3 所示。在整个成形过程中除了在旋压初始阶段和旋压终了阶段之外，

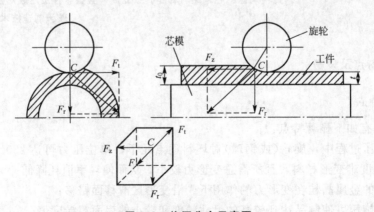

图 9.3 旋压分力示意图

旋轮与筒坯的接触区形状是保持不变的。通常旋压工作者感兴趣的不是旋压力的合力，而是其分量。因为需要根据旋压力的分量来分别确定旋压设备所需的功率和进给机构的动力。切向分力通常较小，对成形影响关系大的主要是径向分力和轴向分力。

根据旋压过程中金属材料的流动方向不同，旋压可分为正旋和反旋两种方式。反旋是指旋压过程中金属材料的流动方向与旋轮的进给方向相反，如图9.4所示；正旋是指旋压过程中金属材料的流动方向与旋轮的进给方向相同，如图9.5所示。

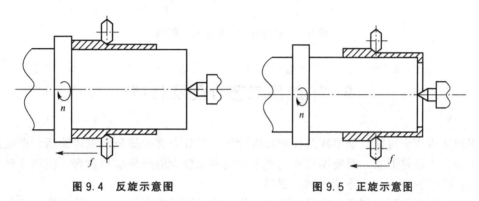

图9.4 反旋示意图　　　　　　　　图9.5 正旋示意图

另外，合理地选择旋压方式对于零件的成形性具有重要的意义。正旋时，杯状筒坯底部与芯模端面接触，旋轮从筒坯底部开始旋压，已旋压的金属处于拉应力状态，而未旋压的部分则处于无应力状态，并朝着旋轮的进给方向流动。此时旋压所需的扭矩由芯模经筒坯底部以及已旋压即变薄的壁部来传递，最后传到旋轮上。反旋时，采用的筒坯其一端与芯模的台肩环形面接触。在旋轮进给推力作用下，由接触端面的摩擦力，并经未减薄的原始壁部来传递扭矩。旋轮从一端开始旋压，被旋出的金属向着旋轮进给的反方向流动，如图9.6所示。

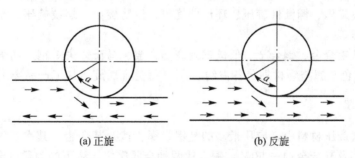

(a) 正旋　　　　　　　　　　(b) 反旋

图9.6 旋压变形区金属流动示意图

确定旋压变形区金属流动情况和应力应变状态是对旋压过程进行力学分析的基础。从图9.4、图9.5可以看出，对正旋和反旋两种方式而言，变形区的金属流动情况及应力应变状态是不同的，因而其力学模型也有一定的区别。正旋时，变形区的切向和径向受压应力，轴向为拉应力，切向和轴向为伸长应变，径向为压缩应变；反旋时，变形区为三向压应力，应变情况与正旋相同，切向和轴向为伸长应变，径向为压缩应变，如图9.7所示。

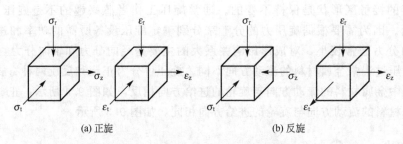

(a) 正旋　　　　　　　　　　(b) 反旋

图 9.7　旋压变形区应力应变简图

9.2　旋压工艺分类及材料

根据旋压变形特征、壁厚减薄程度可将旋压工艺分为普通旋压和变薄旋压。普通旋压是指主要改变坯料形状，而壁厚尺寸基本不变或改变较少的旋压成形过程。按照变形温度的不同，普通旋压可分为冷旋压和热旋压。

变薄旋压又称强力旋压，它是指坯料形状与壁厚同时改变的旋压成形过程。变薄旋压的主要类别如下：

(1) 按变形性质和工件形状分为筒形旋压和锥形剪切旋压；

(2) 按旋轮和坯料流动方向分为正向旋压和反向旋压；

(3) 按旋轮和坯料相对位置分为内径旋压和外径旋压；

(4) 按旋压工具分为旋轮旋压与滚珠旋压。

特种旋压区别于常规的变薄旋压与普通旋压，根据工件形状而派生出新的成形方法称为特种旋压，特种旋压工艺具有新型复合旋压工艺的特征。典型的特种旋压工艺包括：带轮旋压、曲母段旋压、椭锥件旋压、环形件旋压、齿肋旋压、螺纹旋压、车轮旋压、多轮旋压、无模旋压等。

旋压材料从铝合金、铜合金、低碳钢到高温合金、马氏体失效钢、高强钢、钛合金等200 多种，按有色金属与钢材划分各占约 50%，每类金属旋压加工产品类别有数百种。

9.2.1　有色金属

在有色金属旋压材料中，应用最多的是铝、铜、钛及其合金；其次是钨、钼、锆、铌等稀有金属。铝及其合金约占 50%，铜、钛两种金属次之，剩下的为稀有金属。

1. 铝及铝合金

用于旋压成形的铝及其合金有纯铝、防锈铝、硬铝、超硬铝及锻铝等十余种，其产品约 40 种规格。

纯铝强度低，塑性变形性能好，加工硬化是其唯一的强化途径。

用于旋压成形的防锈铝合金共有 5A02、5A06、5A21 等。5A02 与 5A06 是 Al-Mg-Si 系热处理不强化变形铝合金。5A06 是高镁含量合金，其多数工件选择加热旋压成形。5A21 是 Al-Mn 系防锈铝合金，锰的加入生成 MnAl6 相，有一定的弥散强化作用，该合金的旋压性能优于 5A02 和 5A06。

2A12 为 Al-Cu-Mg 系热处理强化合金，是典型的硬铝合金，综合性能较好，该合金加工硬化较严重，适应于较小道次减薄率、多道次的旋压过程。

7A04 为 Al-Zn-Mg-Cu 系热处理强化超硬铝合金，高温时生成 $MgZn_2$ 相，有极高的强化效应。

6A02 为 Al-Mg-Si-Cu 系锻铝合金，具有中等强度及良好的塑性，在室温和热态都易于旋压成形。6A02 合金室温旋压总减薄率约为 75%，是优质的旋压用材。

2. 铜及铜合金

用于旋压成形的铜及其合金主要有纯铜、黄铜、白铜。纯铜又称紫铜，旋压变形塑性最好，挤压退火后，旋压过程的减薄率大于 80%，成形效果好。黄铜因应变硬化较严重，塑性不如纯铜。

白铜的冷旋性能与黄铜相当，有较好的塑性。当镍、铁、锰为主要添加元素时，管材旋压累计减薄率最高可达 90%，当大于 75% 时，壁厚变形充分而均匀；再进行 650~700℃ 退火，可以获得较好的性能。

3. 钛及钛合金

钛属于稀有金属，纯钛强度低、塑性好，可以在室温条件下变薄旋压成形。钛合金强度高于铝合金，高温时更加明显。所以，钛合金多数需要加热旋压成形，TB2 封头在 700~800℃ 旋压时，抗拉强度是室温的 1/10。TC3 的热旋温度在 700~850℃；TC4 热旋温度高达在 1050℃，与稀有高熔点金属旋压温度接近。

4. 高熔点金属

钨的旋压温度可选择在 1000℃ 左右进行，当减薄率为 60% 时，需要进行 1100℃ 的退火，以消除内应力，才能继续旋压成形。

钼的热旋温度为 800℃，随着减薄率的增加，旋压件的强度递增，延伸率相应下降。此时 900℃ 中间退火可以恢复旋压工件的加工塑性。

锆可在 700℃ 下普通旋压封头，比原来的冲压或焊接工艺提高了效率。

铌经过深冲预成形后可室温变薄旋压铌管，400℃ 下铌合金 C-103 板材可成形曲母线工件。

9.2.2 钢材

1. 高强度钢

典型的低合金高强度钢 D6AC 钢，合金总含量小于 5%，是旋压变形性能良好的钢种之一。在旋压过程中坯料应采用球化退火，变形过程中选择高温中间退火。D6AC 钢旋压件选择 500℃ 退火时，可基本消除残余内应力。

D406 钢也是一种超高强度钢，合金中的锰、铬、钼等元素能够提高钢的淬透性，保证整个断面都获得马氏体组织。D406 钢比较适合室温强力旋压，若采用热旋，温度应选择 600~700℃，避开 580℃ 以下的热脆区。

2. 结构钢

用于旋压成形的结构钢有 40CrNiMo，14MnNi 和 40Mn2 等，都具有较好的旋压性能，其中，14MnNi 和 40Mn2 属于低合金结构钢。40CrNiMo 钢减薄 40％后，显微组织为较细的回火索氏体，旋压变形后经 540℃退火，其旋压内应力可完全消除。

14MnNi 合金室温变薄旋压后强度显著提高，但塑性并不降低，该合金具有良好的变形性能和强化效果。14MnNi 合金累计减薄率大于 80％时，形变强化效应比坯料提高一倍。

40Mn2 合金的旋压性能仅次于 14MnNi，由于其含碳量比 14MnNi 合金高，所以，强度高于 14MnNi 合金约 30％。

3. 中碳合金钢

典型的中碳合金钢是 30CrMnSi，合金元素中的铬提高了强度和硬度，锰细化了晶粒，改善了韧性和塑性；硅提高了抗冲击强度，使合金具有良好的力学性能。30CrMnSi 合金钢的缺点是具有回火脆性和易脱碳，变薄旋压时工艺参数选择不当，表面容易起皮。

4. 马氏体时效钢

18Ni 马氏体时效钢具有很好的塑性和韧性，室温旋压性能良好，冷作硬化率很低。合金固溶状态下，旋压累计减薄率为 70％时，硬度增加 10％，加工应变硬化率低。

9.3 典型旋压成形技术

9.3.1 筒形件强力旋压

强力旋压被认为是制造薄壁筒形件最有效的工艺方法之一。采用强力旋压工艺所得到的薄壁筒形件产品成形精度高、表面粗糙度好、材料利用率高、工艺装备简单、所需设备吨位小、成本较低，各项力学性能都优于切削加工。由于该项加工工艺存在着诸多优点，强力旋压越来越为人们所重视。利用强力旋压技术可以旋制各种型号的战斗机壳体、药形罩、整流罩、喷管等军品零件，还可旋制车辆制动缸等民用零件。因此，筒形件强力旋压成形技术在国民经济的许多部门，特别是航空航天、兵器工业和载运工具的生产中，已占有十分重要的地位。

筒形件强力旋压材料变形过程始终遵循体积不变原则，工件形状的改变为旋压前后圆筒壁厚的减薄、直径的变小、长度的增加，同时产品内径也会因工艺参数的不同而有不同程度的改变，最终产品要素为圆筒外(内)径、壁厚、长度、直线度、圆度等。

9.3.2 锥形件剪切旋压

锥形件剪切旋压工艺过程，除了遵循体积不变原则外，正弦理论是该工艺过程中必须依据的主要理论。工件形状的改变主要是壁厚的减薄、锥度减小和高度的增加，最终产品要素为锥筒段高度、半锥角、壁厚、已知位置的直径、锥筒段母线直线度、圆度等。工艺方案及参数的制定也应考虑所旋材料的延伸率、断面收缩率等因素。在铝合金材料的剪切旋压中如果变形程度较大，可通过热旋压的方式成形工件，具体是将毛坯均匀预热到再结晶温度以上，同时将旋压模具加热到 200～300℃，在旋压过程中可用乙炔焰加热毛坯，以保证温度不会过快降低，使材料处于软化状态，有利于旋压成形。

9.3.3 封头普旋成形

封头是一种广泛应用于锅炉、化工容器、油罐、核反应堆、导弹和人造卫星等的重要零件。其规格正向大型化的方向发展，应用领域也在不断扩大，采用旋压法加工大、中型封头具有其他加工方法无可比拟的优越性。

图 9.8 所示为封头旋压工艺过程，封头旋压通常是采用板料成形，变形前后壁厚不变化或者变化极小，直径变化较大，或收缩或扩大，旋压时较易失稳或局部拉薄，有单向前进旋压和往复摆动多道次逐步旋压两种方式(图 9.8 中 a 和 b)。

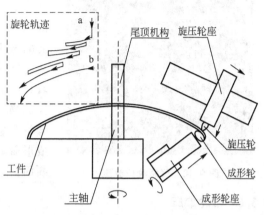

图 9.8 封头旋压示意图

产品要素为封头外形轮廓度、已知位置直径、高度、壁厚等。主要工艺要素为旋轮运动轨迹、旋压道次、道次旋压间距、旋压速度、是否热旋等，渐开线形旋轮运动轨迹最有利于旋压成形，道次旋压间距的确定极为重要，直接影响旋压过程的成败。

9.3.4 车轮辋旋压

车轮辋旋压技术是近几年才发展起来的轮辋成形新工艺方法，主要针对铝、镁合金材料的轮毂，也有部分轮毂采用钢质。国外 17in(in 为英寸，1in＝25.4mm)以上轿车铝轮的生产以锻坯或环坯经旋压成形已成为主流。近几年，国外用锻造、旋压工艺制造了 22.5in 载重汽车无内胎车轮，以其造型美观、质量轻、强度高成为钢轮的强劲竞争点。

图 9.9(a)所示为车轮旋压一般可采用板材劈开旋压、管材轮辋旋压 [图 9.9(b)]、铸(锻)件毛坯进行强力旋压 [图 9.9(c)、(d)] 三种成形工艺方式。劈开式旋压工艺是将圆盘状板坯用劈开轮通过分层工艺，使毛坯在厚度方向中部被劈成两份，再用成形轮渐进普旋成形即可。

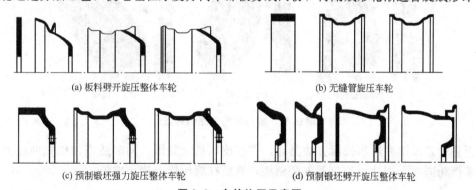

(a) 板料劈开旋压整体车轮　　　　　　　　　(b) 无缝管旋压车轮

(c) 预制锻坯强力旋压整体车轮　　　　　　　(d) 预制锻坯劈开旋压整体车轮

图 9.9 车轮旋压示意图

9.3.5 无缝整体气瓶旋压

传统的气瓶制造方法为冲压瓶肩和瓶底，再与管件或卷焊瓶体焊接而成，制造工序复杂、成本较高，产品密封性及承压能力不理想。而旋压气瓶以其独有的整体无缝式已占有

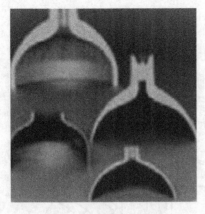

图9.10　气瓶收口旋压

极广阔的市场，并有完全取代传统工艺方法制造气瓶的趋势。

无缝整体气瓶旋压最常用的工艺方法根据材料的不同，有两种工艺路线：铝合金气瓶材料多为6061铝板或铝棒料，其工艺路线为板材冲压/铝锭热（350～450℃）反挤压成杯状→强旋直壁部分→热收口（400～450℃）普旋成形瓶肩及瓶颈；钢质（多为30CrMo）气瓶为管形件热旋压（900～1000℃）封底→强旋直壁部分/或不旋→热收口（900～1000℃）普旋成形瓶肩及瓶颈。图9.10所示为收口后的部分产品断面。

9.3.6　带轮旋压

按照带轮的槽型和加工工艺可分成三大类：劈开轮、折叠轮和多楔轮。由于此三大类旋压带轮的结构特点不同，如图9.11所示，其加工工艺也不相同。板材旋压V带轮的基本结构形式为单槽、双槽和多槽。板材旋压多楔带轮的基本结构形式为折叠式，按楔槽数分为三楔、四楔、六楔、七楔和八楔。

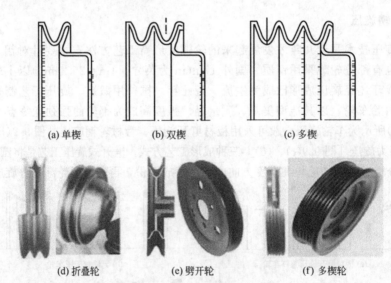

(a) 单楔　　　　(b) 双楔　　　　(c) 多楔

(d) 折叠轮　　　(e) 劈开轮　　　(f) 多楔轮

图9.11　旋压带轮的结构特点

折叠轮是采用冲压和拉深方法制坯，并在旋压机上旋压，同时适当加以轴向压力而成形。多楔轮同样采用冲压和拉深方法制坯，然后在旋压机上旋压成形。

9.3.7　带内外纵向齿筒体旋压

带纵齿工件的旋压成形主要应考虑的工艺因素有工件材料、模具材料、内外齿形、模具齿形、摩擦状况、工艺过程和热处理等。带纵齿工件多种多样，主要齿形如图9.12所示。制造带纵齿薄壁零件的毛坯一般采用平板坯料，先进行拉深、模锻或管断面成形等方

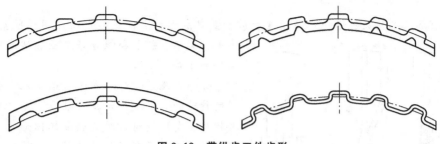

图 9.12 带纵齿工件齿形

式的预成形加工，然后再将筒形件安装于专用成形模具而旋压成形。零件的成形在通常情况下仅需要一个旋压道次就可完成，只有在特殊的工件几何形状或较长工件时才需要先对材料采用多道次预成形加工，然后再进行终旋精加工成形。

外纵齿形也可以通过旋压工艺高精度加工制造，借助于旋轮和带有内齿的空心模具，采用内旋压法来成形，但这种方法受到直径的限制。另外一种方法是借助于一个或多个相适应的带齿旋轮，通过唯一的径向进给运动来旋压成形工件的外形齿形。

9.3.8 波纹管旋压

波纹管式节能换热器具有换热效率高、体积小、质量轻、能够自身吸收热变形等特点，深受用户的欢迎。旋压成形波纹管是一种新的加工技术。自20世纪90年代初发明成功以来，其工艺已得到了广泛的应用。

旋压工艺过程如图 9.13 所示，工艺要素为旋轮形面形状、旋轮进给速度、主轴转速、加热温度及热影响范围、单波轴向压缩量 Δl 等。旋压中易产生缩径效应，导致局部壁厚超差。主要工艺参数为直线度、波距精度和波深精度等。

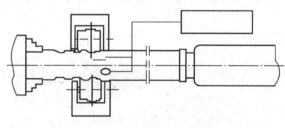

图 9.13 波纹管旋压原理

9.4 新型旋压成形工艺

9.4.1 分形旋压成形工艺

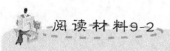

阅读材料9-2

分形旋压成形技术的简介

1. 成形原理

分形旋压是近年来新兴的一种旋压成形技术，与其他带轮或车轮制造技术相比，它属于局部连续性加工，瞬间的变形区小，所需总的变形力较小，加工设备要求简单，模具费用低，变形区大部分处于压应力状态，变形条件较好，材料利用率较高。分形旋压

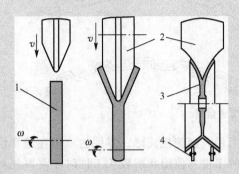

图 9.14　分形旋压成形示意图
1—初始毛坯；2—分形旋轮；
3—已分形毛坯；4—整形旋轮

成形具有加工工艺柔性好、产品精度和质量高等成形特点，日益广泛应用于航空航天、汽车、火车、船舶和能源等工业领域的整体式带轮和车轮的制造。

分形旋压是一种不同于普通旋压和强力旋压的特殊的新兴旋压加工方法。它是指利用具有硬质尖角的旋轮，对旋转着的圆形毛坯的矩形断面边缘作逐渐径向进给挤入，使之分开成为"丫"形的两个部分，然后再使用 1～3 个成形旋轮对其进行整形旋压，得到所需要的形状和尺寸零件的一种成形方法，如图 9.14 所示。该成形技术具有成形效率高、经济效果好等优点，可用于成形铝合金和软钢（加热条件下）整体 V 形槽带轮和各种整体式车轮。

2. 受力分析

分形旋压的主要变形特征是：坯料周向圆周面的材料由于周向挤压力和轴向支持旋轮的限制，使得材料只能沿着预定的分形旋轮和支持旋轮之间的间隙流动，作周向的扩张，最后产生凸缘。图 9.15 所示为在分形旋压成形过程中，A 点和 B 点在柱坐标系下的应力状态分布图，可以看到，正处于变形阶段的 A 点受到的是周向和径向的压应力以及轴向的拉应力，而处于后续变形阶段的 B 点则是受到的周向和径向的拉应力以及轴向的压应力。

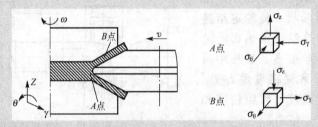

图 9.15　分形旋压成形过程中的应力状态

3. 缺陷形式

分形旋压开始变形以后，凸缘随着分形旋轮进给量的增大而不断生成，但是在进给量达到一定值后，由于凸缘边界周向所受到支持旋轮的压应力可能不均匀，凸缘圆周部分就可能产生失稳起皱，如图 9.16 所示。

图 9.16　分形旋压凸缘失稳起皱示意图

当分形旋轮的圆角半径太小时，在成形过程中，坯料可能不会发生塑性变形而产生金属切削，使毛坯发生径向开裂，如图9.17所示。径向开裂的原因是分形旋压力超过了坯料能够承受的轴向拉应力而使坯料发生开裂。在发生径向开裂的瞬间，将坯料的剩余半径尺寸定义为极限开裂半径，它是零件所能成形的极限状态。极限开裂半径与坯料初始尺寸、材料性能、旋轮几何参数、芯模转速和摩擦边界条件等有关，对于实际生产的零件，分形旋压的极限开裂半径越大，将会使得凸缘部分越长。所以，如何对极限开裂半径进行准确的预测是发展分形旋压技术急需解决的关键技术问题。

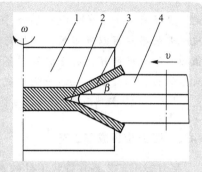

图9.17　分形旋压径向开裂示意图
1—支持旋轮；2—开裂缝隙；
3—成形凸缘；4—分形旋轮；
β—分形旋压角

分形旋压成形过程中，分形旋压角是影响极限开裂半径大小的一个非常重要的参数，图9.17所示的β角即为分形旋压角。通常分形旋压角越小会使得变形所需要的塑性变形能越少，有利于变形的顺利进行，但是，如果分形旋压角过小，有可能使得坯料发生金属切削，即发生径向开裂。通过对分形旋压变形特征的分析可知，在分形旋压成形过程中，存在凸缘失稳起皱和径向开裂这两种可能的变形失效形式。

对分形旋压成形机理的研究，主要是针对成形过程中三向旋压力、等效应力和等效应变的研究。对三向旋压力的研究，主要是研究变形过程中径向旋压力、轴向旋压力和周向旋压力随时间的变化规律，由此可以判断变形过程中能量的取值范围，对成形设备的选取可以定量的指导。在三向旋压力中，径向旋压力是变形的主要驱动力，而轴向和周向旋压力虽然不是主要的驱动力，但是它们对于精确控制凸缘的成形质量也非常重要。

对等效应力和等效应变的研究，可以判定材料在什么时候进入塑性变形阶段以及动态描述材料的流动规律。随着分形旋压变形过程的进行，应力集中可能出现在分形旋轮与坯料的接触部位，而等效应变会在坯料周向面呈现出一条均匀分布的环带，这条环带由小变大，在整个变形过程中分布都比较均匀，只是应变量偏大。

4. 失效形式

分形旋压成形的失效形式如下：

1) 凸缘的起皱

凸缘失稳起皱是由于支持旋轮产生的附加压应力不均匀而产生的。在支持旋轮附加压应力不足的情况下，凸缘可能会产生失稳起皱。支持旋轮附加压应力的产生主要是由于坯料被分形旋轮分开之后得到的凸缘部分产生的贴模效应——凸缘会贴在支持旋轮上，及坯料上表面与支持旋轮表面的接触而产生的摩擦。因此，要使支持旋轮产生适当的压应力，必须调整得到合适的支持旋轮和分形旋轮的间隙值。

2) 极限开裂半径的确定

极限开裂半径是成形的关键影响因素和重要的失效判断依据。由于变形过程是一个典型的不均匀成形过程，影响极限开裂半径的因素很多，如分形旋轮的几何尺寸特别是旋轮圆角半径，坯料的原始尺寸，坯料与芯模接触面的摩擦和速度边界条件等都很难确定，且还有各个条件之间的耦合作用，因此，极限开裂半径的精确数值很难确定。研究极限开裂半径可以采用数值模拟与试验方法相结合，分别取不同初始半径的坯料进行数值模拟和试验研究，再选取两种不同方法所得结果中可靠性较高的数据进行分析比较，最后做出极限开裂半径的影响曲线图来确定最终的结果。

➡ 资料来源：黄亮，杨合，詹梅. 分形旋压成形技术. 材料科学与工艺，2008，16(4).

9.4.2 张力旋压成形工艺

张力旋压工艺是在管状工件的轴向自由端施加一拉应力，在整个成形过程中，此应力数值始终保持不变并小于材料的屈服强度。张力旋压工艺使材料的成形性能大为改善，消除了旋轮前材料的隆起现象，并使管材的直线度提高，无需校直，且圆度减小，同时每道次变形量增加，废品减少，缩短了生产时间，提高了生产率。这种工艺多用于生产碳钢和不锈钢管材，也用于铝、铜、黄铜和钛等材料的旋压。

根据旋压过程中金属材料的流动方向不同，张力旋压可分为正旋张力旋压和反旋张力旋压两种方式。图9.18、图9.19所示分别为反旋张力旋压、正旋张力旋压示意图。

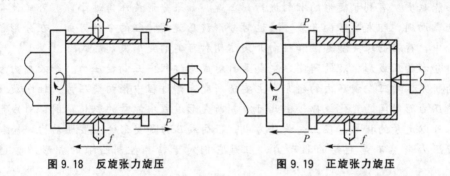

图9.18 反旋张力旋压   图9.19 正旋张力旋压

图9.20所示为筒形件张力旋压的成形过程，分为三个阶段，即起旋阶段、稳定旋压阶段和终旋阶段。筒形件张力旋压成形有限元模拟的三个阶段如图9.21所示。

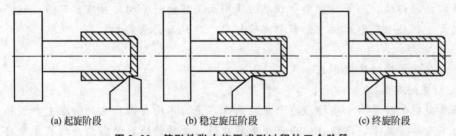

(a) 起旋阶段   (b) 稳定旋压阶段   (c) 终旋阶段

图9.20 筒形件张力旋压成形过程的三个阶段

(a) 起旋阶段   (b) 稳定旋压阶段   (c) 终旋阶段

图9.21 筒形件张力旋压成形有限元模拟的三个阶段

（1）起旋阶段从旋轮接触毛坯开始至达到所要求的壁厚减薄率为止。该阶段壁厚减薄率逐渐增大，旋压力相应递增，特别是轴向旋压力，达到极大值。相应于这一阶段的长度变化，工件的外径变化很大，反旋时容易出现扩口或缩口现象。

（2）稳定旋压阶段是成形过程的主要阶段。旋轮旋入毛坯达到所要求的壁厚减薄率时，旋压变形进入稳定阶段，工件的形状在这一阶段成形。该阶段容易产生飞边和局部失稳，飞边和局部失稳发展到一定程度将导致工件破裂。在该阶段，金属的径向、切向和轴向变形都有很大变化。

（3）终旋阶段从距毛坯末端五倍毛坯厚度处开始至旋压终了。该阶段毛坯刚性显著下降，旋压件内径扩大，旋压力逐渐下降。

所以，整个过程旋压力的变化趋势为先上升达到一定数值后开始平稳，最后逐渐降低。

筒形件张力旋压成形时，其变形中的工件可划分为三个区域，即未变形区、变形区和已变形区，如图9.22所示。反旋时，未变形区由于受旋轮作用较小，仅在与变形区交界处有微小变形，因此未变形区也被视为刚性区。坯料与旋轮接触的区域是变形区，变形区在变形过程中形状和面积都不发生变化，属于稳定变形，也就是单位时间内流入变形区的金属量等于流出变形区的金属量。已变形区是由变形区经过塑性变形而形成的，在以后变形过程中，它不再发生塑性变形，是最终成形工件的一部分。筒形件的旋制过程就是刚性的未变形区经过变形区最终成为已变形区的过程，成形过程中的三个区域是相互影响又相互制约的。

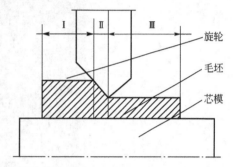

图 9.22　筒形件张力旋压成形的三个区域
Ⅰ—未变形区；Ⅱ—变形区；Ⅲ—已变形区

整个张力旋压的过程犹如在Ⅴ形砧上芯轴的拔长，旋轮加载时，如图9.23所示，旋轮下接触区的金属径向被压缩，金属沿轴向和切向伸长，但其变形又受到周围区域的限制，轴向前、后两环形区金属限制其切向流动，切向两侧的金属限制其轴向和切向流动，当然这种影响是相互作用的。当接触区金属轴向流动时，一方面通过切应力作用拉着相邻的两侧金属伸长，另一方面借助前后两环形外端区的作用拉着的两侧金属一起伸长，其影响几乎达到两侧整个周向区的金属。轴向张力的作用使这一区域的金属轴向处于拉应力作用，使之向更有利于成形的方向发展。

由于张力旋压成形过程是一个局部的连续加载过程，因而筒形件的张力旋压成形过程是一个由上述局部变形连续的累积过程。应用此变形机理可以完善地解释筒形件张力旋压的变形规律。

如前所述，筒形件张力旋压时接触区和两侧周向区金属都有不同程度的轴向伸长。但是两区的变形特点是不一样的，接触区金属是一种主动的伸长。而两侧周向区金属是被动的伸长，是在附加拉应力作用下引起的伸长，前者是径向被压缩后沿轴向和切向伸长，后者是轴向受到拉伸而引起的切向收缩。当两侧向区的切向收缩大于接触区金属切向的伸长量，将引起坯料的缩径，这便是筒形件旋压时缩径产生的机理。

在旋轮后的已变形区内，径向应变引起的收缩变形几乎达到整个断面，虽然应变值较

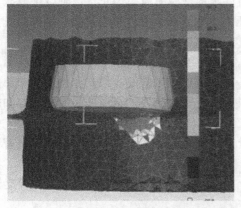

(a) 带旋轮的应力分布

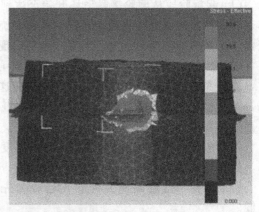

(b) 移去旋轮后的应力分布

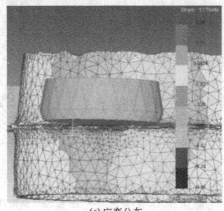

(c) 应变分布

图 9.23 旋轮下接触区的应力应变分布状态

小，但绝对收缩量则大于因金属向后延伸而引起的扩径，因而在已成形区出现缩径现象。在其他条件不变情况下，增大进给比或旋轮圆角半径，这种现象更明显。反之，当两侧向区金属的径向收缩量大于接触区金属径向的伸长量时将引起坯料的扩径，这便是筒形件强旋压时扩径产生的机理。而旋轮前隆起的原因是由于该处金属受到轴向压缩变形而产生的塑性堆积。轴向合适的张力能使筒坯的成形性能大为改善，并可消除了旋轮前材料的隆起现象。如果材料隆起过大，就会引起旋压力的明显增加，从而导致破裂图9.24、表面粗糙等缺陷的发生。如果材料隆起，但是并不继续发展，而保持一定的高度直到旋压终了(稳定变形)是可以的，如图 9.25 所示。

综上所述，筒形件张力旋压的变形机理如下：

(1) 旋轮下接触区前方金属在轴向受压应变，接触区后方金属受拉应变，总的拉应变大于压应变，导致旋压过程中轴向伸长。

(2) 在旋轮非接触区轴向前方金属在径向处于伸长变形，轴向压缩，随着过程的积累会造成旋轮前金属的隆起。处于旋轮直接作用下的区域轴向处于伸长变形，其伸长是主动的，在这一区域的带动下，两侧区域的金属也轴向伸长，但属于被动伸长，同时使这一区域的金属轴向处于拉应力作用。

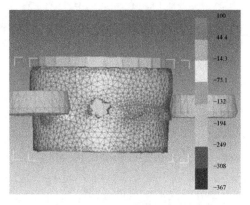

图 9.24　成形中的破裂　　　　　　　图 9.25　成形中的隆起

（3）筒形件旋压时扩径和缩径产生的机理为：金属的径向伸长量和径向压缩量将直接影响到旋压件的扩径和缩径，当两侧向区金属的径向收缩量大于接触区金属径向的伸长量时将引起扩径，反之，则缩径。

 习　　题

1. 旋压成形的工艺种类及设备有哪些？
2. 对比正、反旋压时金属变形流动及受力状态。
3. 举例说明可用于旋压成形的材料。
4. 列举典型旋压成形工艺。
5. 新型旋压成形工艺的原理及特点是什么？

第**10**章
高能率成形

本章教学要点

知识要点	掌握程度	相关知识
高能率成形	掌握高能率成形技术的原理 熟悉高能率成形技术的特点以及应用领域	金属塑性成形 高能率成形所需能源的种类 各高能率成形技术的区别
爆炸成形	掌握爆炸成形技术的原理 熟悉爆炸成形技术的特点以及应用领域	爆炸成形过程及其模具类型 工艺参数的选择 炸药的种类、选择及安全使用
电液成形	掌握电液成形技术的原理 熟悉电液成形技术的特点以及应用领域 熟悉电爆成形的特点	电器相关知识 电液成形模具类型 电极形式及选择 高压电的安全使用
电磁成形	掌握电磁成形技术的原理 熟悉电磁成形技术的特点以及应用领域	电磁场相关知识 高压电的安全使用

导入案例

电磁铆接技术在航空航天工业中的应用

随着我国航空航天工业的发展，航空航天飞行器朝着轻量化、大型化和整体化的方向发展，分别如图10.1、图10.2所示。由于技术条件限制，新型结构还难以实现完全整体化，因而不可避免地采用多种连接方法，如焊接、螺纹连接和铆接等。其中铆接方法使飞行器外表面相对光滑，易于消除应力集中，有利于减小高速飞行时的空气阻力；同时铆接结构适用范围广，因此是目前应用最为广泛的机械连接方法之一。

图 10.1 神州七号载人飞船

图 10.2 大飞机

由于结构和材料轻量化的要求导致在新型飞机制造中逐渐大量采用钛合金和复合材料结构，因为钛合金与复合材料的相容性好，导致在飞机结构中大量采用钛合金紧固件。考虑到钛合金材料屈强比高，对应变速率敏感，普通冷铆难以达到铆接质量要求，而热铆成形的铆钉钉孔填充质量差，易使复合材料产生安装损伤、分层等，限制了热铆方法的工艺应用。已有研究表明，电磁铆接工艺是解决上述问题的有效途径。

资料来源：于海平. 大直径高强度铆钉电磁铆接技术. 第11届全国塑性工程学术年会论文集, 2009.

10.1 高能率成形原理及特点

10.1.1 成形原理

高能率成形（High Energy Rate Forming，HERF）是一种在极短时间内释放高能量使金属变形的成形方法。高能率成形主要包括爆炸成形、电液成形和电磁成形等三种形式。

高能率成形需要能够提供足够的压力和能量的大功率能源。目前，高能率成形所使用的能源主要有三类。第一类是化学能，包括炸药、火药、爆炸气体或可燃气体；第二类是电能；第三类是高压气体。通过适当的方式将这三类能源瞬时地转换成机械能，在极短的时间内作用于金属坯料，使其成形。高能率成形时能量大、速度快、功率高，所以又称高速成形或高能高速成形。

高能率成形的历史可以追溯至 100 多年前，但是其实际应用是从 20 世纪 50 年代开始的，我国从 20 世纪 60 年代才开始对该技术进行研究。爆炸成形、电液成形和电磁成形设备的原理是相同的，只是放电介质不同。爆炸成形是利用储存化学能的爆炸物质，在极短时间内爆炸时所释放的剧烈能量使金属成形；电液成形是利用液体介质中两电极之间突然放电所产生的冲击波使金属成形；电磁成形是利用脉冲电容器突然释放储存的能量，通过线圈产生强而短促的磁场，同时在金属毛坯上产生感应磁场，利用磁场力使金属成形。

10.1.2 成形特点

与常规的成形方法相比，高能率成形具有以下特点：

1. 能量高、变形速度快、成形时间短、功率高

能量高、变形速度快、成形时间短、功率高是高能率成形最根本的特点。例如用水压机生产直径为 1m 的封头时，作用于毛坯的平均压力为几十个大气压，成形时间为十几秒。而当采用爆炸成形时，压力为数千个大气压，成形时间约为 0.01s。由于在这两种情况下用于使毛坯变形的有效能量基本相等，因此，爆炸成形的平均有效功率比常规方法大 1000 多倍。

2. 模具简单

高能率成形仅用单模甚至不用模具就可以实现，既可以免除凸凹模配合的复杂工艺，又可以节省模具材料，缩短模具制造周期，降低生产成本。

3. 设备简化

高能率成形的设备比一般机床简易，特别是爆炸成形不需要机床，只需一些辅助设备，如起重和搬运装置，以及水泵和真空泵等。电液成形和电磁成形需要高压脉冲电容器和辅助的电器系统，但也比一般的机床简易得多。

4. 零件精度高，表面质量好

高能率成形时，零件以很高的速度贴模，在零件与模具之间产生很大的冲击力，这不仅有利于提高零件的贴模性，而且可有效地减小零件的回弹。

高能率成形时，毛坯变形不是由于刚体凸模的作用，而是在液体、气体等传力介质的作用下实现的。因此，毛坯表面不受损伤，而且可以提高变形的均匀性。

5. 可提高材料的塑性变形能力

与常规的成形方法相比，高能率成形可提高材料的塑性变形能力。因此，对于塑性差的难成形材料，高能率成形是一种可选择的工艺方法。

6. 利于采用复合工艺

一些用常规的成形方法需多道工序才能成形的复杂零件，采用高能率成形方法可在一道工序中完成。因此，可有效地减少工序和模具的数量，缩短生产周期，降低成本。

高能率成形也存在一些缺点，如成形时噪声和振动大，单位时间内的产量低等。另外，由于高能率成形所用能源为炸药或高压电等，所以高能率成形具有一定的危险性。因此，在利用高能率成形工艺时，应特别注意安全，并做好防护措施。

10.1.3 应用领域

高能率成形主要应用于以下几个方面：

1. 板材成形

高能率成形可完成板材的多种冲压加工工序，如拉深、胀形、校形、压印、翻边、弯曲、冲裁等。

2. 连接及装配

高能率成形常用于管–管、管–杆、管–板等连接。可用于金属与金属或金属与非金属（如玻璃、陶瓷、软管等）材料的连接。

3. 金属板复合连接

高能率成形，尤其是爆炸成形可使两种金属间形成牢固的复合连接，用以制造多层金属板或金属管，如在碳素钢上蒙以不锈钢、铝、钛、锆、铜及其合金的表层。

4. 粉末压实

高能率成形可以对金属或非金属粉末进行压实成形。

5. 表面强化

高能率成形可以使金属表面的硬度提高，从而提高其耐冲击磨损和耐变形的能力。高能率成形技术在航空航天工业和汽车工业中占有重要的地位。爆炸成形适于加工超大型零件，与传统冲压工艺相比，具有良好的经济性。电磁成形适于大批量生产中、小型零件，具有良好的发展前景。由于高能率成形工艺解决了传统的冲压工艺中存在的问题，必将具有广阔的应用前景。

10.2 爆 炸 成 形

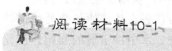
阅读材料10-1

爆炸成形的历史

人们对爆炸成形技术的研究已有100多年的历史。爆炸成形工艺的最早专利之一是在制造自行车构架中胀形管件(1898年)的英国21840号专利。在第二次世界大战前，法国人采用爆炸成形做大炮防护板，美国在1950年开始采用爆炸成形做蒙乃尔白铜叶片毂。

20世纪50年代中期，宇航工业的发展促进了爆炸成形技术的应用。1960年美国政府有关部门中已有不少于80个单位计划同时应用爆炸成形加工。但是由于爆炸成形的基础理论知识不足，导致其发展较慢。直到20世纪60年代初期，美国才开始清楚地认识到，爆炸成形需要牢固的科学基础，而且对于基础工艺过程，开始给予越来越多的重视。随着这种研究重点的变化，开始出现许多大规模的成功应用。

📖 资料来源：A·A·埃拉兹. 金属爆炸加工的原理与实践. 北京：国防工业出版社，1981.

10.2.1 成形原理

爆炸成形（Explosive Forming，EF）是利用爆炸物质在爆炸瞬间释放出巨大的化学能使金属坯料产生塑性变形的高能率成形方法。

爆炸成形时，爆炸物质的化学能在极短时间内转化为周围介质中的高压冲击波，并以脉冲波的形式作用于毛坯，使其产生塑性变形。冲击波对毛坯的作用时间一般为微秒级，仅占毛坯变形时间的一小部分。这种高速变形使爆炸成形的变形机理及过程与常规冲压加工有着根本性的差别。爆炸成形是复杂的高速变形运动过程，包含着炸药、传压介质及其容器、毛坯、模具之间的互相牵连运动，以及考虑惯性力和波动等动力学的因素。

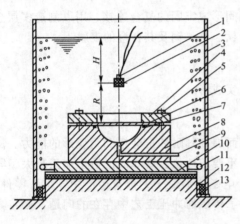

图 10.3　爆炸拉深装置示意图
1—电雷管；2—炸药包；3—水筒；4—压边圈；
5—螺栓；6—毛坯；7—密封圈；8—凹模；
9—真空管道；10—缓冲装置；11—压缩
空气管路；12—垫环；13—密封圈

图10.3为爆炸拉深装置示意图。药包起爆后，爆炸物质以极高的传爆速度在极短的时间内完成爆轰过程。位于爆炸中心周围的介质，在爆炸过程中生成的高温和高压气体的骤然作用下，形成了向四周急速扩散的高压力冲击波。当冲击波与成形毛坯接触时，由于冲击波压力大大超过毛坯的塑性变形抗力，毛坯开始运动并以很大的加速度积累自己的运动速度。冲击波压力很快地降低，当其值降低到等于毛坯变形抗力时，毛坯位移速度达最大值。这时毛坯所获得的动能，使其在冲击波压力低于毛坯变形抗力和在冲击波停止作用以后仍能继续变形，并以一定的速度贴模，从而结束成形过程。

如果采用水作为传压介质，药包在水中起爆，炸药爆震后首先在炸药原始物质内传播爆震波。当爆震波传到药、水界面时，在水中就形成了冲击波。水中冲击波的初始速度比爆震波的速度降低20%～25%，而其初始压力比爆震波压力小30%～35%。爆震波除了在药、水界面上转为水中冲击波外，还在界面上发生反射，形成稀疏波。这种稀疏波开始以相反的方向在爆震物质中传播，并且逐渐地降低其中的压力。同时爆炸产物向外膨胀，将能量逐渐传递给水。爆炸成形时，作为传压介质的水一般都是用水井和水帽来盛装。这样当冲击波传至水井井壁时就要发生反射。当冲击波传至水井的刚壁时，由于刚壁不运动，又不变形，所以刚壁附近水受到强烈的压缩。这样水中的压力也就显著增大，反射波的压力就可以增加许多倍。

爆炸成形装置可分为无底凹模与有底凹模两种形式。图10.4所示为无底凹模爆炸拉深装置。该装置结构简单，但零件外形主要靠控制工艺参数保证，因此零件精度低，只适于形状简单而精度又不高的零件。

图 10.3 所示为有底凹模拉深装置。有底凹模又可分为抽真空和自然排气两种形式，其选用视模腔内需要排出的空气量大小及排气的可能性而定。图 10.3 中模腔里的空气不易排出，不仅阻止了毛坯顺利贴模，而且会因模腔内气体的高度压缩而烧伤轻金属零件的表面。因此，应在成形前将模腔内的空气抽出，保持一定真空度，抽真空的模腔必须采取密封措施。小批量生产时，可用简易密封方法，如用粘土与油脂的混合物等。批量较大时，宜用密封圈结构，大多数情况下可用 O 形密封圈。图 10.5 所示为自然排气有底凹模爆炸拉深装置。在保证模具强度的情况下，可尽量多设排气孔，排气孔应设在毛坯最后贴模部位，不连通的模腔应分别设置排气孔。自然排气模具结构主要适于如下情况：变形量很小的校形工艺；对形状不规则零件，因不易解决密封和抽真空问题而采用多次成形方法时；用于黑色金属及厚板铝件的爆炸成形。

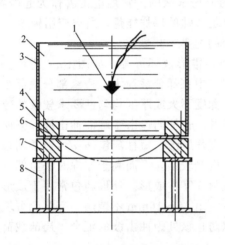

图 10.4　无底凹模爆炸拉深装置示意图
1—药包；2—传压介质(水)；3—水筒；
4—压边螺栓；5—压边圈；6—毛坯；
7—凹模；8—支座

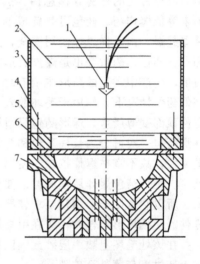

图 10.5　自然排气爆炸拉深装置
1—药包；2—传压介质(水)；3—水筒；
4—压边螺栓；5—压边圈；
6—毛坯；7—凹模

10.2.2　工艺参数

1. 传压介质

爆炸成形时，能量传播有两种方式，即通过介质传递和直接作用于金属。

常用传压介质有空气、水和砂等。用空气作介质时，工艺简单，不需要特殊的装置，成本较低，但空气的传压效率低，噪声和振动大，爆炸物飞散对周围环境有不良影响，而且易损伤毛坯的表面，因此应用较少。用水作介质时，因其可压缩性比空气小，这样水本身所消耗的变形能很少，传压效率较高，炸药需要量也可大幅度减少，而且水的阻尼作用可以减小噪声和振动，又能保护毛坯的表面不受损伤，另外水的价格较低，供应方便，因而在生产中应用较多。但用水作传压介质时，装置比较复杂，而且在爆炸时水的飞溅给生产带来一定的麻烦。在用水有困难时，也可用砂作传压介质。砂与毛坯之间的摩擦力较大，在某些零件的成形上可以起到克服起皱的作用，但这时所需的炸药量要比用水时大几倍。

直接作用于金属的形式仅用于化学炸药。当炸药对着金属表面爆炸时，波前通过未爆炸炸药到达金属表面，然后高压冲击波部分反射到爆炸物介质，部分通过金属传递。在金属内的情形与在传递介质中的情形是类似的，金属在波运动的方向上压凹并在冲击波后经受严重的压缩，高压力波是以瞬变压力波的形式传递的。金属内部的激波将导致金属的变形，纵向波引起体积变化，横向剪切波引起畸变，传播速度决定于材料的性能和形状。

介质中爆炸成形主要用于板和管的成形、压印及翻边等。直接作用于金属的爆炸成形主要用于小的胀形、挤压、焊接、粉末压实及表面强化等。

2. 炸药

爆炸成形常用的炸药有梯恩梯、黑索金、泰安、特屈儿等高爆炸药，以及无烟粉末、黑色粉末等低爆炸药。药包可是铸成的、压实的或粉末状的。常用电雷管作为起爆物质，用起爆器起爆。由于梯恩梯使用安全，又能给出足够强的爆炸能量，所以应用较多。

药形、药位、药量等也是爆炸成形需要确定的主要工艺参数。

目前，生产中常用的药形主要有球形、柱形、锥形及环形等，如图 10.6 所示。球形药包在低药位情况下，作用于毛坯的载荷不均匀，中央部分载荷大，边缘部分载荷小。因此，零件顶部变薄严重。球形药包只适用于成形深度不大或厚度均匀性要求较低的球形零件。柱形药包一般可分为长柱药包和短柱药包两种。长柱药包由于端面冲击波和侧面冲击波相差太大，故不宜在爆炸拉深中使用，多用于爆炸胀形。短柱药包($h/d \approx 1$)常用来代替球形药包。锥形药包爆炸后顶部冲击波较弱，而两侧较强，因而利于拉深时法兰部分毛坯的流入。所以它常用于变薄量要求较严的椭球底封头零件成形。环形药包常用于成形大型封头零件。使用环形药包时，应在引爆端的对侧空出 $10 \sim 16$mm 不装药。空隙内可填纸或木塞，并在该处毛坯上垫一层砂或铺以橡胶，以防止该处因冲击波的汇合、局部载荷过大而引起毛坯过度变薄甚至破裂。

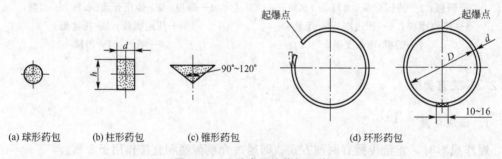

(a) 球形药包 (b) 柱形药包 (c) 锥形药包 (d) 环形药包

图 10.6 几种常用的药包形状

药包形状决定其产生的冲击波波形，是保证爆炸成形顺利进行的重要因素之一，应该根据成形零件变形过程所要求的冲击波阵面形状来决定。例如，一般拉深件可用球形或短柱形药包；大型拉深件或大尺寸球面的校形可用环形药包；长度大的圆柱体零件或管类零件的胀形或校形，可用长度与之相适应的长柱形药包或导爆索；大中型平面零件的校形或成形，可用平板形、网格形或环形药包等。图 10.7 所示为几种类型胀形零件采用的药包形状，应根据实际情况合理地选择药包的形状，这是因为药包形状不同会对模具寿命产生不同的影响。如图 10.8 所示零件，当用图 10.6(a) 所示装药时，为保证球面部分的成形，模具的直段部分将承受较大的应力；当用图 10.6(b) 所示装药形式时，将使直段部分承受的应力减小，从而延长模具寿命。

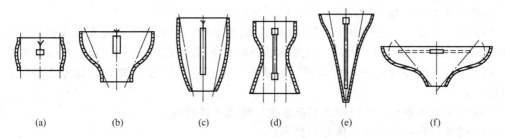

图 10.7　几种胀形零件的药包形状

药位是指炸药与毛坯之间的相对位置，也是爆炸成形的重要参数之一。药位越高，作用在毛坯上的载荷越小，但载荷的分布越均匀；反之，药位越低，作用在毛坯上的载荷越大，但载荷的分布也就越不均匀。对于轴对称零件，药包的形状也是轴对称的，其中心应与零件的对称轴线重合。对于球面零件，过低的药位将引起中心部分的局部变形和厚度变薄。而药位过高，必然导致药量的增加，对模具和装置均有不利影响。对于筒状旋转体胀形，药包总是挂在旋转轴线上，并位于毛坯变形量最大处，但应保证药包距水面有一定的距离。药位的选择除与零件形状有关外，还与零件的材料性能和相对厚度有关。对于强度高而厚度又大的零件，药位可低些，反之应高一些。

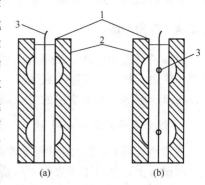

图 10.8　管件胀形
1—管坯；2—模具；3—炸药包

药量的正确选择对爆炸成形是至关重要的。药量过小，将使变形无法完成。药量过大，将使零件破裂甚至损坏模具。因此，药量的选择应合适。目前，爆炸成形所需药量的理论计算方法还很不完善。通常都是根据经验对比的方法对药量做初步估算，然后用逐步加大药量的方法最后决定合适的药量。

10.2.3　成形特点

除具有高能率成形的一般特点外，爆炸成形还具有以下特点：

1. 简化设备及模具

一般情况下，爆炸成形无需冲压设备，既节省了设备费用，也使生产条件得到简化。爆炸成形属于软模成形性质，不需要成对的刚性凸模和凹模同时对毛坯施加外力，而是用空气或水等传压介质代替刚性凸模的作用。这不仅可以简化模具结构，而且更适合于加工某些形状特殊，用刚性模不易加工的空心零件，而且其尺寸精度也比一般冲压方法高。

2. 适于大型零件成形

用常规的成形方法加工大型零件时，需要大型模具及大台面的专用设备。而爆炸成形不需要专用设备，且模具及工装制造简单，操作简单，周期短，成本低。因此，爆炸成形特别适于大型零件的成形，形状可较复杂。

爆炸成形除具有以上优点外，存在以下缺点：

(1) 生产率较低。这是由于在炸药加工、药包制作、模具和毛坯的安装及拆卸等方面的机械化程度较低造成的。因此，爆炸成形的自动化程度较低，适用于单件小批量生产。

(2) 工艺经验和理论均不如常规工艺成熟，往往需要经过大量的试验才能制出合格产品。

(3) 多为户外操作，受气候的影响较大，劳动条件较差。

(4) 爆炸成形还会造成液体介质的污染。

(5) 危险性高。炸药属于危险品，其使用、保存和管理等均应按照有关规定严格执行，从业人员应经过严格的专业训练后才能从事爆炸成形的工作。

10.2.4 应用领域

爆炸成形适于各种形状零件的成形，主要用于板料拉深、胀形、校形、弯曲、冲孔、剪切、翻边、扩口、压印等成形工艺。此外还常用于爆炸焊接、表面强化、管件结构的装配、粉末压制等。需要指出的是，爆炸成形是解决大型零件成形问题的一个有效途径。

1. 钣金零件的成形和校形

现在结合图 10.3 介绍拉深零件的爆炸成形，其他钣金零件的成形都是类似的。毛坯 6 放在凹模 8 上，然后用压边圈 4 压紧，3 是装水的水筒。在水筒中注水至一定高度，然后将炸药包 2 放在距毛坯适当距离的位置上。在多数情况下，应当将凹模里的空气通过真空管道 9 抽走，以避免在毛坯向凹模高速运动时，模腔里的空气迅速升压，使毛坯不能满意地贴模，甚至引起破损。如果模具和压边圈的设计合理，成形参数也选择得当，只要引爆炸药，就能在很短的时间里成形一个与凹模内壁贴合得很好的零件。

如果零件比较薄，成形所需的压力比较小，可以用火药代替炸药。采用火药时，为了获得较大的压力，可以采用密封式的成形方案。如果成形所需的压力和能量更小，也可以考虑在密封室里使用爆炸气体或可燃气体。密封室方案只适用于小型零件，因为对于大、中型零件，密封室的强度问题难以解决。

2. 爆炸硬化

有些金属在炸药爆炸的高压作用下可以显著地提高其表层硬度。利用这一现象可以提高一些金属部件的使用寿命，如高锰钢铁路道岔，推土机、拖拉机或坦克的履带等。

爆炸硬化的方法是把一层炸药敷在需要硬化的部位，炸药与金属之间有时放一层薄的硬橡皮或其他物质作缓冲层。

爆炸硬化工艺，以使用塑性炸药最为方便。爆炸硬化所用炸药，要求爆速高、猛度大、临界直径小，一般采用黑索金炸药为宜。

3. 爆炸焊接(爆炸复合)

爆炸焊接是指利用炸药爆炸所产生的巨大压力使两种金属间形成牢固的连接，又称爆炸复合，这方面的应用主要是双层金属和多层金属板的制造。突出的例子是，在碳素钢上蒙以不锈钢、铝、钛、锆、铜及其合金的表层。这种工艺可以节约贵重金属，提高焊接质量。

爆炸焊接一般采用接触爆炸，即将炸药直接敷在金属表面上进行爆炸。有时为了保护金属表面，改进接触面质量，可在金属表面放一缓冲层，爆炸焊接装置如图 10.9 所示。其中两金属板之间有一定的间隙，两板之间可以是平行的，也可以有一定的角度。当炸药爆炸时，爆炸波直接传到复板金属的上表面，并在复板金属内转化为冲击波。复板在几个微秒内，就可以与基板进行撞合，撞合时产生很大的压力，使两板内金属表面产生射流，形成冶金的粘接。

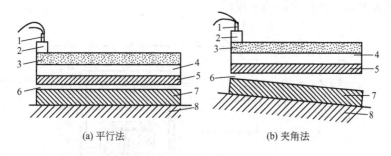

(a) 平行法　　　　　　　　　　(b) 夹角法

图 10.9　爆炸焊接装配图

1—雷管；2—附加药包；3—炸药；4—缓冲层；

5—复板；6—间距；7—基层金属；8—基座

与常规的焊接工艺相比，爆炸焊接具有如下优点：

(1) 可在通常不能焊接的材料或异种金属间完成，焊接强度可达弱基体的强度；

(2) 没有热影响区，焊接可在热处理或冷加工之间进行而不影响力学性能；

(3) 金属的尺寸不受限制，可实现大面积的冶金连接，可将薄板与厚板复合在一起；

(4) 工装简单，甚至仅用炸药就可以完成。

4. 爆炸粉末压实

利用炸药爆炸所产生的冲击波压力将金属粉末压实。利用爆炸进行粉末压实主要有两个用途：一是在不改变粉末物理性能的情况下获得高的致密度；二是实现成形与连接的复合。

与一般粉末冶金相比，爆炸粉末压实具有以下优点：不需要复杂的机床设备；一般可以不经过烧结而得到密实的金属；代替了粉末冶金的压制和预烧过程，能获得较大的零件。爆炸粉末压实具有易于得到粉末混合体、表面粗糙度值低及可制成复杂形状零件等优点，因此，得到广泛应用。

10.3　电液成形

10.3.1　成形原理

电液成形（Electro Hydraulic Forming，EHF）是利用强电流脉冲在液体介质中放电所产生的高能冲击波使金属坯料产生塑性变形的高能率成形方法。

电液成形装置的基本原理如图10.10所示。该装置主要由充电回路和放电回路两部分组成。充电回路主要由升压变压器1、整流器2、充电电阻3和电容器4组成，其作用是将交流电整流后向电容器充电。电容器是电液成形装置中最重要的元件，这是因为电液成形装置工作能力的大小是由电容器的储能决定的。因此，所选的电容器应具有短路放电的能力和较长的寿命。放电回路主要由电容器4、辅助开关5及电极9组成。来自网路的交流电经升压变压器和整流器后变为高压直流电，并向电容器充电。当充电电压达到所需值后，辅助间隙被击穿，高压瞬时地加到由两个放电电极所形成的主放电间隙上，并将其击穿，于其间产生高压放电，在放电回路中形成强大的冲击电流，结果在电极周围介质中形成冲击波及液流冲击，而使金属毛坯成形。

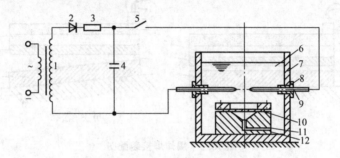

图 10.10　电液成形原理

1—升压变压器；2—整流器；3—充电电阻；4—电容器；5—辅助开关；6—水；
7—水箱；8—绝缘；9—电极；10—毛坯；11—抽气孔；12—凹模

电液成形可分为开式成形（见图10.10）及闭式成形（见图10.11、图10.12）。开式成形的能量利用率较闭式成形的低。一般情况下，开式成形能量利用率为10%～20%，而闭式成形可达30%。放电室是电液成形装置的重要组成部分，一般由水箱、放电电极和模具组成。水箱外壳和上盖应具有足够的机械强度。为了保证贴模精度，模具型腔内的空气应在放电前排除，所以放电室常附设有抽真空系统。

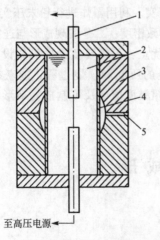

图 10.11　电液成形法加工零件（胀形）

1—电极；2—水；3—凹模；
4—毛坯；5—抽气孔

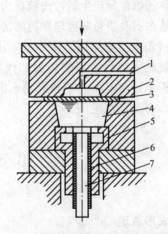

图 10.12　用同轴电极的闭式电液成形装置

1—抽气孔；2—凹模；3—毛坯；4—水；
5—外电极；6—绝缘；7—内电极

电极为电液成形中的放电元件，进行结构设计时，要便于调整间隙大小与吊高，同时应保证绝缘强度。电极形式、电极间隙及电极位置的选择是电液成形工艺过程设计的重要内容。

电液成形所用电极有多种形式，常用的有对向式（图 10.10、图 10.11）、同轴式（图 10.12）、活动式（图 10.13）以及平行式等。生产中常用对向式与同轴式。对向式电极结构简单，绝缘材料易于解决，但电极固有电感较大。同轴式电极的固有电感小，成形效率高，但电极结构复杂，对绝缘材料有较高要求。活动式电极的活动电极置于空气介质中，放电时借助于机械动作与固定电极接近，当极间距离减小至一定值时，发生放电现象。因此，可省掉放电回路中的辅助间隙，减少回路能量的消耗。固定电极浸没于液体介质中，可以和放电室外壳同电位。因此，不存在绝缘问题。但由于每次放电间隙距离存在差异，这将引起压力及压力分布的不稳定，从而影响成形质量。活动式电极适用于开式放电室。平行式电极具有易于调整与毛坯之间距离的优点，但在放电时受介质压力及电磁力的横向作用，必须注意结构上的强度问题。

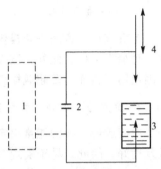

图 10.13　活动式电极结构
1—充电装置；2—电容器；
3—放电室；4—活动电极

改变电极间隙的大小将直接影响冲击电流的波形、压力峰值及成形效果。在确定的条件下，对应于零件最大变形量的电极间距离称为最佳间隙。最佳间隙受电压及电容的影响。试验表明，随着电压值或电容值的升高，最佳间隙增大。实际生产中，最佳间隙值可由试验方法确定。

电极在液体介质中的位置，可由水深和吊高两个参数确定。水深是电极至液面距离，吊高是电极至工件表面距离。吊高对成形效果影响非常显著，水深只在一定范围内有影响。从变形效率考虑，电液成形必须有足够的水深。水深与变形深度或相对静压（对应于同一变形深度所需的静压力）的关系具有饱和特性，即当水深大于一定数值后，变形深度或相对静压的变化是不显著的。吊高的大小直接影响变形深度和成形效率，试验表明，相对静压与吊高平方成反比。因此，为了得到较大的压力，获得较高的成形效率，应尽量减小吊高。但吊高过小，将引起作用在工件上的压力分布不均，影响成形效果。所以，在选择吊高值时，既要考虑到增加吊高会降低效率，又要考虑到吊高过小，会使工件局部受力过剧，发生过度变薄或开裂现象，特别是当成形工件尺寸较大时，吊高过小更不合适。吊高值可通过试验确定，一般情况下，为了避免电极对工件放电，吊高不能小于间隙的 1/2，必要时，可在工件表面加绝缘膜。

电极材料可用铜、黄铜、钢、不锈钢等。

电液成形的效率是指工件变形功与放电回路中电容器放电能量之比。放电过程中，由于电容器放电能量有一部分消耗于主间隙击穿前的泄漏、辅助间隙及线路之中，而主间隙放电能量中又有辐射能、热能、化学能等形式的损耗，一般认为电液成形的效率最高可达30%。提高电液成形效率可从以下两方面着手：

一是要提高主间隙放电能量。为此，必须合理选择回路中各元件结构布置、接线方式及参数的配合，以便减少辅助间隙、线路损耗及泄漏能量。

二是要提高冲击波能量及其利用率。冲击波作用于工件上做功的大小与工件形状、吊高等因素有关。对于圆筒形零件，直径越小，效率越高；对于平圆盘零件，吊高对效率的影响极为显著，吊高越大，效率越低。一般认为电液成形效率的上限值在 $20\%\sim30\%$。

10.3.2 成形特点

除具有高能率成形的一般特点外，电液成形还具有以下特点：

1. 设备通用性强

电液成形设备是一套提供能量的电器装置，只要改变放电元件参数及模具类型即可完成多种加工工序。此外，该设备没有运动部分，维护工作十分简单，也不会出现机械压力机因使用不当而出现超载损坏等问题。

2. 能量易于控制，利于实现机械化和自动化

电液成形设备的能量决定于电容器的电容及电压，这些参数的控制和调节简单方便，重复性好。因此，易于实现对各种工艺参数和成形过程的控制，成形过程比较稳定，操作方便，生产率高，且比较安全，利于实现生产过程的机械化与自动化。电液成形适合于加工一些小而薄的零件及需要精确控制能量的零件。

3. 特别适用于加工管材胀形零件

用传统机械方法加工管材胀形件的工序比较复杂，而当零件形状不对称或型面较复杂时则更为困难甚至无法加工。然而，电液成形可以比较容易地解决这些问题，而且能量利用率比加工板材还高。用这种方法可以加工波纹管及不对称的零件。

4. 适应性强

电液成形的适应性较强，装备容易获得，可以在车间进行，适应各种工件形状，但能量较大时，需采取保护措施。

电液成形存在以下缺点：

（1）电液成形的加工能力受设备容量的限制，仅适于形状较为简单的中小型零件的生产。

（2）电极间隙受能力充分利用的限制，若液体间隙过大则很难被击穿而放电。对于尺寸较大及复杂制件，通常可采用电爆成形。

（3）电液成形过程中，当采用水为传压介质时，会造成水的污染。在成形一个零件后，水介质必须全部更换，才能进行下一个零件的加工。因此，电液成形会造成水的污染及浪费。

10.3.3 电爆成形

除了电极间放电外，还可在两电极之间用金属丝相连，这种电液成形称为电爆成形。当电流通过金属丝时产生高温，并使之迅速汽化、爆炸，其体积急剧膨大，发出强大的冲击波，通过液体介质迅速传递给毛坯，使之成形。

与电液成形相比，电爆成形具有如下优点：

（1）电爆成形的能量转换率高，可以利用较低的电压放电，两电极之间的距离也可以大些。

（2）电爆成形时，由于电压低，使绝缘、电极与零件之间的电弧、电晕现象大为减少。

（3）电爆成形可以使放电过程趋于稳定，因此，试验数据的重复性强，可以精确地控制放电能量。同时还可以极大地缩短甚至消除放电时延，降低泄漏损耗，提高效率。

（4）在成形复杂零件时，除了要求足够大的压力外，还要求合理的压力分布。电爆成形可以改变电弧通道，控制冲击波的形状和压力分布，使之适应工件的要求。利用爆炸丝可以产生球面波、柱面波、平面波或复杂形状的波，还可以在电极间并联多个爆炸丝，这种方法特别适于粗管件及直径较大的平圆盘零件的成形。

（5）电液成形时，电容器组释放给水间隙的能量与间隙的电阻值成正比。电爆成形时，间隙电阻的平均值相应地提高了，那么在间隙中释放的能量和随之而产生的冲击压力也提高了，所以电爆成形的效率较高。

（6）电爆成形时，放电的起始阶段相当于短路放电。在一定条件下，电流的幅值可提高，电流达到峰值的时间可缩短，即电流波幅提高，成形的效率亦相应提高。

（7）电爆成形在加工大尺寸、细长或小而薄的工件时比电液成形更具优势，比如加工内径仅为 1.2mm 的细管。

电爆成形的缺点是其自动化程度较低。电爆成形时，每放电一次都得更换一根金属丝，操作不便，生产率较低。如何实现换接爆炸丝的自动化是一个尚需解决的问题。

电爆成形时，爆炸丝对成形效果有重要影响。按导电性和熔点的不同，爆炸丝材料可分为两类：第一类是低熔点、高电导率的材料；第二类是高熔点、低电导率的材料，见表10-1。试验表明，第一类材料的电爆成形效果较好，原因是这种材料对提高电流幅值是有利的，由于熔点低，易于气化，可迅速爆炸，有利于提高压力。常用的材料有铜、铝等。

表 10-1　材料性能

类别	材料	熔点/℃	电导率/(S·cm^{-1})
I	Ag	960	$63.3×10^4$
	Cu	900	$60×10^4$
	Au	1063	$45.4×10^4$
	Al	658	$37×10^4$
	Zn	419.4	$17×10^4$
	Sn	931.8	$8.8×10^4$
II	W	3370	$18×10^4$
	Ni	1455	$13.7×10^4$
	Pt	1774	$9.5×10^4$
	Fe	1200	$10×10^4$

10.3.4　应用领域

电液成形的特点和应用范围与爆炸成形相似，可以进行板料的拉深、胀形、冲孔、压印、翻边、冲裁、校形等。但由于受设备容量限制，电液成形不适于大件成形，主要适用于中小型零件的加工，因操作方便，可用于批量生产。

10.4 电磁成形

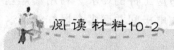阅读材料10-2

电磁成形技术的发展概况

电磁成形技术始创于20世纪50年代末，60～70年代得到了快速发展，80年代在美国、苏联电磁成形机已标准化、系列化。20世纪70年代末，哈尔滨工业大学开始研究电磁成形的基本理论及工艺，并于1986年成功研制了我国首台生产用电磁成形机。

电磁成形技术具有加工能量易于精确控制、成形速度快、工件精度高、模具简单及设备通用性强等特点，且整个成形过程绿色、环保。现已应用于机械、电子、仪器仪表、轻化工、航空航天、汽车及兵器等诸多领域。

新世纪要求塑性加工技术向着更精、更省、更净的方向发展。成形过程要求绿色无污染，成形工件(毛坯)将由近净成形向无余量的净成形发展，产品开发周期要短，生产工艺应具备快速市场响应能力。而电磁成形技术正顺应了这一发展需求，具有广阔的发展前景。

资料来源：江洪伟，李春峰. 电磁成形技术的最新进展. 材料科学与工艺，2004，12(3).

10.4.1 成形原理

电磁成形(Electro Magnetic Forming，EMF)是利用电流通过线圈所产生的脉冲磁场力使金属坯料产生塑性变形的高能率成形方法。因为在成形过程中载荷是以脉冲的方式作用于毛坯的，所以电磁成形又称磁脉冲成形。电磁成形是20世纪60年代作为金属零件的成形和装配技术而发展起来的一种成形方法，它比爆炸成形更安全，较电液成形更方便。目前，电磁成形技术已广泛应用于航空、航天、汽车、电子、兵器等工业部门，是目前应用最为广泛的高能率成形方法之一。

电磁成形与电液成形相似，都是利用瞬间放电所产生的能量使金属成形。电磁成形装置原理如图10.14所示。该装置主要由充电回路和放电回路两部分组成，其中充电回路主要由升压变压器1、整流器2、充电电阻3及电容器4组成，放电回路主要由电容器4、辅助开关5及工作线圈6组成。来自网路的交流电经升压变压器1和整流器2后变为高压直流电，并向电容器4充电。当充电电压达到所需值后，辅助开关5被击穿，强脉冲电流通过工作线圈6瞬时释放。可以看出，电磁成形装置与电液成形装置除放电元件不同外，其余都是相同的，电液成形的放电元件为液体介质中的电极，而电磁成形的放电元件为空气中的线圈。

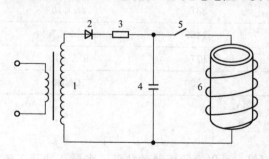

图 10.14 电磁成形装置原理图

1—升压变压器；2—整流器；3—充电电阻；
4—电容器；5—辅助开关；6—工作线圈

电磁成形原理如图10.15所示，首先由

充电回路中的升压变压器及整流器组成的高压直流电向电容器充电。当辅助开关闭合时，电容器放电，在工作线圈 1 中通过强脉冲电流 i，此时线圈空间就会产生一均匀的强脉冲磁场 2，如图 10.15(a) 所示。如果将管状金属坯料 3 放在线圈内，则在管坯外表面就会产生感应脉冲电流 i'，该电流在管坯空间产生感应脉冲磁场 2'，如图 10.15(b) 所示。放电瞬间在管坯内部的空间，放电磁场与感应磁场方向相反而相互抵消。在管坯与线圈之间，放电磁场与感应磁场方向相同而得到加强。其结果是使管坯外表面受到很大的磁场压力 P 的作用，如图 10.15(c) 所示。如果管坯受力达到屈服点，就会引起缩径变形。若将线圈放到管坯的内部，如图 10.16 所示，放电时，管坯内表面的感应电流 i' 与线圈内的放电电流 i 方向相反，这两种电流产生的磁力线，在线圈内部空间方向相反而互相抵消，在线圈与管坯之间方向相同而加强。其结果是使管坯内表面受到强大的磁场压力，驱动管坯发生胀形变形。

板坯电磁成形原理如图 10.17 所示，辅助开关闭合时，电容器对工作线圈放电并在其周围产生一脉冲磁场，该磁场的轴向分量 B 因穿过工作平面而产生感应电流，感应电流产生的磁感应强度为 B'。放电瞬间，在工件内部 B 与 B' 方向相反而相互削弱，线圈与工件之间则方向相同而得到加强，因而工件受到背离线圈的脉冲力而发生变形。

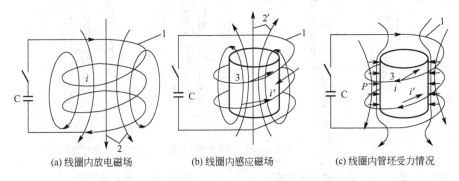

(a) 线圈内放电磁场 　　　　 (b) 线圈内感应磁场 　　　　 (c) 线圈内管坯受力情况

图 10.15　电磁成形原理图

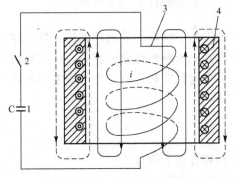

图 10.16　管坯胀形变形

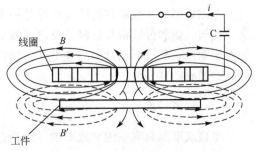

图 10.17　板坯电磁成形原理图

1—电容器；2—辅助间隙；3—工作线圈；4—管坯

除了上述通过线圈放电使毛坯成形以外，也可使电流直接通过工件而使之变形，如图 10.18 所示。电流由管状导电工件的下端流向上端，再经管内导体流回。由于管件和内部导体所通过的电流方向相反，使工件受到向外扩张的力而成形，这种方法要求管件和管内导体接触良好。同时，由于管件和管内导体电感较小，因此要求回路有较小的电感，以提高效率。

上述几种电磁成形原理都是使工件向背离线圈的方向变形，也可使线圈产生吸引力，使工件产生朝向线圈的变形。原理是先在线圈内通过一个增长较慢的电流，建立起磁场并扩散到工件的内部。然后将供给线圈的电源通过火花间隙突然短路，这时磁场突然衰减，工件内产生感应电流，它与线圈中衰减的电流方向一致，线圈和工件间产生很强的吸引力，使工件变形，用这种方法可以加工板状工件或使线圈内的管件胀形。还可利用图 10.19 所示的辅助线圈进行吸引力成形。当主线圈磁场衰减时，在辅助线圈产生和工件中感应电流方向相同的感应电压，当感应电压达到一定数值时，辅助线圈由其火花间隙击穿而成为通路，于是在工件和辅助线圈中通过方向相同的感应电流，使它们相互产生吸力而使工件变形。

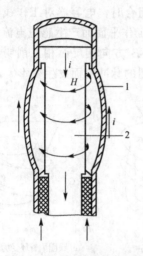

图 10.18　直接通电加工法

1—工件；2—导体；

i—电流；H—磁力线

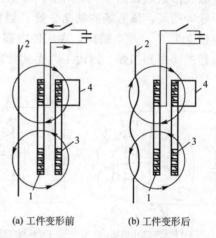

(a) 工件变形前　　(b) 工件变形后

图 10.19　吸力成形法

1—加工线圈；2—工件；

3—辅助线圈；4—火花间隙

电磁成形时，金属坯料的导电性是一个重要的因素。材料的导电性越好，则效率就越高，如铜、铝和低碳钢等材料。反之，效率则越低。对于导电性差的材料，可以利用良导体做驱动片，利用驱动片的高导电性，使其带动低导电性材料变形。生产中常用退火纯铜（紫铜）做驱动片。

10.4.2　成形特点

电磁成形除具有高能率成形的一般特点外，还具有以下特点：

（1）电磁成形无需传压介质，因此不会造成介质的污染。

（2）电磁成形可在真空或高温条件下成形。

（3）设备通用性强。与电液成形设备相似，电磁成形设备也是一套提供能量的电器装置。在同一电磁成形装置上，只需更换线圈和模具类型即可完成多种加工工序，灵活性大。电磁成形设备没有运动部分，维护工作十分简单，也不会出现机械压力机因使用不当而出现超载损坏等问题。

（4）能量易于控制。可以通过改变充电电压和电容值的方法精确地控制和调节放电能量和加工压力，易于实现对各种工艺参数和成形过程的控制，成形过程稳定，再现性强，操作方便，生产率高，且比较安全，易于实现生产过程的机械化与自动化。

（5）电磁成形具有纯电磁特性，成形过程不受运动部分机械惯性的影响。所以，电磁成形可实现快速加工，每分钟可工作数百次。

（6）磁场可以穿透非导体材料，所以可对有非金属涂层或放在容器内的工件进行成形加工。

（7）电磁成形以磁场为介质向工件施加压力，无需机械接触。因此对工件不产生摩擦，也无需润滑。

电磁成形存在以下缺点：

（1）不适于直接加工低导电性材料。

（2）能量利用率较低。

（3）由于设备容量的限制，只能用来加工厚度不大的中小型零件。

10.4.3　应用领域

电磁成形常用于平板毛坯及管状毛坯的成形，尤其是管材的胀形、缩径、校形、翻边、压印、剪切、装配、连接等，也可用于板材冲裁、复合成形、电磁铆接、粉末压实等。电磁成形主要用于普通冲压方法不易加工的零件。

电磁成形的典型工序如图 10.20 所示。

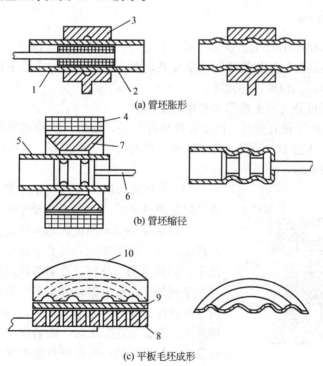

(a) 管坯胀形

(b) 管坯缩径

(c) 平板毛坯成形

图 10.20　电磁成形典型工序

1、5、9—工件；2、4、8—线圈；7—集磁器；3、6、10—模具

1. 管坯胀形

管坯胀形是电磁成形的主要加工方式之一。如图 10.20(a)所示,将工作线圈放在管坯的内部,当脉冲电流通过工作线圈时,管坯在脉冲磁场力的作用下迅速贴模,从而使管坯发生胀形。此法可用于胀形及连接工艺。

由于电磁成形时,管坯变形分布均匀,而且变形硬化不显著,因此,提高了材料的塑性变形能力。与静态冲压相比,电磁成形方法的管坯胀形可提高胀形系数30%～70%。壁厚变薄甚至破裂是限制管胀形的主要障碍,因此,应提高变形毛坯的壁厚均匀性。

2. 管坯缩径

管坯缩径如图 10.20(b)所示,将工作线圈放在管坯的外部,当脉冲电流通过工作线圈时,管坯在脉冲磁场力的作用下向内压缩贴模。此法常用于成形及连接工艺,常用于将一个管件压接在另一个零件上形成组件。

与管坯胀形的道理相同,电磁成形缩径也可提高材料的塑性变形能力,均匀变形程度可提高30%。电磁成形管缩径时,起皱是影响其成形极限的最大障碍,因此预防起皱是管缩径需要解决的关键技术。起皱与压力波幅值有关,当压力波幅值较小而持续时间较长时,变形量很小就发生起皱,压力波幅值较大而持续时间较短时,变形量较大时才发生起皱。芯轴缩管工艺是预防起皱的有效方法。由于芯轴直径较小,初期不与管坯接触,因此不能产生消皱压力,其预防起皱机理是管坯向芯轴冲击时对起皱部分矫平。矫平过程中,最好使用润滑剂。另外,采用砂芯也可起到一定的预防起皱作用。

3. 平板毛坯成形

平板毛坯成形如图 10.20(c)所示,将平板毛坯放在工作线圈和模具之间,与胀形和缩径相同,当脉冲电流通过工作线圈时,平板毛坯在脉冲磁场力的作用下迅速贴模。此法可用于平板毛坯的成形、精整、冲裁等。

平板毛坯成形可分为自由成形和有模成形两种:

(1) 自由成形由于没有模具,因而零件精度较差,影响其成形高度的因素主要有放电能量、毛坯直径、压边力、凹模圆角半径及毛坯与线圈的距离等,自由成形主要用于精度要求不高的锥形件成形。

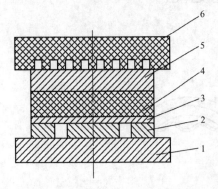

图 10.21　平板毛坯间接加工方法
1—底板;2—凹模;3—毛坯;4—聚氨酯橡胶;5—驱动块;6—线圈

(2) 有模成形时,零件质量主要由其贴模性决定,为了保证零件的精度,在模具设计时,要考虑排气孔的设计,以保证毛坯与凹模间的空气在板材成形过程中顺利排出,必要时还要配有抽真空系统,有模成形常用于压印、局部压肋、压凹及曲面零件成形等。

平板加工线圈的磁场分布是很不均匀的,磁场的径向分量在加工线圈中心部分很小,在加工线圈的半径中部最大。平板毛坯加工时,磁场作用于毛坯的变形力是由径向分量提供的,因此平板加工线圈中心部分的磁场力与半径中部的磁场力相比很小,这往往会使平板加工线圈中心部分的毛坯出现冲压不足的现象,从而影响零件的质量。因此限制了这种加工方式的应用。图 10.21

所示为平板毛坯的间接加工方法。加工时，加工线圈放电，磁场力使驱动片向下运动并压迫弹性传压介质，被压迫的弹性传压介质使毛坯在模具内变形。这种方法可以实现不同的冲压工序，如成形、冲裁、精压等。

4. 电磁铆接

电磁铆接是电磁成形技术的应用之一，是将电磁能转化为机械能使铆钉发生塑性变形的一种新型铆接工艺，其原理如图 10.22 所示。放电开关闭合瞬间，在成形线圈中产生一快速变化的冲击电流，在其周围产生强磁场。强磁场使与之耦合的驱动片产生感应电流，进而产生涡流磁场。两磁场相互作用产生的涡流斥力在放大器中不断反射和透射，输出一波形和峰值改变了的应力，这一应力使铆钉在短时间内完成塑性变形。由于涡流斥力在放大器中以应力波的形式传播。因此，电磁铆接又称应力波铆接。电磁铆接后的铆钉内部应力均匀，可大大提高铆钉接头的疲劳性能，而且在不加任何密封剂的情况下，可保证铆钉的气密性。

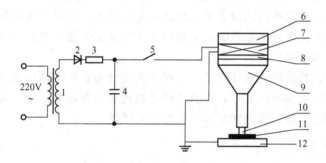

图 10.22　电磁铆接原理示意图

1—升压变压器；2—整流器；3—充电电阻；4—电容器；5—辅助开关；6—缓冲元件；
7—初级线圈；8—驱动片；9—放大器；10—铆钉；11—被铆接件；12—顶铁

与传统铆接相比，电磁铆接具有以下特点：

(1) 加载速率高、应变速率大，可用于屈强比高、应变速率敏感材料铆钉的铆接；

(2) 铆钉变形均匀，当钉孔间隙较大或夹层材料厚度较大时仍能实现干涉配合，是实现复合材料干涉配合铆接的理想工艺方法之一；

(3) 后坐力小，手持式电磁铆枪可用于大直径铆钉的铆接，但铆枪的体积较气铆铆枪大；

(4) 铆接力通过改变铆接电压进行调整，可精确控制，铆接工艺质量稳定，但要注意绝缘处理，防止漏电；

(5) 双枪铆接系统可用于无头铆钉的铆接，这是其他传统铆接方法难以实现的；

(6) 铆接噪声小，可以改善劳动条件。

由于以上优点，电磁铆接在装配领域得到了广泛的应用，不仅可对多块复合平板进行铆接加工，还发展出小型铆接枪，这些铆接枪小巧灵便，噪声小，可对大型或复杂形状零件方便地进行铆接加工。电磁铆接不但具有设备投资少、占地面积小、噪声小、设备维修简单及被铆接工件尺寸不受限制等优点，而且铆接效率高、质量稳定。

5. 电磁连接

电磁连接是指金属毛坯在脉冲磁场力的驱动下高速碰撞产生复合的连接过程。连接是电磁成形的主要应用之一，电磁成形非常适宜管与管、管与杆、管与板的连接工艺，可实现管与芯轴的连接、软管与接头的连接，不但可用于金属（包括异种金属）之间的连接，而且还可用于金属与玻璃、陶瓷等脆性材料的连接，连接强度甚至可超过母材强度。磁脉冲连接工装简单，与零件无机械接触，不损伤零件表面，加工能量可准确控制，能实现零件的精密连接装配。

当金属与玻璃、陶瓷等非金属材料连接及金属与金属连接时，连接件间达不到足够的冲击速度，其连接机理属于机械连接。当接触面为不带肋槽的平面时，其连接强度主要靠接触面间的摩擦力。当接触面带肋槽时，其连接强度则是由接触面间的摩擦力及肋槽间的机械镶嵌力实现的。机械连接时，由于摩擦力是有限的，因此采用适宜的肋槽结构是提高连接强度的主要途径。

除机械连接外，电磁连接还可靠两金属界面原子间的结合力来实现。电磁连接与爆炸焊接机理相同，当电容器放电时，线圈产生一瞬间高压、高速的冲击波作用在金属上，使其以高速向另一金属猛烈撞击，在两金属接触界面的一些先撞击点产生射流以及高应变速率的金属塑性流动。射流冲刷或清除了两金属待复合面的氧化层及吸附层，使两金属实现原子间的结合，从而达到连接的目的。电磁连接又称电磁焊接，复合连接时要求两金属间有足够的冲击速度和碰撞能。

采用电磁焊接代替传统的焊接工艺，实现汽车传动轴管和传动轴花键与传动轴万向节叉的连接，不但可以提高生产效率，而且可以增加连接的可靠性，减少加工工序，降低对管件内径精度的要求，降低产品的成本，提高产品质量。

6. 电磁粉末致密

电磁粉末致密是指利用强脉冲电磁力作用于粉末体使其致密化的高能率成形方法，又称电磁粉末压制。磁脉冲粉末致密无需加热，这样在成形后既能使粉末达到良好致密，又可保持它原有的晶粒度大小和特性。

电磁粉末致密有两种形式：第一种是采用螺线管线圈压制；第二种是采用平板线圈压制。采用螺线管线圈压制时的基本原理如图 10.23 所示。金属粉末被填充在置于螺线管中心的导体容器内，该导体容器同时也起驱动器的作用。当线圈通过强脉冲电流时，根据电磁缩径原理，脉冲磁场力使粉末产生径向压缩，实现粉末致密。在此过程中，粉末内部产生感应电流：一方面电流的热效应和击穿氧化物所产生的热量使粉末颗粒局部熔化，起到

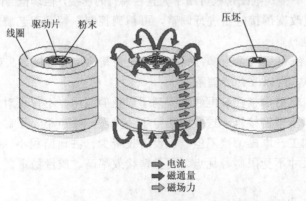

图 10.23　螺线管线圈电磁粉末致密原理图

了烧结的作用；另一方面，粉末体内的电流也会使之受到电磁力的作用而使粉末压实。但用这种方法压制时，由于趋肤效应，磁场较难渗透到粉末体内，所以中心部分可能压制不足，故适于加工外形复杂或中空的零件，如各种齿轮、齿环、轮毂等。

采用平板线圈压制时的基本原理如图10.24所示。根据平板线圈成形的原理实现粉末的致密。平板线圈电磁粉末压实原理为：工作线圈与电磁成形机放电电容连接在一起。当闭合电磁成形机的充电开关时，电容器开始充电，当充电至所需放电电压时，断开充电开关。然后将放电开关闭合，电容器中储存的能量瞬时释放，驱动片在冲击电磁力作用下推动放大器一起向下运动，从而实现粉末压实。放大器前端设计成一定锥角，这是为了利于应力波的传递和放大。同时也由于上下表面积的比例，对平板线圈磁场中的电磁分布力的不均匀性进行了改善。

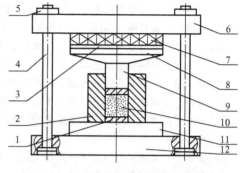

图 10.24 平板线圈电磁粉末致密示意图

1—取件垫块；2—凹模；3—驱动片；4—螺栓；
5—螺母；6—上固定板；7—平板线圈；
8—放大器；9—冲头；10—粉末体；
11—垫板；12—下固定板

电磁粉末致密工艺具有以下主要特点：

（1）可以达到更高的压实力，维修与生产成本更低；

（2）生产效率高，如果电磁致密成形周期在 1ms 以内，则生产率可达每分钟 10～15 个部件；

（3）该工艺的重复性很好，施加在部件上的能量可以通过统计控制测定进行严格控制

（4）在任何温度和气氛中均可施加压力，适合所有的材料，加工更加柔性化；

（5）粉末磁脉冲致密的亚毫秒致密过程有助于保持材料的显微结构不变，因而也提高了材料的性能；

（6）不使用润滑剂与粘接剂，有利于环境保护。

 习 题

1. 什么是高能率成形技术？
2. 高能率成形技术主要有哪些类型？
3. 高能率成形技术具有哪些特点？
4. 爆炸成形的原理、特点及主要应用领域是什么？
5. 电液成形的原理、特点及主要应用领域是什么？
6. 电磁成形的原理、特点及主要应用领域是什么？

参 考 文 献

[1] 王仲仁. 特种塑性成形 [M]. 北京：机械工业出版社，1995.

[2] 王仲仁，滕步刚，汤泽军. 塑性加工技术新进展 [J]. 中国机械工程，2009，20(1)：108-112.

[3] 吴诗惇. 金属超塑性变形理论 [M]. 北京：国防工业出版社，1997.

[4] 文九巴. 超塑性应用技术 [M]. 北京：机械工业出版社，2005.

[5] 蒋少松. TC4 钛合金超塑成形精度控制 [D]. 哈尔滨：哈尔滨工业大学，2009.

[6] 雷鹍. 金属微塑性成形的尺度效应和本构方程 [D]. 哈尔滨：哈尔滨工业大学，2006.

[7] 王春举. 微塑性成形机理及精密微塑性体积成形装置研究 [D]. 哈尔滨：哈尔滨工业大学，2007.

[8] 张凯锋. 微成形制造技术 [M]. 北京：化学工业出版社，2008.

[9] 吕炎. 锻压成形理论与工艺 [M]. 北京：机械工业出版社，1991.

[10] 中国机械工程学会锻压学会. 锻压手册 [M]. 2 版. 北京：机械工业出版社，2002.

[11] 吕炎. 精密塑性体积成形技术 [M]. 北京：国防工业出版社，2003.

[12] 李峰. 盘类件模锻过程金属变形模式及流动规律研究 [D]. 哈尔滨：哈尔滨工业大学，2007.

[13] 司长号，单德彬，吕炎. 铝合金口盖成形关键技术 [J]. 材料科学与工艺，2006，14(3)：236-239.

[14] 杨合，孙志超，詹梅. 局部加载控制不均匀变形与精确塑性成形研究进展 [J]. 塑性工程学报，2008，15(2)：6-14.

[15] 王富耻，张朝晖. 静液挤压技术 [M]. 北京：国防工业出版社，2008.

[16] 温景林. 有色金属挤压与拉拔技术 [M]. 北京：化学工业出版社，2007.

[17] 王广春. 环形件摆动辗压变形的三维刚塑性有限元分析 [D]. 哈尔滨：哈尔滨工业大学，1996.

[18] 苑世剑. 现代液压成形技术 [M]. 北京：国防工业出版社，2009.

[19] 邓明. 材料成形新技术及模具 [M]. 北京：化学工业出版社，2005.

[20] 戴昆. 板材数控增量成形的数值模拟及其成形机理的实验研究 [D]. 哈尔滨：哈尔滨工业大学，1997.

[21] 季忠. 板料激光弯曲成形及其数值模拟 [D]. 西安：西北工业大学，1997.

[22] 管延锦. 板料激光弯曲成形机理及其三维有限元仿真 [D]. 济南：山东大学，2000.

[23] 林俊峰. 空心曲轴内高压成形机理研究 [D]. 哈尔滨：哈尔滨工业大学，2007.

[24] 刘晓晶. 5A06 铝合金板材可控径向加压充液拉深过程研究 [D]. 哈尔滨：哈尔滨工业大学，2008.

[25] 胡志清. 连续多点成形方法、装置及成形实验研究 [D]. 长春：吉林大学，2008.

[26] 王忠金. 粘性介质压力成形技术(VPF)研究-王仲仁教授指导的学术新方向 [J]. 塑性工程学报，2004，11(4)：41-53.

[27] 贾俐俐，高锦张，王书鹏. 直壁筒形件多道次增量成形工艺研究 [J]. 中国制造业信息化，2007，36(19)：133-135.

[28] 初冠南. 差厚拼焊管内高压成形规律研究 [D]. 哈尔滨：哈尔滨工业大学，2009.

[29] 王成和，刘克璋. 旋压技术 [M]. 北京：机械工业出版社，1986.

[30] 赵云豪，李彦利. 旋压技术与应用 [M]. 北京：机械工业出版社，2008.

[31] 赵云豪. 我国旋压材料与产品概述 [J]. 锻造与冲压，2005，10：26-30.

[32] 徐恒秋，樊桂森，张锐. 旋压设备及工艺技术的应用与发展 [J]. 新技术新工艺，2007，2：6-8.

［33］林俊峰，苑世剑. 进给比对薄壁筒形件反旋张力旋压成形结果的影响［C］. 第11届全国塑性工程学术年会论文集. 长沙，2009.

［34］李硕本. 冲压工艺学［M］. 北京：机械工业出版社，1982.

［35］罗子健. 金属塑性加工理论与工艺［M］. 西安：西北工业大学出版社，1994.

［36］李春峰. 高能率成形技术［M］. 北京：国防工业出版社，2001.

［37］李云江. 特种塑性成形［M］. 北京：机械工业出版社，2008.

［38］邓江华. 电磁铆接数值模拟与试验研究［D］. 哈尔滨：哈尔滨工业大学，2008.

［39］苑世剑. 轻量化成形技术［M］. 北京：国防工业出版社，2010.

北京大学出版社材料类相关教材书目

序号	书 名	标准书号	主 编	定价	出版日期
1	金属学与热处理	7-5038-4451-5	朱兴元，刘 忆	24	2007.7
2	材料成型设备控制基础	978-7-301-13169-5	刘立君	34	2008.1
3	锻造工艺过程及模具设计	978-7-5038-4453-5	胡亚民，华 林	30	2012.3
4	材料成形 CAD/CAE/CAM 基础	978-7-301-14106-9	余世浩，朱春东	35	2008.8
5	材料成型控制工程基础	978-7-301-14456-5	刘立君	35	2009.2
6	铸造工程基础	978-7-301-15543-1	范金辉，华 勤	40	2009.8
7	铸造金属凝固原理	978-7-301-23469-3	陈宗民，于文强	43	2014.1
8	材料科学基础（第2版）	978-7-301-24221-6	张晓燕	44	2014.6
9	无机非金属材料科学基础	978-7-301-22674-2	罗绍华	53	2013.7
10	模具设计与制造	978-7-301-15741-1	田光辉，林红旗	42	2013.7
11	造型材料	978-7-301-15650-6	石德全	28	2012.5
12	材料物理与性能学	978-7-301-16321-4	耿桂宏	39	2012.5
13	金属材料成形工艺及控制	978-7-301-16125-8	孙玉福，张春香	40	2013.2
14	冲压工艺与模具设计(第2版)	978-7-301-16872-1	牟 林，胡建华	34	2013.7
15	材料腐蚀及控制工程	978-7-301-16600-0	刘敬福	32	2010.7
16	摩擦材料及其制品生产技术	978-7-301-17463-0	申荣华，何 林	45	2010.7
17	纳米材料基础与应用	978-7-301-17580-4	林志东	35	2013.9
18	热加工测控技术	978-7-301-17638-2	石德全，高桂丽	40	2013.8
19	智能材料与结构系统	978-7-301-17661-0	张光磊，杜彦良	28	2010.8
20	材料力学性能（第2版）	978-7-301-25634-3	时海芳，任 鑫	40	2015.5
21	材料性能学	978-7-301-17695-5	付 华，张光磊	34	2012.5
22	金属学与热处理	978-7-301-17687-0	崔占全，王昆林等	50	2012.5
23	特种塑性成形理论及技术	978-7-301-18345-8	李 峰	45	2019.7
24	材料科学基础	978-7-301-18350-2	张代东，吴 润	36	2012.8
25	材料科学概论	978-7-301-23682-6	雷源源，张晓燕	36	2013.12
26	DEFORM-3D 塑性成形 CAE 应用教程	978-7-301-18392-2	胡建军，李小平	34	2012.5
27	原子物理与量子力学	978-7-301-18498-1	唐敬友	28	2012.5
28	模具 CAD 实用教程	978-7-301-18657-2	许树勤	28	2011.4
29	金属材料学	978-7-301-19296-2	伍玉娇	38	2013.6
30	材料科学与工程专业实验教程	978-7-301-19437-9	向 嵩，张晓燕	25	2011.9
31	金属液态成型原理	978-7-301-15600-1	贾志宏	35	2011.9
32	材料成形原理	978-7-301-19430-0	周志明，张 弛	49	2011.9
33	金属组织控制技术与设备	978-7-301-16331-3	邵红红，纪嘉明	38	2011.9
34	材料工艺及设备	978-7-301-19454-6	马泉山	45	2011.9
35	材料分析测试技术	978-7-301-19533-8	齐海群	28	2014.3
36	特种连接方法及工艺	978-7-301-19707-3	李志勇，吴志生	45	2012.1
37	材料腐蚀与防护	978-7-301-20040-7	王保成	38	2014.1
38	金属精密液态成形技术	978-7-301-20130-5	戴斌煜	32	2012.2
39	模具激光强化及修复再造技术	978-7-301-20803-8	刘立君，李继强	40	2012.8
40	高分子材料与工程实验教程	978-7-301-21001-7	刘丽丽	28	2012.8
41	材料化学	978-7-301-21071-0	宿 辉	32	2015.5
42	塑料成型模具设计	978-7-301-17491-3	江昌勇，沈洪雷	49	2012.9
43	压铸成形工艺与模具设计	978-7-301-21184-7	江昌勇	43	2015.5
44	工程材料力学性能	978-7-301-21116-8	莫淑华，于久灏等	32	2013.3
45	金属材料学	978-7-301-21292-9	赵莉萍	43	2012.10
46	金属成型理论基础	978-7-301-21372-8	刘瑞玲，王 军	38	2012.10
47	高分子材料分析技术	978-7-301-21340-7	任 鑫，胡文全	42	2012.10
48	金属学与热处理实验教程	978-7-301-21576-0	高聿为，刘 永	35	2013.1
49	无机材料生产设备	978-7-301-22065-8	单连伟	36	2013.2
50	材料表面处理技术与工程实训	978-7-301-22064-1	柏云杉	30	2014.12
51	腐蚀科学与工程实验教程	978-7-301-23030-5	王吉会	32	2013.9
52	现代材料分析测试方法	978-7-301-23499-0	郭立伟，朱 艳等	36	2015.4
53	UG NX 8.0+Moldflow 2012 模具设计模流分析	978-7-301-24361-9	程 钢，王忠雷等	45	2014.8

如您需要更多教学资源如电子课件、电子样章、习题答案等，请登录北京大学出版社第六事业部官网 www.pup6.cn 搜索下载。

如您需要浏览更多专业教材，请扫下面的二维码，关注北京大学出版社第六事业部官方微信（微信号：pup6book），随时查询专业教材、浏览教材目录、内容简介等信息，并可在线申请纸质样书用于教学。

感谢您使用我们的教材，欢迎您随时与我们联系，我们将及时做好全方位的服务。联系方式：010-62750667，童编辑，13426433315@163.com，pup_6@163.com，lihu80@163.com，欢迎来电来信。客户服务 QQ 号：1292552107，欢迎随时咨询。